Windows 10
中文版应用基础

魏茂林　张晓婷　主　编

电子工业出版社

Publishing House of Electronics Industry

北京·BEIJING

内 容 简 介

本教材根据中等职业学校计算机应用专业的有关教学要求编写，依据学生的认知规律及 Windows 10 系统的特点，循序渐进地介绍了 Windows 10 系统的基本操作与使用方法。本教材共分为 8 个项目，主要内容包括认识 Windows 10 系统、设置系统工作环境、文件资源管理、中文输入与管理、网络畅游、Windows 10 工具软件的使用、Windows 10 软硬件管理、计算机系统管理与维护。每个项目都给出了具体的任务案例，以及讨论与交流、知识拓展、总结评价和习题，进一步加深学生对所学知识的理解和掌握，提升学生的计算机操作应用水平。

本教材不仅可以作为全国中等职业学校计算机应用专业的教学用书，还可以作为对口升学考试的学习用书。

图书在版编目（CIP）数据

Windows 10 中文版应用基础 / 魏茂林，张晓婷主编.

北京 ： 电子工业出版社，2024. 7. -- ISBN 978-7-121

-48606-7

Ⅰ. TP316.7

中国国家版本馆 CIP 数据核字第 2024TM8778 号

责任编辑：郑小燕

印　　刷：北京雁林吉兆印刷有限公司

装　　订：北京雁林吉兆印刷有限公司

出版发行：电子工业出版社

　　　　　北京市海淀区万寿路 173 信箱　　　　邮编：100036

开　　本：880×1230　　1/16　　印张：15.25　　字数：401 千字

版　　次：2024 年 7 月第 1 版

印　　次：2024 年 7 月第 1 次印刷

定　　价：46.80 元

凡所购买电子工业出版社图书有缺损问题，请向购买书店调换。若书店售缺，请与本社发行部联系，联系及邮购电话：（010）88254888，88258888。

质量投诉请发邮件至 zlts@phei.com.cn，盗版侵权举报请发邮件至 dbqq@phei.com.cn。

本书咨询联系方式：（010）88254550，zhengxy@phei.com.cn。

前　言

本教材根据中等职业学校计算机应用专业的有关教学要求编写。"Windows 10 应用基础"是计算机操作的入门课程，也是计算机应用专业的基础课程，适合计算机类专业学生学习。

党的二十大报告提出："教育、科技、人才是全面建设社会主义现代化国家的基础性、战略性支撑。必须坚持科技是第一生产力、人才是第一资源、创新是第一动力，深入实施科教兴国战略、人才强国战略、创新驱动发展战略，开辟发展新领域新赛道，不断塑造发展新动能新优势。"学习本教材，可以使学生全面了解 Windows 10 系统的特点，充分发挥 Windows 10 系统的功能，高效合理地使用计算机，不仅能为学生的学习和生活提供极大便利，还能为后期的学习打下坚实的基础。

本教材是在"十四五"职业教育国家规划教材《Windows 7 中文版应用基础（第 2 版）》的基础上修订而成的，在原有体例基础上，完善了任务教学环节，增加了"任务分析""任务实施"；在每个单元教学任务之后，增加了"讨论与交流"，列举 1～2 个问题，供学生讨论；在每个项目学习之后，增加了"总结评价"，让学生对自己的学习成果进行评价，总结学习收获和不足，并通过学习项目知识解决实际问题；同时补充了新的知识，如新增"华为鸿蒙系统简介"等，完善了教学内容，去掉了一些旧的内容，如 Cortana 的介绍与体验等。本教材的主要内容包括认识 Windows 10 系统、设置系统工作环境、文件资源管理、中文输入与管理、网络畅游、Windows 10 工具软件的使用、Windows 10 软硬件管理、计算机系统管理与维护。每个项目都给出了具体的任务案例，同时为加深学生对所学知识的理解，促进学习与交流，还给出了讨论与交流、知识拓展、总结评价和习题等。本教材具有以下特点：

（1）教材内容体现课程思政与思政教育同向同行。通过教材中的拓展知识等模块，介绍华为鸿蒙系统、华为"盘古"、百度"文心一言"、科大讯飞"星火"等人工智能大模型的发展及取得的成绩等。

（2）教材体现课程核心素养。教材的编写始终以课程核心素养为导向，通过具体任务案例，增强学生的信息意识、信息责任感，提升学生的信息化学习与创新的能力。

（3）教材体例服务"项目化、任务式、案例式"教学。教材的各个项目任务以"项目—任务"式教学为引领，以"问题与思考"为切入点，结合具体案例，解决问题的核心。通过任务描述、任务分析、任务实施的环节，帮助教师掌握任务引领教学方法，使学生参与解决实际问题的过程。

（4）教材内容满足学生自主、协作、探究性学习的需求。教材把项目要求、任务案例、试一试、讨论与交流、知识拓展、总结评价等纳入学习任务中，来构建学生探究学习的意识，促进其合作探究学习与自我发展。

本教材不仅可以作为全国中等职业学校计算机应用专业的教学用书，还可以作为对口升学考试的学习用书。

本教材由魏茂林、张晓婷担任主编，由瞿新吉、李美荣担任副主编。具体编写分工如下：魏茂林编写项目 7 和项目 8 并对全书进行统稿，张晓婷编写项目 5 和项目 6，瞿新吉编写项目 1 和项目 2，李美荣编写项目 3 和项目 4。本教材在编写过程中还得到了同行的大力支持，在此一并表示感谢。

为了提高学习效率和教学效果，方便教师教学，本书配套了包括电子教案、素材文件等在内的教学资源。请有此需要的读者登录华信教育资源网免费注册后进行下载，有问题时请在网站留言板留言或与电子工业出版社联系。

由于编者水平有限，教材中难免存在不妥之处，恳请广大师生和读者批评指正。

编 者

目 录

项目 1

认识 Windows 10 系统

项目要求

➢ 了解 Windows 10 系统的主要特点
➢ 正确启动与关闭计算机
➢ 认识 Windows 10 系统桌面图标
➢ 了解"开始"菜单的组成
➢ 能区别 Windows 10 窗口和对话框
➢ 能对 Windows 10 窗口进行操作
➢ 了解 Windows 10 菜单的构成

任务 1.1　了解 Windows 10 系统

问题与思考

* 你熟悉 Windows 10 系统吗？
* 如何正确启动与关闭计算机？

Windows 10 是应用于计算机、平板电脑及智能设备的操作系统。该操作系统在易用性和安全性方面较以前版本有了极大提升，除了与云服务、智能移动设备、自然人机交互等新技术进行了融合，还对固态硬盘、生物识别、高分辨率屏幕等硬件进行了优化与支持。Windows 10 系统可以运行各种应用程序，包括游戏应用程序、企业应用程序、实用程序等，其设计目标是统一个人计算机、平板电脑、智能手机、嵌入式系统等设备的操作系统。

1.1.1　Windows 10 系统简介

Windows 10 是由美国微软公司开发的应用于个人计算机和平板电脑等设备的操作系统，

是 Windows 8.1 系统的后继者，于 2015 年 7 月 29 日发布正式版，并不断更新版本。它引入了通用 Windows 平台（UWP），并扩充了 Modern UI 风格的应用程序，所有运行 Windows 10 系统的设备共享一个通用的应用程序架构和 Windows 商店的生态系统。

Windows 10 系统还设计了一个新的开始菜单，其中包含 Windows 7 系统的传统开始菜单元素与 Windows 8 系统的磁贴。Windows 10 系统还引入了一个虚拟桌面系统、一个被称为任务视图的工作切换器、一个 Microsoft Edge 浏览器，支持指纹、面部和虹膜识别登录功能，新增了企业环境的安全功能，以及提高操作系统游戏图形功能的 DirectX 12 和 WDDM 2.0。

Windows 10 系统有多个版本，包括家庭版、专业版、企业版、教育版、移动版、企业移动版和物联网核心版，其中最常用的是家庭版、专业版、企业版和教育版。

1.1.2 启动与关闭计算机

在启动计算机之前，首先要确保计算机的电源和数据线已经连接，计算机中已经安装了 Windows 10 系统，然后分别打开显示器和主机电源开关。在 Windows 10 系统启动过程中，系统会进行自检，包括对内存、显卡的检测等，并初始化硬件设备。如果只安装了 Windows 10 系统，则计算机会直接启动 Windows 10 系统；如果安装了多个操作系统，则屏幕上会出现一个操作系统选择菜单，此时选择并启动 Windows 10 系统，Windows 10 系统桌面如图 1-1 所示。

图 1-1 Windows 10 系统桌面

在关闭计算机时，不能直接按下主机箱上的电源开关，更不能断开主机的电源。正确的关机操作应该是单击"开始"→"电源"→"关机"命令，稍后系统会自动进行关机。

如果暂时不使用计算机，则可以通过睡眠操作使其进入睡眠状态。睡眠是 Windows 系统提供的一种节能状态，当计算机处于睡眠状态时，操作系统会将正在处理的数据保存到内存缓冲区中，除内存外的所有设备都将被停止供电，此时计算机的能耗非常低。当需要使用计算机时，只需按下主机箱上的电源开关、移动鼠标或按键盘上的任意键，即可将计算机从睡眠状态唤醒。在"电源"菜单中单击"睡眠"命令，能使计算机进入睡眠状态。在默认情况下，一段时间内没有对计算机进行操作，操作系统也将会自动进入睡眠状态，此时，用户可以通过控制面板中的"编辑计划设置"窗口来设置睡眠时间，如图 1-2 所示。

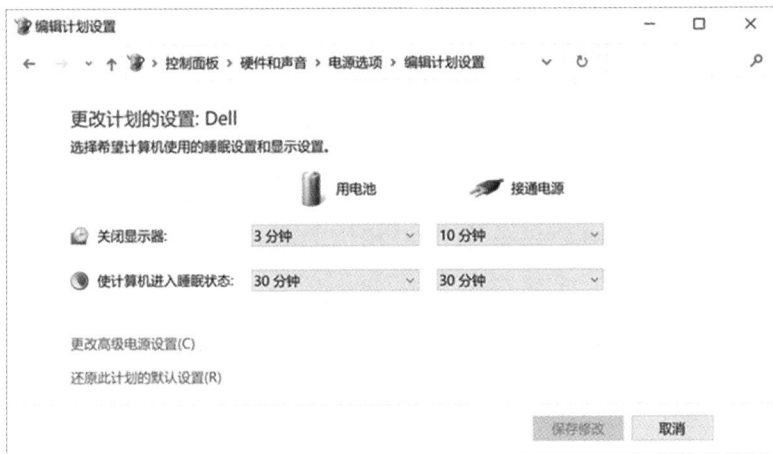

图 1-2　设置睡眠时间

提示

按 Win 键，可以快速弹出"开始"菜单。
按 Win+X 组合键，从弹出的快捷菜单中单击"电源选项"命令，即可设置睡眠状态。

讨论与交流

（1）除了 Windows 10 系统，你还知道或使用过哪些操作系统呢？

_____

_____

（2）计算机在运行时，如果直接关闭电源，则可能会带来哪些危害？

_____

_____

知识拓展

华为鸿蒙系统简介

1. 华为鸿蒙系统

华为鸿蒙系统（HUAWEI Harmony OS）是由华为开发的一款基于微内核、面向 5G 物联网与全场景的分布式操作系统，其性能不弱于安卓系统，而且华为还为基于安卓生态开发的应用能够平稳迁移到鸿蒙系统上做好了衔接——将相关系统及应用迁移到鸿蒙系统上，实现迁移及部署。鸿蒙系统将手机、计算机、平板电脑、电视机、工业自动化控制、无人驾驶、车机设备、智能穿戴等统一成一个操作系统，并且该系统是面向下一代技术而设计的，能兼容全部安卓应用中的所有 Web 应用。如果将安卓应用重新编译，则其在鸿蒙系统上的运行性能可提升 60%以上。鸿蒙系统架构中的内核会把之前的 Linux 内核、鸿蒙系统微内核与 LiteOS 合并为一个鸿蒙系统微内核。鸿蒙系统创造了一个超级虚拟终端互联的世界，将人、设备、场景有机联系在一起。由于鸿蒙系统微内核的代码量只有 Linux 内核的千分之一，因此大幅降低了其受攻击的概率。2021 年 9 月，鸿蒙系统凭借在互联网产业创新方面发挥的积极作用，在 2021 年世界互联网大会上获得"领先科技成果奖"。

2. 鸿蒙系统的主要特点

（1）分布式架构。鸿蒙系统采用了分布式架构，可以实现设备之间的无缝连接和协同工作。用户可以通过鸿蒙系统在多个设备之间共享数据和功能，收获更便捷的使用体验。

（2）跨设备平台。鸿蒙系统支持多种设备，包括手机、平板电脑、智能手表、智能电视机等。这意味着用户可以在不同的设备上使用相似的界面和功能，无须重新学习和适应。

（3）高性能和流畅度。鸿蒙系统经过优化和调整后，具有出色的性能和流畅度。它采用了新一代的分布式图形渲染引擎，可以提供更快的响应速度和更流畅的界面操作。

（4）安全和隐私。鸿蒙系统注重用户的安全和隐私保护，采用了先进的安全机制和加密技术，确保用户数据的安全性和机密性。

3. 鸿蒙系统的意义

鸿蒙系统宣告问世后，在全球引起巨大的反响。人们普遍相信，这款操作系统在技术上是先进的，并且具有逐渐建立起自己生态的成长力。它的诞生将拉开永久性改变操作系统全球格局的序幕。

过去的进步证明华为在自己聚焦的技术领域中有走在前排的能力。鸿蒙系统问世时恰逢中国整个软件行业亟须补齐短板，鸿蒙系统给国产软件的全面崛起产生战略性带动作用和刺激。中国软件行业枝繁叶茂，但没有根，华为要从鸿蒙系统开始，构建中国软件行业的根。中国全社会已经下了要独立发展本国核心技术的决心，鸿蒙系统是时代的产物，在后智能机时代，原本手机扮演的角色会被分散到其他硬件产品上，称为去中心化。例如，手机能够打电话、上网，那么智能音箱、电视机也能够从手机上承接相应的操作，并继续该任务。这是智能家居行业发展的一种成熟形态，亦是鸿蒙系统对应的场景。鸿蒙系统面向全场景智慧化时代而来，它更多代表着华为在 IoT 领域的野心。同时，包括操作系统在内的核心技术还是要立足于自主创新、自主可控。我们相信，随着鸿蒙系统的逐渐强大，中国自主研发的操作系统能够在中国市场的支持下，更快建立起自己的生态系统。

任务 1.2　认识 Windows 10 系统桌面

问题与思考

- 你知道常用的 Windows 10 系统桌面图标都有哪些吗？
- 你会设置桌面背景吗？

Windows 10 系统桌面设计更加时尚化，窗口无边框，只有阴影效果，图标更加扁平化，在其他方面也进行了视觉效果的改进。启动 Windows 10 系统后，呈现在用户面前的计算机屏幕界面被称为桌面。桌面是用户对计算机进行操作的界面，主要由桌面图标、桌面背景和任务栏等组成。桌面可以存放用户经常使用的应用程序、文件及文件夹图标，也可以根据需要在桌面上添加各种快捷方式图标，使用时双击快捷方式图标就能够快速启动或打开相应的应用程序或文档。

1．桌面图标

桌面图标是指桌面上排列的小图标，包含图形和说明文字两部分，是各种文件、文件夹和应用程序等的桌面标志。桌面图标包括系统图标和快捷方式图标。快捷方式图标的左下角有一个小箭头标志，而系统图标则没有小箭头标志。如果把鼠标指针放在图标上停留片刻，则会出现图标所表示内容的说明或存放的路径。初装 Windows 10 系统，桌面上只有"回收站"和"Microsoft Edge"两个图标，在使用过程中，可以在桌面上添加"此电脑"、"网络"、"控制面板"和"Administrator"等图标，图标下面的说明文字是该图标的名称，双击图标，可以打开该文件或应用程序。例如，双击桌面上的"此电脑"图标，可以打开 Windows 10 系统的"此电脑"窗口。

用户可以根据需要在桌面上添加其他应用程序或文件的图标。例如，在安装 Windows 10 系统后，如果桌面上没有显示自己想要的图标，则可以在"个性化"设置窗口中进行设置。

（1）在桌面空白处右击，在弹出的快捷菜单中单击"个性化"命令，打开"个性化背景"设置窗口，如图 1-3 所示。

（2）单击左侧窗格中的"主题"选项，打开"个性化主题"设置窗口，在右侧窗格单击"相关的设置"选区中的"桌面图标设置"链接，如图 1-4 所示。

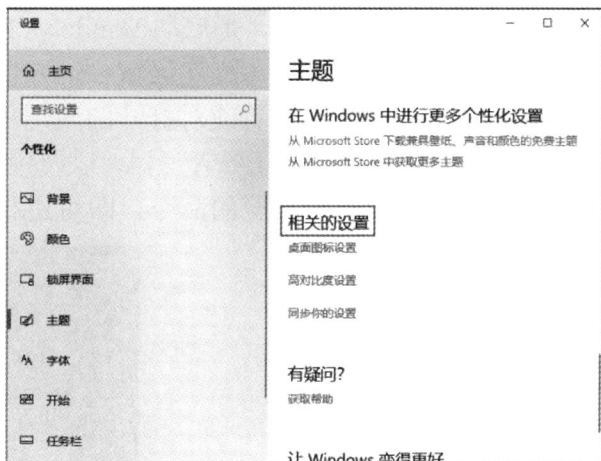

图 1-3　"个性化背景"设置窗口　　　　　图 1-4　"相关的设置"选区

（3）在"桌面图标设置"对话框中，勾选要添加的桌面图标复选框，如图 1-5 所示。例如，勾选"计算机"、"回收站"和"网络"等复选框，单击"确定"按钮或"应用"按钮，即可在 Windows 10 系统桌面中添加相应的桌面图标。

图 1-5 "桌面图标设置"对话框

2．桌面背景

桌面背景也被称为桌面壁纸，主要用来美化屏幕或进行个性化设置，在"个性化背景"设置窗口中，可以在"背景"下拉列表中选择"图片"、"纯色"或"幻灯片放映"桌面背景显示方式，设置自己喜爱的图片或动态放映图片等作为桌面背景。

提示

Windows 10 系统桌面背景图片默认保存在"C:\Windows\Web\Wallpaper"路径下，主要包括"Windows"、"Windows 10"和"鲜花"3 个文件夹。

3．任务栏

任务栏位于桌面底部，是启动 Windows 10 系统下各应用程序的入口，主要由"开始"按钮、快速启动工具栏、应用程序区域、通知区域和"显示桌面"按钮等组成，其主要作用是快速对系统进行相应的设置或对打开的应用程序、文件进行操作。通过任务栏可以设置工具栏选项、窗口排列方式、任务管理器，以及锁定任务栏等。右击任务栏空白处，在弹出的"任务栏"快捷菜单中单击相应的命令，即可进行相应的设置，如图 1-6 所示。

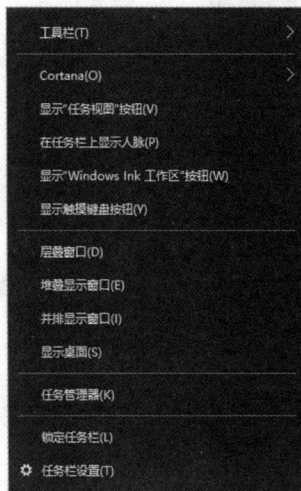

图 1-6 "任务栏"快捷菜单

当打开多个窗口时，可以按 Alt+Tab 组合键或 Win+Tab 组合键实现不同的窗口之间的切换操作。

知识拓展

常见的 Windows 10 系统图标及其含义

表 1-1 列出了常见的 Windows 10 系统图标及其含义。

表 1-1　常见的 Windows 10 系统图标及其含义

系 统 图 标	含　　义
文件夹	主要用于协助用户管理计算机文件，每个文件夹对应一块磁盘空间，它提供了指向对应空间的地址，主要包括文档、图片、音乐、视频等类型。用户可以将文件放置在相应的文件夹中，方便管理文件
此电脑	主要用于管理计算机的硬件设备（如磁盘驱动器、DVD 驱动器等），可以对系统中的资源进行访问和设置
网络	查看和管理网络设置及共享等，使用户能够访问网络上的计算机和设备
回收站	Windows 10 系统为每个分区或硬盘分配了一个回收站，用于暂时保存硬盘上被删除的文件或文件夹。从硬盘删除项目时，Windows 10 系统将该项目放在回收站中。回收站主要有还原和清空两种操作。还原操作是将回收站中被删除的项目恢复到原位置；清空操作是将被删除的项目从磁盘上永久删除，不能恢复。如果硬盘已经分区，或者计算机中有多个硬盘，则可以为每个回收站指定不同的空间大小
控制面板	主要用于对计算机进行设置并自定义其功能，包括系统、安全和维护、网络和共享中心、程序和功能、设备管理器、用户账户、声音、日期和时间、区域等

试一试

（1）将自己喜爱的一张图片设置为桌面背景。

（2）将文件夹中的一组图片设置为桌面背景，并设置为"幻灯片放映"模式，观察屏幕显示效果。

讨论与交流

（1）如何调整桌面背景的大小？

_____

_____

（2）如果不小心更换了桌面背景，那么怎么查找并恢复上一次的桌面背景？

_____

_____

任务 1.3　认识"开始"菜单

问题与思考

- Windows 10 系统的"开始"菜单与以前版本的 Windows 系统的"开始"菜单有什么不同吗？
- 你了解 Windows 10 系统的动态磁贴吗？

Windows 10 系统的"开始"菜单整体可以分成两部分，其中，左侧为系统项目列表和应用程序列表，右侧为动态磁贴区，如图 1-7 所示。单击任务栏左下角的"开始"按钮，在弹出的"开始"菜单的应用程序列表中会看到目前系统中已安装的应用程序清单，并且是按照数字 0～9、字母 A～Z、拼音 A～Z 的顺序依次排列的。任意选择其中一项应用程序并右击即可启动该应用程序。

图 1-7　"开始"菜单

1. 系统项目列表

系统项目列表位于"开始"菜单左侧竖条区域，用于设置常用的系统操作，包括"用户账户"、"文档"、"图片"、"设置"与"电源"5 个按钮，单击其中一个按钮可以快速启动对应的操作。用户可以在"个性化背景"设置窗口的左侧窗格中单击"开始"选项，在右侧窗格中单击"选择哪些文件夹显示在'开始'菜单上"选项，在打开的窗口中设置要显示或取消显示的项目，如图 1-8 所示。"用户账户"按钮和"电源"按钮是系统固有的，无法取消显示。

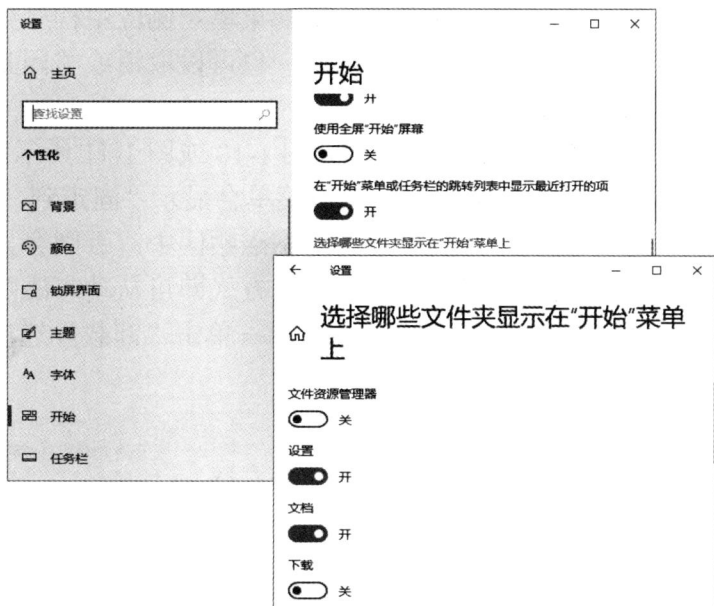

图 1-8　设置要显示或取消显示的项目

2. 应用程序列表

应用程序列表位于"开始"菜单的左侧，顶部列出了用户最近添加的应用程序。其他部分为所有应用程序列表，应用程序按字母 A～Z 序列进行了排序。单击应用程序列表中的"#"符号，系统将以字母缩略图的形式给出应用程序首字母序列，用户可以快速定位要操作的应用程序，如图 1-9 所示。

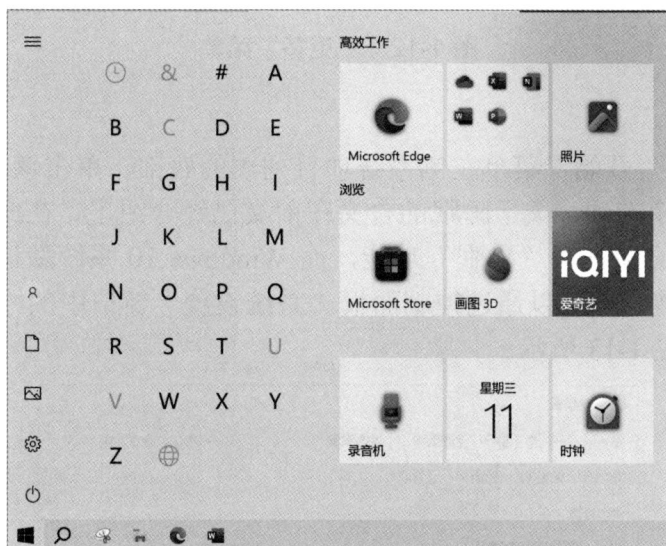

图 1-9　应用程序列表

3. 动态磁贴区

Windows 10 系统"开始"菜单右侧区域的应用程序图标被称为磁贴，其中会动态变化内容的磁贴被称为动态磁贴。单击不同的磁贴可以运行相应的应用程序，或者打开对应的网站或文件（夹）等，动态磁贴还可以滚动显示实时信息等，如"天气"信息等。

动态磁贴不是固定不变的，用户可以将"开始"菜单左侧应用程序列表中的某个应用程序添加到右侧的动态磁贴区中，使之成为动态磁贴，也可以取消或关闭某个动态磁贴，还可以调整动态磁贴图标的尺寸大小。

右击应用程序列表中的一个应用程序，弹出如图 1-10 或图 1-11 所示的快捷菜单，如果该应用程序未被固定到动态磁贴区中，则弹出的快捷菜单会显示"固定到'开始'屏幕"选项，单击该选项即可将此应用程序的快捷方式固定到动态磁贴区中；否则会显示"从'开始'屏幕取消固定"选项，单击该选项后此应用程序的快捷方式即可从动态磁贴区中取消固定。单击"更多"选项，弹出"更多"菜单，如图 1-12 所示。单击"卸载"选项，可以快速对此应用程序进行卸载操作。

固定到"开始"屏幕		从"开始"屏幕取消固定
更多 >		更多 >
卸载		卸载

图 1-10　应用程序固定前的快捷菜单　　　　图 1-11　应用程序固定后的快捷菜单

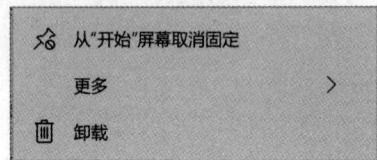

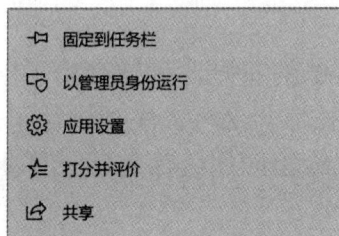

固定到任务栏

以管理员身份运行

应用设置

打分并评价

共享

图 1-12　"更多"菜单

4．"电源"按钮

"电源"按钮位于"开始"菜单左侧系统项目列表的底部，单击该按钮会出现"睡眠"、"关机"和"重启"3 个选项，关于睡眠的含义在前文已经介绍了，在此不再赘述。在以前版本的 Windows 系统中还有一项"休眠"功能，而 Windows 10 系统默认停止使用该功能。如果用户需要使用此功能，则可以通过控制面板"系统设置"窗口中的"关机设置"选区来添加"休眠"功能，如图 1-13 所示。

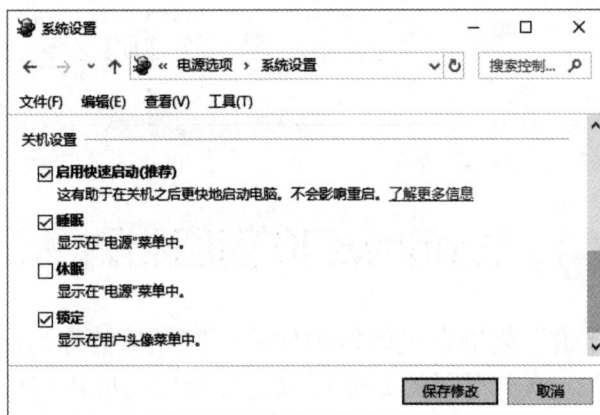

图 1-13　"关机设置"选区

提示

休眠是先将打开的文件和应用程序保存到硬盘中，关闭显示器和硬盘，再关闭计算机的。当重新开机后，要先把应用环境状态从硬盘中读出并还原到离开时的状态。在使用"休眠"功能时，计算机处于节能状态。

5."用户账户"按钮

"用户账户"按钮位于"开始"菜单左侧系统项目列表中，单击该按钮会出现"更改账户设置"、"锁定"和"注销"3 个选项。

- 更改账户设置：账户设置包括设置账户类型、创建账户等操作。如果一台计算机中已经创建多个账户，则可以随时切换到其他账户。
- 锁定：当用户暂时离开计算机时，使计算机处于锁定状态，此时屏幕显示屏保图像，防止其他用户查看屏幕或使用该计算机。锁定计算机后，只有用户或管理员才可以登录系统。当解除锁定状态并登录系统后，可以立即使用打开的文件和正在运行的应用程序。
- 注销：系统释放当前用户所使用的所有资源，可以使用注销的用户身份重新登录系统，注销不是重新启动计算机，只是清空当前用户的缓存空间和注册信息。

试一试

（1）在"用户账户"菜单中分别单击"注销"选项和"锁定"选项，观察两者有什么不同。

（2）单击动态磁贴区中的一个应用程序，运行该应用程序（如画图 3D），观察运行效果。

讨论与交流

（1）右击"开始"按钮，观察快捷菜单中有哪些常用的操作。

_____

_____

（2）如何将一个应用程序固定到动态磁贴区中？

_____

_____

任务 1.4　Windows 10 窗口和对话框操作

问题与思考

- 在对 Windows 系统的软件进行操作时，可以同时打开多个窗口，如果想在同一屏幕内对多个窗口进行操作，则应该如何排列窗口呢？

- Windows 10 窗口和对话框有什么区别？

1.4.1　认识 Windows 10 窗口

Windows 系统以窗口的形式管理各类项目，一个窗口代表一种正在执行的操作。虽然每个窗口的内容各不相同，但所有窗口都有一些共同点。一方面，窗口始终显示在桌面（屏幕的主要工作区域）上；另一方面，大多数窗口都具有相同的基本组成部分。一个典型的窗口由标题栏、选项卡菜单、选项组、地址栏、导航窗格和主窗口等组成，如图 1-14 所示。

图 1-14　典型的窗口

另外，窗口还包含"最小化"按钮、"最大化"按钮、"关闭"按钮、"帮助"按钮、搜索栏及滚动条等。

表 1-2 列出了常见的 Windows 10 窗口各部分对象及其含义。

表 1-2　常见的 Windows 10 窗口各部分对象及其含义

对 象 名 称	含 义
标题栏	显示当前窗口所打开的应用程序名称、文件夹名称及其他对象名称等
选项卡菜单	由多个选项卡组成，每个选项卡中又包含多个选项组或操作命令按钮
选项组	包含多个组，每个组又包含不同的操作命令按钮
地址栏	当前操作对象所在的路径
搜索栏	在当前对象中搜索与输入的关键字相匹配的内容
导航窗格	列出当前计算机中包含的文件、文件夹、存储介质等操作选项
主窗口	系统与用户交互的界面，多用于显示操作对象和操作结果

1.4.2 Windows 10 窗口操作

在对计算机操作的过程中，有时需要调整窗口大小、切换窗口、自动排列窗口等。下面介绍这些操作。

1. 调整窗口大小

（1）将鼠标指针指向窗口的边框，根据指向位置的不同，鼠标指针会变成不同的形状。当调整窗口大小时，鼠标指针形状及其含义如表 1-3 所示。

表 1-3 当调整窗口大小时，鼠标指针形状及其含义

鼠标指针在窗口中的位置	鼠标指针形状	含 义
上、下边框	$\updownarrow$	沿垂直方向调整窗口
左、右边框	$\leftrightarrow$	沿水平方向调整窗口
4 个角	$\nwarrow$ $\nearrow$	沿对角线方向调整窗口

（2）在窗口顶部标题栏的位置上长按鼠标左键，并拖曳窗口至适当的位置后释放鼠标左键，即可移动该窗口。当拖曳窗口至桌面顶部时，释放鼠标左键，窗口将最大化。

如果要垂直扩展窗口，则可以将鼠标指针指向打开窗口的上边框或下边框，直到鼠标指针变为双向箭头形状（$\updownarrow$），将窗口的上边框或下边框拖曳至桌面的顶部或底部，可使窗口扩展至整个桌面的高度，窗口的宽度不变。

当拖曳窗口至桌面左侧或右侧，直到鼠标指针至桌面边缘，出现已展开窗口的轮廓时，释放鼠标左键即可展开窗口。当当前窗口占桌面尺寸的一半时，另一半为当前打开的应用程序窗口，如图 1-15 所示。

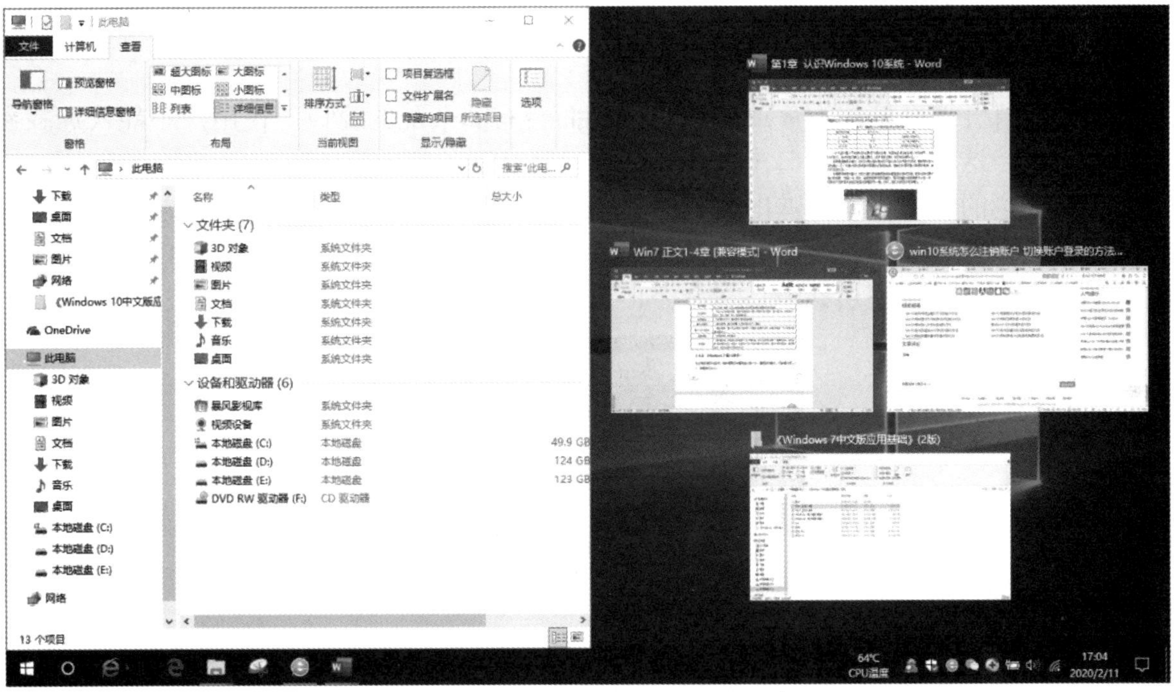

图 1-15 拖曳并排列窗口

2．切换窗口

在 Windows 系统中，虽然可以同时打开多个窗口，但活动窗口只有一个。在任务栏中可以实现活动窗口的切换，这时只要指向任务栏中打开的应用程序按钮，将看到一个缩略图大小的窗口预览，无论该窗口的内容是文件、照片，还是正在运行的视频，单击其中一个窗口，即可将该窗口变为活动窗口。

使用 Alt+Tab 组合键可以快速切换窗口。当按 Alt+Tab 组合键时，桌面会出现切换面板，该面板会显示窗口所对应的缩略图，如图 1-16 所示。

图 1-16　使用 Alt+Tab 组合键切换窗口

如果长按 Alt 键并重复按 Tab 键，则可以依次切换打开的窗口和桌面，当切换到用户需要的窗口时，释放 Alt 键即可显示所选的窗口。

3．自动排列窗口

如果同时打开多个应用程序或文件，则桌面会布满杂乱的窗口，使用户不能快速找到需要操作的窗口。这时可以对窗口排列方式进行设置。

右击任务栏的空白处，在弹出的快捷菜单中显示了可供选择的窗口排列方式，如图 1-17 所示，可以选择层叠窗口、堆叠显示窗口或并排显示窗口中的一种，对应窗口显示效果如图 1-18 所示。例如，单击"层叠窗口"命令，窗口显示效果如图 1-19 所示。

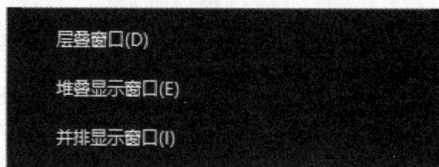

图 1-17　窗口排列方式

图 1-18　层叠（左）、堆叠显示（中）、并排显示（右）窗口显示效果

图 1-19　层叠窗口显示效果

提示

在 Windows 10 系统中，屏幕有 7 个热点区域，分别在屏幕的左下、左、左上、上、右上、右和右下边框，即屏幕的 4 个角和左、上、右 3 条边。为了实现窗口的 1/4 分屏，可以将窗口拖曳至屏幕 4 个角的热点区域，系统会自动按比例进行分屏排列。

【任务 1】在对 Windows 10 窗口进行操作的过程中，获取有关"人工智能"关键词的信息。

任务分析：

（1）在对 Windows 10 窗口进行操作时想要获得帮助，确定要搜索的关键词"人工智能"。

（2）通过 Microsoft Bing（中文：微软必应）搜索引擎获取该关键词的有关信息。

任务实施：

（1）双击"此电脑"图标，打开"此电脑"窗口。单击该窗口右上角的"帮助"按钮，打开 Microsoft Bing，如图 1-20 所示。

（2）在搜索框中输入要搜索的关键词。例如，输入"人工智能"，并按 Enter 键，或者单击搜索框左侧的"搜索网页"按钮，Microsoft Bing 开始对关键词进行搜索。

（3）搜索结束后，该浏览器窗口会显示有关"人工智能"的信息，如图 1-21 所示。

图 1-20　Microsoft Bing

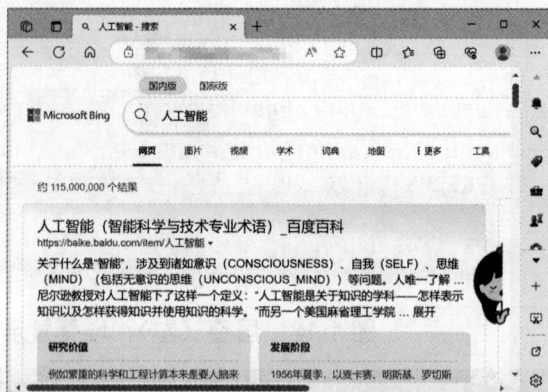

图 1-21　显示有关"人工智能"的信息

（4）单击相应的搜索结果链接，即可查看相关内容。

1.4.3　Windows 对话框操作

对话框是一种特殊的 Windows 窗口，由标题栏和不同的元素对象组成，而用户可以从对话框中获取信息。同时，系统也可以通过对话框来获取用户信息。用户可以移动对话框，但不能改变其大小。一个典型对话框通常由以下元素对象组成，如图 1-22 所示。

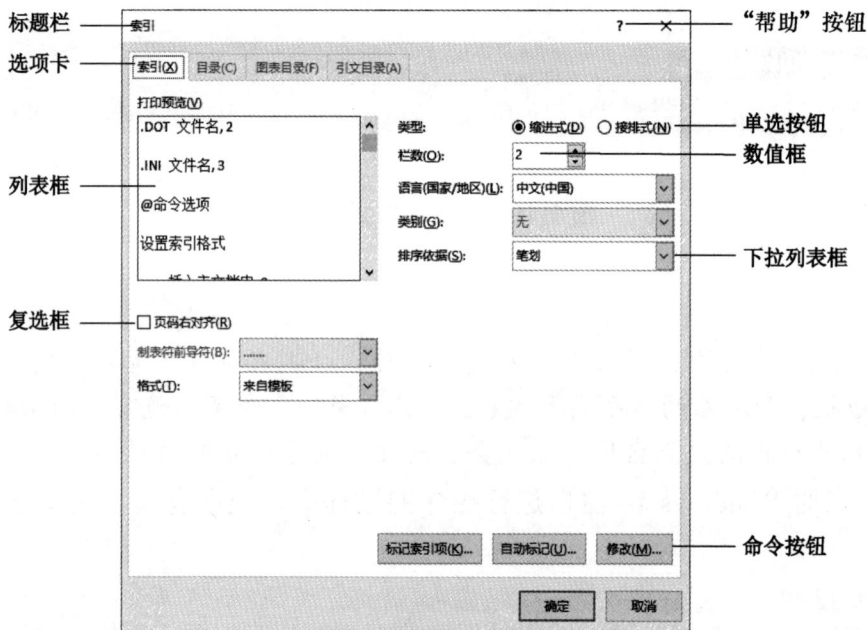

图 1-22　Windows 对话框

- 选项卡：一个选项卡中包含不同的选区和命令按钮。
- 列表框：列表框列出的所有选项，供用户选择其中的一个或一组选项。
- 复选框：一个左侧带有小方框标记的选项按钮，用户可以勾选其中的一个或多个选项按钮。
- 单选按钮：一个左侧带有圆形标记的选项按钮，有两个或两个以上的选项按钮排列在一起，且用户只能选择其中的一个选项按钮。

- 数值框：由一个文本框和一对方向相反的箭头按钮组成，单击向上或向下的箭头按钮可以增加或减少文本框中的数值，也可以直接通过键盘输入数值。
- 下拉列表框：一个右侧带有向下箭头按钮的单行文本框。单击该箭头按钮，会弹出一个下拉列表，用户可以从中选择一个选项。
- 命令按钮：单击命令按钮，能够完成该按钮上所显示的命令功能，如"确定"按钮、"修改"按钮与"取消"按钮等。
- 标题栏：位于对话框左上角，用于显示当前对话框的名称。
- "帮助"按钮：单击"帮助"按钮，将打开浏览器窗口，使用户可以在浏览器中搜索有关的内容。

试一试

（1）打开"此电脑"窗口，尝试调整窗口的大小。

（2）至少打开 4 个窗口，如"此电脑"窗口、"图片"窗口、"文档"窗口、"画图 3D"窗口，分别进行层叠窗口、堆叠显示窗口、并排显示窗口操作，观察操作结果。

（3）打开多个窗口，分别使用 Alt+Tab 组合键、Win+Tab 组合键进行窗口切换和选择操作。

讨论与交流

（1）Windows 窗口与对话框有什么不同？

_____

_____

（2）使用 Microsoft Bing（微软必应）搜索引擎获取的信息与使用其他搜索引擎（如百度搜索）获取的信息是否一样？

_____

_____

知识拓展

Win 键的使用

Win 键就是键盘上显示 Windows 标志 █ 的按键，常位于 Ctrl 键与 Alt 键之间。在对计算机进行操作的过程中，Win 键可以配合其他按键使用。

- Win 键：显示或隐藏"开始"菜单。
- Win+ D 组合键：显示桌面，重复操作一次即可返回原来的窗口。
- Win+ M 组合键：最小化所有窗口，显示桌面。
- Win+ Shift + M 组合键：还原最小化的窗口。
- Win+ E 组合键：打开"文件资源管理器"窗口。
- Win+ F 组合键：打开"反馈中心"窗口。
- Ctrl+Win+ F 组合键：打开"查找 计算机"窗口。

- Win+ F1 组合键：打开浏览器窗口，查找信息。
- Win+ R 组合键：打开"运行"对话框。
- Win+ U 组合键：打开"设置"窗口。

任务 1.5　认识 Windows 10 菜单

问题与思考

- Windows 10 菜单与以前版本的 Windows 菜单有什么不同？
- 快捷菜单与普通菜单有什么区别？

菜单是一些相关命令的集合，大多数的系统操作都是通过菜单来完成的。Windows 10 菜单与以前版本的 Windows 菜单有所不同，以前版本的 Windows 菜单一般包含菜单命令或菜单项，有些菜单项可以直接执行，还有一些菜单项包含一个下拉菜单，下拉菜单中包含一组操作命令。Windows 10 系统将传统的菜单更换为 Ribbon 界面，并采用了选项卡菜单模式。另外，Windows 10 系统中还有一种菜单被称为快捷菜单。

1．选项卡菜单

Windows 10 系统的文件管理器窗口全面使用了 Ribbon 界面，这种界面方式最早是在 Office 办公软件上使用的。Ribbon 界面把原来在菜单上的命令都放在了窗口上方的功能区中加以分类。功能区包含一组选项卡菜单，每个应用程序都包含不同的选项卡，用来把功能相近的有关操作命令集合放在其中，每个选项卡包含一个或多个选项组，每个选项组又包含不同的操作命令或选项按钮，如图 1-23 所示。例如，"查看"选项卡包含"窗格"、"布局"、"当前视图"与"显示/隐藏"选项组。

2．快捷菜单

通过右击弹出的菜单被称为快捷菜单。快捷菜单所包含的命令与当前选择的对象有关。因此，右击不同的对象将弹出不同的快捷菜单。例如，右击"此电脑"窗口中的空白区域，屏幕上会弹出一个快捷菜单，如图 1-24 所示。利用该快捷菜单，用户可以迅速选择要操作的菜单命令，提高工作效率。

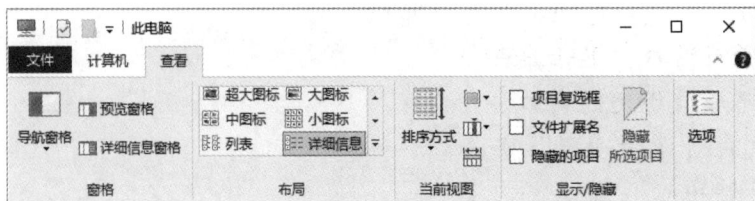

图 1-23　Windows 10 选项卡菜单　　　　　　图 1-24　快捷菜单

还有一种快捷菜单被称为快捷方式，通常在桌面上显示为快捷方式图标，这种快捷方式图标的左下方标有箭头标识，双击该快捷方式图标是一种打开应用程序或文件夹的快速操作方式。

【任务 2】在桌面上创建常用应用程序或文件夹的快捷方式，以便在桌面上双击该快捷方式图标即可快速打开该应用程序或文件夹。

任务分析：

在创建对象的快捷方式之前，需要先确定要创建快捷方式的应用程序或文件夹。

任务实施：

（1）右击桌面空白处，在弹出的快捷菜单中单击"新建"→"快捷方式"命令，如图 1-25 所示。

（2）打开"创建快捷方式"对话框，该对话框能够帮助用户创建本地或网络程序、文件、文件夹、计算机或 Internet 地址的快捷方式，可以手动键入对象的位置，也可以单击"浏览"按钮，在打开的"浏览文件或文件夹"对话框中选择快捷方式的目标，如创建"OpenOffice"文件夹的快捷方式，如图 1-26 所示。

（3）单击"下一步"按钮，确定桌面快捷方式的名称后，单击"完成"按钮，即可在桌面上创建相应的快捷方式图标。

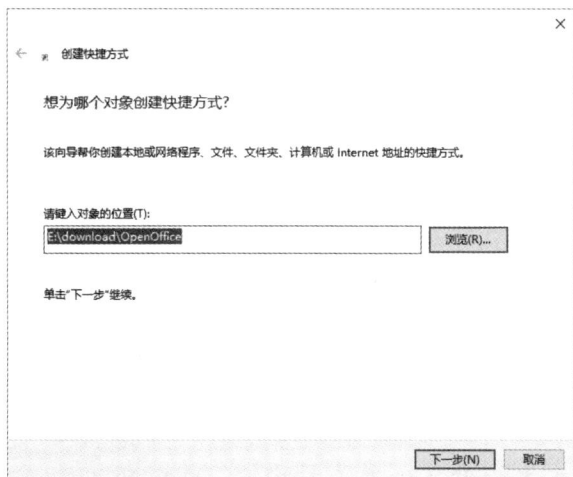

图 1-25　单击"快捷方式"命令　　　　图 1-26　创建"OpenOffice"文件夹的快捷方式

创建"OpenOffice"文件夹的快捷方式后，双击桌面上该文件夹的快捷方式图标，即可快速打开该文件夹。

试一试

（1）打开"此电脑"窗口，分别查看"文件"选项卡、"计算机"选项卡和"查看"选项卡的组成，并打开其中的一个文件夹，观察选项卡是否发生变化。

（2）右击桌面空白处，在弹出的快捷菜单中查看有哪些命令。

讨论与交流

（1）在删除桌面上的一个快捷方式图标后，是否连同该快捷方式关联的应用程序或文件夹一起进行了删除？

_____

_____

（2）在桌面上创建一个注销当前用户的快捷方式，当双击该快捷方式图标时，计算机是否会自动注销当前用户？（提示：在"创建快捷方式"对话框的"请键入对象的位置"文本框中输入"shutdown.exe -L"。）

_____

_____

知识拓展

计算机病毒及其预防

计算机病毒（Computer Virus）在《中华人民共和国计算机信息系统安全保护条例》中被明确定义。计算机病毒，是指编制或者在计算机程序中插入的破坏计算机功能或者毁坏数据，影响计算机使用，并能自我复制的一组计算机指令或者程序代码。计算机病毒是一段特殊的计算机程序，可以在瞬间损坏系统文件，使系统陷入瘫痪，导致数据丢失。计算机病毒具有传播性、隐蔽性、感染性、潜伏性、可激发性和破坏性等特点。

不同的计算机病毒有不同的破坏行为，计算机病毒主要有如下危害：①破坏计算机数据信息；②抢占系统资源和占用磁盘空间；③窃取用户隐私、文件、账号信息等；④影响计算机运行速度；⑤大量发送垃圾邮件或其他信息，造成网络堵塞或瘫痪；⑥给用户造成严重的心理压力；⑦造成不可预见的危害等。

预防计算机病毒要注意以下事项。

（1）建立良好的安全习惯。不要打开来历不明的邮件及附件，不要浏览不了解的网站，不要执行从 Internet 下载后未经杀毒软件处理的文件等，这些必要的习惯会使计算机更安全。

（2）关闭或删除系统中不需要的服务。在默认情况下，许多操作系统会安装一些辅助服务，如 FTP 客户端、Telnet 和 Web 服务器。这些服务为攻击者提供了方便，但对普通用户没有太大用处，如果关闭它们，就能极大地减少系统被攻击的可能性。

（3）经常升级安全补丁。据统计，有 80% 的计算机病毒都是通过系统安全漏洞进行传播的，所以应该定期到微软公司的网站下载最新的安全补丁，以防患于未然。

（4）使用复杂的密码。许多计算机病毒就是通过猜测简单密码的方式攻击系统的，因此设置复杂的密码将会极大提高计算机的安全系数。

（5）迅速隔离受感染的计算机。当发现计算机病毒或异常时应立刻断网，以防止计算机成为传播源，感染其他计算机。

（6）了解一些计算机病毒知识。通过了解计算机病毒知识，可以及时发现计算机病毒并采取相应措施，在关键时刻使计算机免受病毒破坏。如果了解一些注册表知识，就可以定期查看注册表的自启动项是否有可疑键值；如果了解一些内存知识，就可以经常查看内存中是否有可疑程序。

（7）安装专业的杀毒软件进行全面监控。在计算机病毒日益增多的今天，越来越多的用户使用杀毒软件进行防毒，不过用户在安装杀毒软件之后，应该经常进行软件升级并将一些主要监控打开（如邮件监控、内存监控等），遇到问题要及时上报，这样才能真正保障计算机的安全。

（8）安装防火墙软件预防黑客攻击。随着网络的发展，用户计算机面临的黑客攻击问题也越来越严重，许多计算机病毒都采用了黑客的方法来攻击用户计算机。因此，用户还应该安装防火墙软件，将安全级别设为中或高，这样才能有效地预防网络上的黑客攻击。

不同的杀毒软件各有优缺点，用户需要记住以下几点。

（1）每种杀毒软件各有特点，没有一种杀毒软件涵盖其他杀毒软件的全部功能。

（2）杀毒软件不可能杀掉所有计算机病毒。

（3）杀毒软件虽能查到计算机病毒，但不一定能杀得掉。

（4）每个操作系统不能同时安装两种或两种以上的杀毒软件（除非是兼容的）。

杀毒软件永远滞后于计算机病毒。所以，除了及时更新、升级杀毒软件的版本和定期扫描，还要充实自己的计算机安全和网络安全知识，做到不随意打开陌生的文件或者不安全的网页，不浏览不健康的网站，注意更新自己的隐私密码等，这样才能更好地维护好自己的计算机安全！

总结评价

1．自查学习成果，填写表 1-4。已达成的打√，未达成的记录原因。如果你达成的学习成果未在表中列出，则请在"其他"栏中写出。

表 1-4　自查学习成果表

学习成果	已达成	未达成原因
我了解 Windows 10 系统的主要特点		
我能正确启动与关闭计算机		
我熟悉 Windows 10 系统桌面图标的构成		
我会使用"开始"菜单		
我会 Windows 10 窗口操作		
我了解 Windows 10 菜单的构成		
我能够与同学一起探究、合作学习		
其他：		

2．对照本项目要求，回答以下问题。

（1）在学习本项目的过程中，你比较满意的是什么？

_____

_____

（2）在学习本项目的过程中，你在哪些方面存在不足？如何改进？

_____

_____

（3）联系实际，通过学习本项目能帮助你解决哪些实际问题？

_____

_____

习题1

一、填空题

1. 在"电源"菜单中单击"睡眠"命令，可以使计算机进入_____状态。

2. Windows 10 系统桌面上的图标包括_____图标和_____图标。

3. Windows 10 系统中最基本的图标有"此电脑"、_____、_____、_____和_____等。

4. Windows 10 系统任务栏位于桌面底部，主要由"开始"按钮、_____、_____、_____和"显示桌面"按钮等组成。

5. Windows 10 系统中多个窗口的排列显示有层叠窗口、_____、_____3 种。

6. 桌面上有某个应用程序的快捷方式图标，如果要启动该应用程序，则只需_____该快捷方式图标即可。

7. Windows 10 系统中快速切换窗口的组合键是_____。

8. 位于 Windows 10 系统"开始"菜单右侧区域的应用程序图标被称为磁贴，其中会动态变化内容的磁贴被称为_____。

9. 将鼠标指针移至窗口_____的位置上，长按鼠标左键并进行拖曳，即可移动该窗口的位置。

10. 在桌面上创建_____，以达到快速访问某个常用项目的目的。

二、选择题

1. Windows 10 系统是一种（　　　）。
   - A．数据库软件
   - B．应用软件
   - C．系统软件
   - D．中文字处理软件

2. Windows 10 系统的整个显示屏幕被称为（　　　）。
   - A．窗口
   - B．操作台
   - C．工作台
   - D．桌面

3. 在 Windows 10 系统中，打开"开始"菜单的快捷键是（　　　）。
   - A．Ctrl+O
   - B．Ctrl+Esc
   - C．Ctrl+Space
   - D．Ctrl+Tab

4. 打开"此电脑"窗口的操作是（　　　）。
   - A．左键单击桌面"此电脑"图标
   - B．左键双击桌面"此电脑"图标
   - C．右键单击桌面"此电脑"图标
   - D．右键双击桌面"此电脑"图标

5. 在 Windows 系统操作过程中，如果非正常关闭该系统，则最有可能发生的是（　　　）。
   - A．烧坏硬盘
   - B．丢失数据
   - C．无任何影响
   - D．无法正常启动

6. 在桌面上想要移动 Windows 窗口，可以用鼠标指针拖曳该窗口的（   ）。
   A．标题栏   B．边框
   C．滚动条   D．控制菜单框

7. 窗口被最大化后，如果要调整窗口的大小，则下列操作中正确的是（   ）。
   A．利用鼠标指针拖曳窗口的边框线
   B．先单击"向下还原"按钮，再利用鼠标指针拖曳边框线
   C．先单击"最小化"按钮，再利用鼠标指针拖曳边框线
   D．利用鼠标指针拖曳窗口的四角

8. Windows 10 窗口与对话框相比，窗口可以移动和改变大小，而对话框（   ）。
   A．既不能移动，又不能改变大小
   B．仅可以移动，不可以改变大小
   C．仅可以改变大小，不可以移动
   D．既能改变大小，又能移动

9. 当一个应用程序窗口最小化后，该应用程序将（   ）。
   A．被终止执行   B．继续在前台执行
   C．被暂停执行   D．转入后台执行

10. 在 Windows 10 系统中，将打开的窗口拖曳至桌面顶端中部，窗口会（   ）。
    A．关闭   B．消失   C．最大化   D．最小化

11. 在 Windows 10 系统的桌面空白处右击，将弹出一个（   ）。
    A．窗口   B．对话框   C．快捷菜单   D．工具栏

12. 在 Windows 10 系统中，（   ）桌面上的应用程序图标即可启动该应用程序。
    A．选定   B．右击   C．双击   D．拖动

三、操作题

1. 从"电源"菜单中分别单击"睡眠"命令和"重启"命令，观察两者的操作结果有什么不同。

2. 双击桌面上的"此电脑"图标，观察打开的窗口，指出窗口的各组成部分名称。

3. 打开"此电脑"→"库"→"图片"窗口，并完成移动窗口、改变窗口大小、排列窗口（打开多个窗口）、最大化、最小化、关闭窗口等操作。

4. 打开一个窗口，调整到适当大小后，分别将其拖曳至桌面的左下、左、左上、上、右上、右和右下边框，观察窗口大小和位置的变化。

5. 打开 3～5 个窗口，分别进行层叠、堆叠显示、并排显示窗口操作。

项目 2

设置系统工作环境

项目要求

> ➤ 能够设置 Windows 10 系统桌面主题和背景
> ➤ 能够设置屏幕保护程序
> ➤ 能够设置屏幕分辨率
> ➤ 能够自定义任务栏
> ➤ 能够设置鼠标属性

很多用户为了体现个性化的特点，往往根据自己的喜好对 Windows 10 系统的外观进行个性化设置，以便营造一个舒心的工作和学习环境，这就需要对 Windows 10 系统桌面进行设置。

任务 2.1 美化桌面

问题与思考

- 如何把自己喜欢的图片或照片设置为桌面背景？
- 为什么有的计算机桌面图标显示比较大且模糊，有的计算机桌面图标显示比较小且清晰？

Windows 10 系统的个性化设置非常丰富，用户可以根据自己的喜好和习惯对 Windows 10 系统的桌面主题和背景进行设置。

右击桌面空白处，在弹出的快捷菜单中单击"个性化"命令，打开"个性化背景"设置窗口，如图 2-1 所示。在"个性化背景"设置窗口中，可以对桌面背景、主题、颜色及屏幕保护程序等进行设置。

图 2-1　"个性化背景"设置窗口

2.1.1　设置桌面主题和背景

Windows 10 系统默认提供了多个外观主题，其中包含不同颜色的窗口、多组不同风格的背景图片等。

1. 设置桌面主题

Windows 10 系统的主题包括屏幕壁纸、图标、颜色方案、鼠标、声音方案等。

（1）右击桌面空白处，在弹出的快捷菜单中单击"个性化"命令，打开"个性化背景"设置窗口，可以看到在左侧窗格中有"背景"、"颜色"、"锁屏界面"和"主题"等选项。

（2）单击左侧窗格中的"主题"选项，可以看到"主题"窗格分为"自定义"、"应用主题"和"个性化设置"等选区，如图 2-2 所示。在"自定义"选区中可以设置背景、颜色、声音及鼠标光标等。

图 2-2　"主题"窗格

（3）在"应用主题"选区中可以选择一种系统自带的主题。例如，选择"鲜花"主题，此时主题将更改为"鲜花"，更换的主题效果如图 2-3 所示。

图 2-3 "鲜花"主题效果

2. 设置桌面背景

用户如果不喜欢当前 Windows 10 系统默认的桌面背景，则可以将自己喜欢的图片作为桌面背景。例如，可以从壁纸网站下载自己喜欢的图片，存放在备用的文件夹中。

（1）在"个性化背景"设置窗口右侧窗格中，选择系统提供的一张图片作为桌面背景。

（2）在"背景"下拉列表中可以选择屏幕背景模式为"图片"、"纯色"或"幻灯片放映"。其中，纯色是指可以从背景色板中选择一种颜色作为背景，如图 2-4 所示；幻灯片放映是指可以指定用于放映的相册及图片切换频率，如图 2-5 所示。

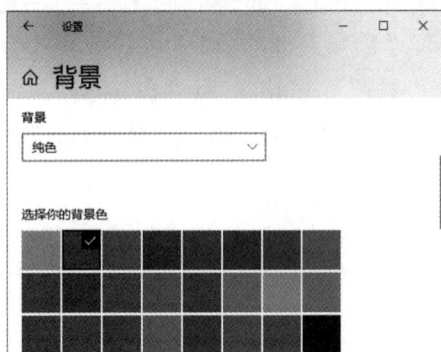

图 2-4 设置背景为纯色

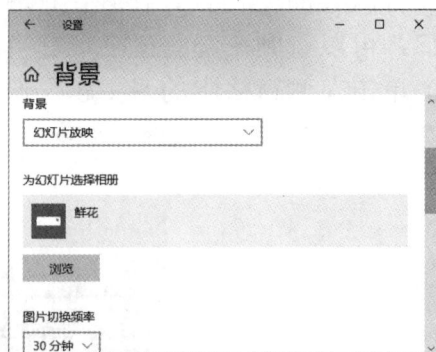

图 2-5 设置背景为幻灯片放映

设置幻灯片放映模式后，每隔一定的时间，桌面图片就会发生变化。

【任务】将自己喜爱的一张图片设置为桌面背景。

任务分析：

（1）准备好要设置为桌面背景的图片，记住存放图片的文件夹。

（2）了解桌面背景图片的显示方式（契合度）。

任务实施：

（1）打开"个性化背景"设置窗口，单击右侧窗格中的"浏览"按钮，打开"打开"窗口，在存放图片的文件夹中选择一张图片。

（2）单击"选择图片"按钮，返回"个性化背景"设置窗口。

（3）返回桌面，此时选择的图片已经被设置为桌面背景，如图 2-6 所示。

图 2-6　将图片设置为桌面背景

2.1.2　设置屏幕保护程序

屏幕保护程序是指在一段指定的时间内如果用户没有使用鼠标或键盘，则系统将会运行的一种保护屏幕的程序。设置屏幕保护程序不仅美观，还能够有效保护用户计算机屏幕显示的内容不被其他人看见。Windows 10 系统中自带了多种屏幕保护方式，用户可以直接选择并应用。当选择不同的屏幕保护方式时，还可以对屏幕保护程序的选项进行相应的设置。

（1）右击桌面空白处，在弹出的快捷菜单中单击"个性化"命令，打开"个性化"设置窗口，单击"锁屏界面"选项切换至"锁屏界面"窗格，单击"屏幕保护程序设置"选项，打开"屏幕保护程序设置"对话框，如图 2-7 所示。

图 2-7　"屏幕保护程序设置"对话框

（2）单击"屏幕保护程序"选区中的下拉按钮，选择一种屏幕保护方式，如单击"3D 文字"选项，并在"等待"数值框中输入当键盘和鼠标无动作时等待进入屏幕保护程序的时间，如 10 分钟，可勾选"在恢复时显示登录屏幕"复选框。

（3）设置完成后，单击"确定"按钮。

启用屏幕保护程序后，当用户再次登录操作系统时，将会出现用户登录界面。系统要求输入当前用户或系统管理员的密码，才能恢复到正常的工作窗口。这样可以在暂时离开计算机时，防止他人使用该计算机。

2.1.3 设置屏幕分辨率

如果计算机屏幕显示的内容很模糊，字体不清晰，则可能是因为显示器分辨率设置不合适。计算机在重新安装系统之后，或者出于某种特殊的需要，常常要重新设置计算机屏幕的分辨率。屏幕分辨率是指屏幕在水平和垂直方向上最多能显示的像素数。就相同大小的屏幕而言，屏幕分辨率越高，屏幕的像素数越多，可显示的内容就越多，显示的对象就越小。

常见的屏幕分辨率有很多，它取决于屏幕比例，常见的屏幕比例有 4：3、16：9、16：10 等。例如，对于屏幕比例为 4：3 的屏幕，其常见的屏幕分辨率有 1024×768、1280×960、1400×1050、1600×1200、1920×1440 等。对于屏幕分辨率是 1024×768 的显示器，其水平方向的像素数为 1024，垂直方向的像素数为 768。

设置分辨率的操作方法如下。

（1）右击桌面空白处，在弹出的快捷菜单中单击"显示设置"命令，打开"系统"设置窗口。

（2）单击"显示"选项，在右侧"显示"窗格的"分辨率"下拉列表中，设置屏幕分辨率的大小，如图 2-8 所示。

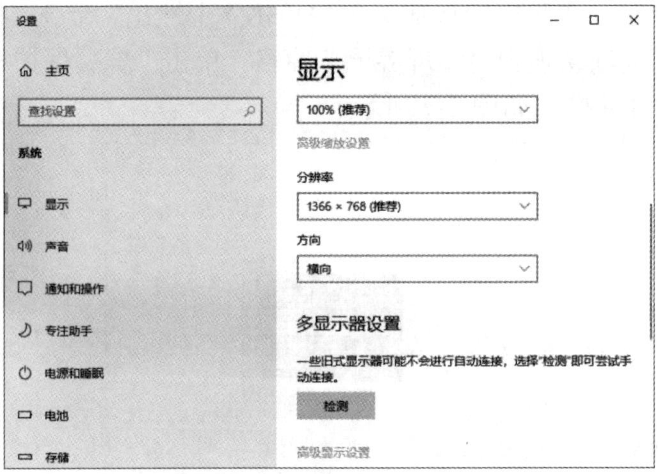

图 2-8 设置屏幕分辨率

（3）关闭窗口。

提示

当更改屏幕分辨率后，有 15 秒的时间来确定是否更改，单击"保留更改"按钮，将所做的更改保留下来；单击"还原"按钮，则不进行任何操作，即恢复到原来的设置。

试一试

（1）设置桌面的主题和背景。

① 自定义桌面主题，在"颜色"窗格中选择一种 Windows 颜色，分别应用于"开始"菜单、标题栏，观察设置后的效果。

② 选择一张你喜欢的图片作为桌面背景，并设置不同的契合度，观察屏幕设置效果。

（2）设置屏幕保护程序和外观。

① 分别设置"彩带"和"气泡"作为屏幕保护程序，等待时间为 5 分钟，并预览效果。

② 如果你的计算机已经连接 Internet，则从网上下载一个屏幕保护程序。

讨论与交流

（1）如何设置一组图片作为屏幕保护程序并循环播放？

_____

_____

（2）屏幕的分辨率设置得越高越好吗？

_____

_____

任务 2.2　设置任务栏

问题与思考

- 如何定制个性化任务栏程序按钮？
- 如何管理通知区域的应用图标？

任务栏是通常位于桌面底部的一个长条区域，是 Windows 10 系统桌面的一个重要组成部分。任务栏不仅可用于查看应用和时间，还可以通过多种方式对其进行个性化设置。例如，更改任务栏颜色和大小、固定喜爱的应用程序、重新排列任务栏按钮或调整其大小等。同时，还可以锁定任务栏、检查电池状态，并将所有打开的应用程序暂时最小化，以便查看桌面。

任务栏由"开始"按钮、快速启动工具栏、应用程序区域、通知区域和"显示桌面"按钮等组成。

- "开始"按钮。单击该按钮可以打开"开始"菜单。
- 快速启动工具栏。其功能等同于快捷方式，可以在不显示桌面的情况下快速启动应用程序，通常包括媒体播放器、浏览器、文件夹等图标。快速启动工具栏只能显示在任务栏上，可以节省桌面的资源。用户可以直接将应用程序拖曳到任务栏上为该应用程序添加快速启动功能。
- 应用程序区域。以按钮的形式显示正在运行的应用程序，通过单击应用程序按钮，可以打开正在运行的应用程序。
- 通知区域。该区域通常用来更改系统设置和显示系统时间，设置后可以隐藏或显示某些应用程序的图标。

- "显示桌面"按钮。单击该按钮将直接切换到桌面,并最小化所有已打开的窗口。

2.2.1　将应用程序固定到任务栏上

用户可以将某个应用程序直接固定到任务栏上,以便在桌面上快速访问该应用程序。对于桌面上的应用程序或"开始"菜单中的应用程序,可以采用鼠标指针拖曳的方法将其固定到任务栏上。长按鼠标左键,并拖曳应用程序到任务栏上,当出现"固定到任务栏"或"链接"字样时,释放鼠标左键即可。例如,将"开始"菜单中的"画图 3D"应用程序拖曳到任务栏上,如图 2-9 所示。

图 2-9　将应用程序拖曳到任务栏上

也可以采用右击的方法,将"开始"菜单中的应用程序固定到任务栏上。方法是右击应用程序图标,在弹出的快捷菜单中单击"更多"→"固定到任务栏"命令,如图 2-10 所示。

图 2-10　将应用程序固定到任务栏上

对于"开始"菜单中没有列出的应用程序,也可以将其固定到任务栏上。方法是先找到应用程序的位置,再右击该应用程序图标,在弹出的快捷菜单中单击"固定到任务栏"命令。

采用以上方法都能将应用程序固定到任务栏上,当需要启动应用程序时,直接单击任务栏中的应用程序图标即可。如果要删除任务栏中的应用程序图标,则右击任务栏中的应用程序图标,在弹出的快捷菜单中单击"从任务栏取消固定"命令即可。

任务栏默认在屏幕下方,在任务栏中可以添加多个图标,也可以任意拖曳其位置。如果不将任务栏锁定,则用户在操作过程中可能会无意更改任务栏的位置和宽度等。因此,可以将任务栏锁定,方法是右击任务栏的空白处,在弹出的快捷菜单中单击"锁定任务栏"命令。

2.2.2　定制任务栏

用户通过任务栏的设置可以自定义任务栏。在任务栏设置中可以设置锁定任务栏、在桌面模式下自动隐藏任务栏等，如图 2-11 所示。

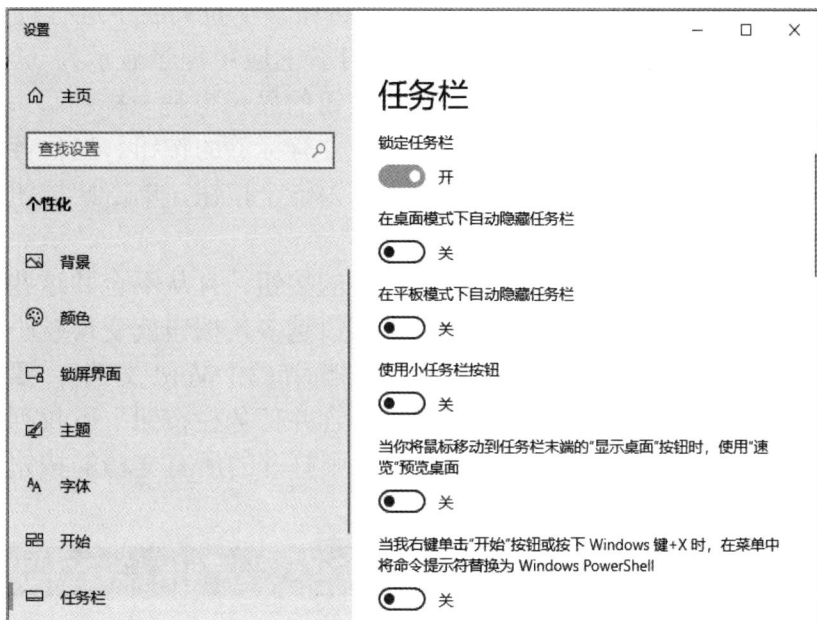

图 2-11　任务栏设置

1. 设置任务栏位置

任务栏默认位于屏幕的底部，也可以将其放置在屏幕的左、右侧和顶部，用户可以根据个人的操作习惯设置任务栏的位置。在"任务栏"窗格的"任务栏在屏幕上的位置"下拉列表中，有"靠左"、"顶部"、"靠右"和"底部" 4 个选项用来设置任务栏位置，如图 2-12 所示。

图 2-12　设置任务栏位置

2. 重新排列任务栏按钮

如果想要更改应用程序按钮在任务栏上的顺序，则只需将按钮从其当前位置拖曳至其他位置即可。如果打开了多个应用程序，则在默认情况下，同一个应用程序中所有打开的文件始终分组在一起，即使没有连续打开它们也是如此。如果想要更改任务栏按钮分组在一起的方式，则可以在"任务栏"窗格中的"合并任务栏按钮"下拉列表中进行选择。

- 始终合并按钮：该选项为系统默认的设置，打开的应用程序显示为一个无标签的按钮，即使在同一个应用程序中打开多个文件，按钮的显示也是一样的。
- 任务栏已满时：该选项将每个窗口显示为一个有标签的按钮。当任务栏变得非常拥挤时，具有多个打开窗口的应用程序将会合并为一个按钮，单击此按钮会看到一个已打开窗口的列表。
- 从不：该选项将每个窗口显示为一个有标签的按钮，且从不合并这些按钮，无论打开多少个窗口都是如此。打开的应用程序和窗口越多，按钮就变得越小，最终按钮呈现滚动状态。例如，当打开多个相同类型的文档时（如 Word 文档），要求对任务栏上相同类型的文档进行隐藏合并，这时可以在"合并任务栏按钮"下拉列表中单击"始终合并按钮"选项，如果单击"从不"选项，则打开的所有文档的按钮都将显示在任务栏上，如图 2-13 所示。

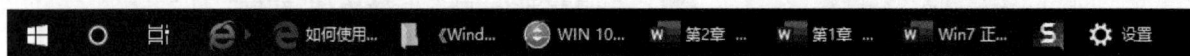

图 2-13　单击"从不"选项显示的效果

2.2.3　设置通知区域

通知区域位于任务栏的最右侧，用来显示在系统启动时加载的应用程序，包括时钟、音量、网络、电源、操作中心和一些应用程序图标。当用户打开一些应用程序时，有些应用程序图标也会自动添加到通知区域中，如 QQ、微信等。

1．显示/隐藏通知区域应用程序图标

在 Windows 10 系统中，用户可以自定义通知区域应用程序图标的显示。方法是右击桌面空白处，在弹出的快捷菜单中单击"个性化"命令，打开"个性化"设置窗口，单击左侧窗格中的"任务栏"选项，单击右侧窗格"通知区域"选区中的"选择哪些图标显示在任务栏上"链接，显示如图 2-14 所示的窗格，设置通知区域中显示的应用程序图标。

在如图 2-14 所示的窗格中关闭不显示在通知区域中的应用程序图标，并不是关闭这些应用程序，而是隐藏这些应用程序图标，此时，将不显示的应用程序图标隐藏在任务栏右侧上箭头图标列表中，单击上箭头图标，可以看到隐藏的应用程序图标。

2．设置系统图标显示方式

通知区域除了包含应用程序图标，还包含系统图标，可以设置其是否显示。方法是单击"个性化"设置窗口左侧窗格中的"任务栏"选项，单击右侧窗格"通知区域"选区中的"打开或关闭系统图标"链接，显示如图 2-15 所示的窗格，可以设置显示或关闭通知区域中的系统图标。

在如图 2-15 所示的窗格中关闭不显示在通知区域中的系统图标，并不是关闭这些系统应用，而是隐藏这些系统应用图标使其不在通知区域中显示。例如，关闭"网络"图标的显示，在通知区域中不显示该图标，但仍然连接到网络，可以继续上网（在网络已经连接的情况下）。

图 2-14　"选择哪些图标显示在任务栏上"窗格　　　图 2-15　"打开或关闭系统图标"窗格

3. 操作中心

操作中心位于 Windows 10 系统的通知区域，它内置了通知中心并集成了很多实用的系统快捷功能，使用它可以快速查找应用通知，其功能类似智能终端的通知面板。单击通知区域中的操作中心图标 ，弹出"操作中心"快速操作面板，如图 2-16 所示。

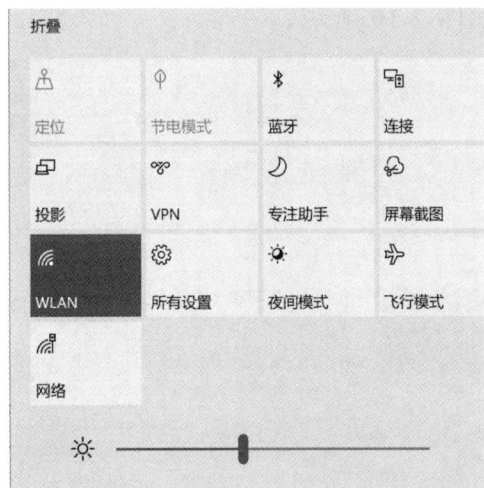

图 2-16　"操作中心"快速操作面板

如果要管理"操作中心"的"管理"，则可以右击"开始"按钮，在弹出的快捷菜单中单击"设置"命令，在打开的"Windows 设置"窗口中单击"系统"图标，在"系统"设置窗口左侧窗格中单击"通知和操作"选项，在右侧"通知和操作"窗格中可以选择要打开或关闭的通知，如图 2-17 所示。

如果取消勾选"在使用 Windows 时获取提示、技巧和建议"复选框，则当操作系统更新或出错时，用户不会收到任何通知提示；如果关闭"获取来自应用和其他发送者的通知"选项，则用户不会收到应用程序更新及有关的提示信息。

Windows 10 系统的通知有各种形状和大小，除了在通知中心显示的传统方式，用户还可以收到"横幅"类型的通知和音乐提示通知。在设置该效果的通知时，可以在如图 2-17 所示的"通知和操作"窗格中，将最右侧的滚动条拉到下方，可以看到有关各个应用程序的通知设置，单击应用程序对应的选项，即可进行具体的设置，如图 2-18 所示。

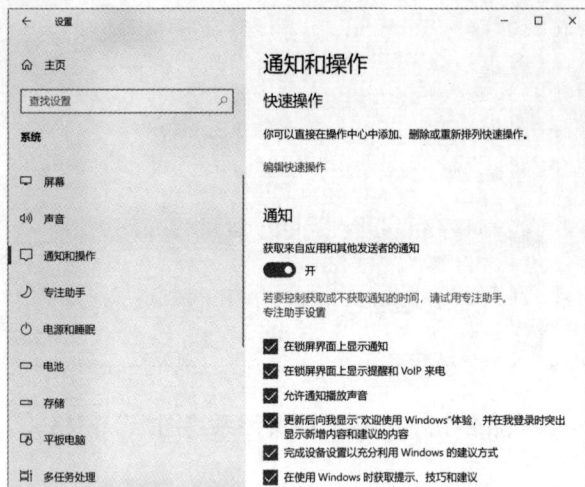

图 2-17　"通知和操作"窗格

图 2-18　设置通知和操作

　　用户可以对"操作中心"快速操作面板中的选项进行添加或删除操作，方法是在如图 2-17 所示的"通知和操作"窗格上方，单击"编辑快速操作"链接，在打开的快速操作面板中可以添加或删除有关选项，如图 2-19 所示。

图 2-19　添加或删除有关选项

📖 试一试

（1）先分别将任务栏拖曳至桌面的左侧、右侧和顶部，再使其回到桌面的底部。

（2）自动隐藏任务栏，并观察设置效果。

（3）隐藏通知区域中的部分应用程序图标。

（4）通过通知区域的时钟，调整系统日期和时间。

讨论与交流

（1）如何在任务栏上添加并固定 Microsoft Edge 浏览器？

_____

_____

（2）如何将以自己的名字命名的文件夹添加到任务栏中？

_____

_____

任务 2.3　设置鼠标

问题与思考

- 不同形状的鼠标指针所代表的含义有什么不同？
- 如何设置鼠标指针在不同工作状态下的形状？

键盘和鼠标是最基本的计算机输入设备，几乎所有的操作都离不开这两种设备。由于个人习惯不同，因此可以对鼠标进行合理配置，如配置左右手习惯、双击速度、单击锁定、鼠标指针形状、移动速度等，这些都需要通过设置鼠标属性来实现。设置鼠标属性可以右击"开始"按钮，在弹出的快捷菜单中单击"设置"命令，打开"Windows 设置"窗口，单击"设备"图标，打开"设备"设置窗口，在左侧窗格中单击"鼠标"选项，打开"设备鼠标"设置窗口，在右侧窗格中出现鼠标设置项目，如图 2-20 所示。

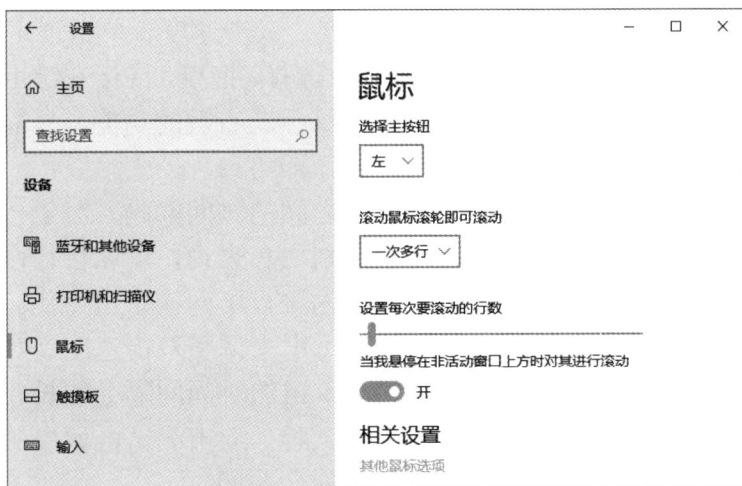

图 2-20　"设备鼠标"设置窗口

在该窗口中可以设置鼠标的主按钮、每次要滚动的行数等。

2.3.1　设置鼠标键

每个鼠标都有一个主按钮和一个次按钮，使用主按钮可以选择和单击项目，在文档中定位光标及拖曳项目。主按钮通常是鼠标的左键，次按钮通常是鼠标的右键。

用户可以通过"鼠标 属性"对话框来设置鼠标属性。在"设备鼠标"设置窗口中，单击"其他鼠标选项"链接，或者单击"控制面板"→"查看方式"→"大图标"（或"小图标"）选项，单击"鼠标"图标，打开"鼠标 属性"对话框，如图 2-21 所示。

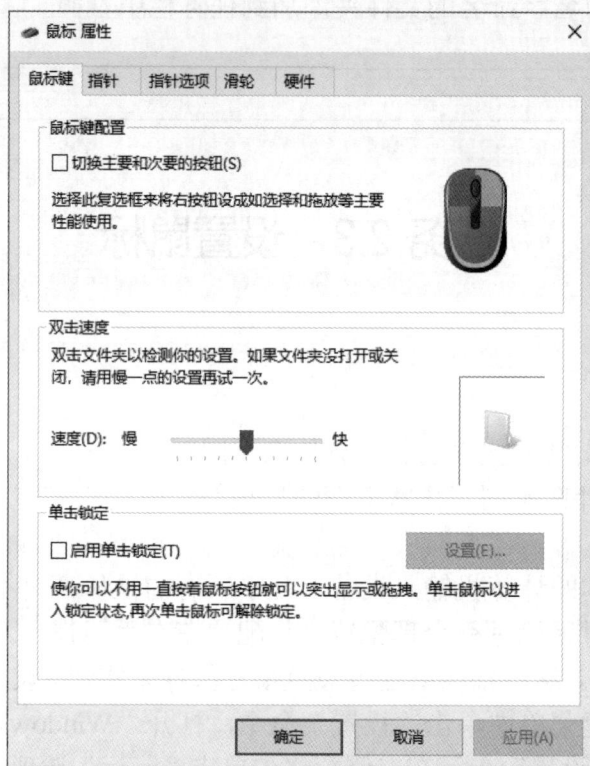

图 2-21　"鼠标 属性"对话框

在"鼠标键"选项卡中，可以设置鼠标键配置、双击速度、单击锁定。

- 鼠标键配置：在默认情况下，鼠标左键用于选择、拖曳，鼠标右键用于打开快捷菜单。对于习惯左手操作的用户来说，可以互换鼠标左右键的功能，只需勾选"切换主要和次要的按钮"复选框，并单击"应用"按钮即可。

- 双击速度：双击速度是指双击时两次单击之间的时间间隔。对于一般的用户来说，双击速度可以采用系统默认的设置；对于个别用户来说，可以自行设置双击速度。如果双击时两次单击的速度不够快，系统会认为进行了两次单击操作。在"鼠标键"选项卡中有一个"双击速度"选区，其中标尺可用来调整双击速度。对于刚接触计算机的人来说，建议将滑块向左移动，鼠标两次单击的时间间隔会加长。在该选区的右侧有一个测试区域，可以测试双击速度。在测试时，双击测试区域中的文件夹，如果双击速度适中，该文件夹就会打开，再次双击就会关闭。

- 单击锁定：启用单击锁定功能后，如果要选择一个区域，则在区域的开始位置按住鼠标左键，经过一定的时间间隔后再放开，移动鼠标指针会看到有些内容已被选中，在选择区域的终止位置单击，两次单击之间的内容将被选中。例如，使用这种方法选择文档的部分内容，要比拖曳选择更加便捷。"单击锁定"选区中的"设置"按钮用来设置按住和释放鼠标键的锁定时间间隔。

2.3.2　设置鼠标指针形状

鼠标指针在不同的工作状态下有不同的形状，在正常情况下，它的形状是一个小箭头，当运行某一程序时，它会变成圆环形状。Windows 10 系统提供了多种鼠标指针方案供用户选择。在如图 2-22 所示的"指针"选项卡中，可以对鼠标指针的形状进行设置。

"方案"下拉列表中提供了多种鼠标指针方案供用户选择，如图 2-23 所示，选择一种方案后，"自定义"列表框中就会出现与此方案相对应的各种鼠标指针形状。如果对所选方案中的某一鼠标指针外观不满意，则可以更改这个鼠标指针的形状。单击"浏览"按钮，从打开的"浏览"对话框中选择一种鼠标指针形状，单击"打开"按钮，并且单击"应用"按钮或"确定"按钮，这样就自定义了一个新的鼠标指针方案。

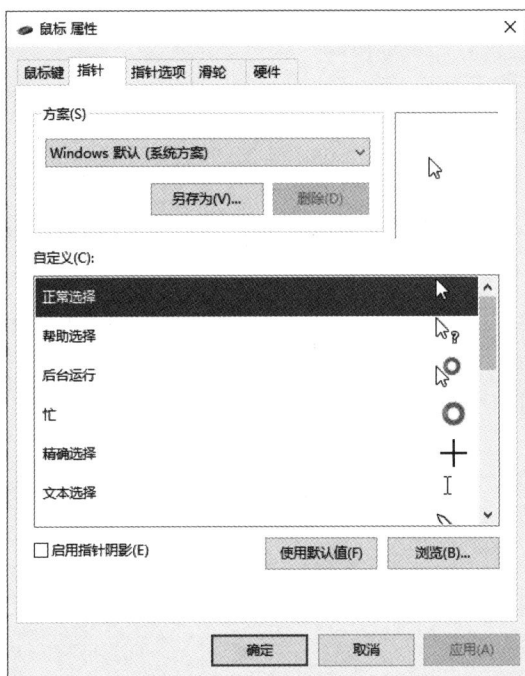

图 2-22　"指针"选项卡　　　　图 2-23　"方案"下拉列表

2.3.3　设置鼠标指针移动速度

鼠标指针移动速度是指鼠标指针在屏幕上移动的反应速度，它将影响指针对鼠标自身移动做出响应的快慢程度。在正常情况下，指针在屏幕上移动的速度与鼠标在手中移动的幅度相适应。

打开"指针选项"选项卡，如图 2-24 所示，在"移动"选区中拖曳标尺滑块可以改变鼠标指针移动速度。勾选"提高指针精确度"复选框，可以提高鼠标指针在移动时的精确度。

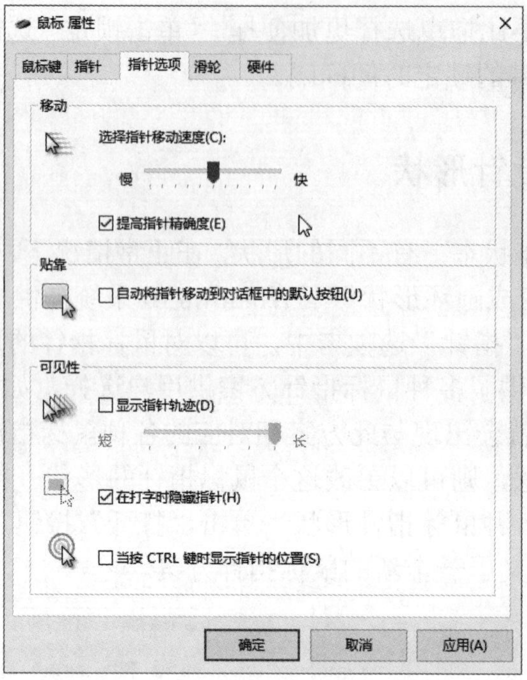

图 2-24 "指针选项"选项卡

其他复选框的功能介绍如下。

- "显示指针轨迹"复选框：勾选该复选框，鼠标指针在移动的过程中带有轨迹，拖曳标尺滑块可以调整鼠标指针移动轨迹的长短。
- "在打字时隐藏指针"复选框：勾选该复选框，当打字时，鼠标指针便会自动隐藏起来。
- "当按 CTRL 键时显示指针的位置"复选框：勾选该复选框，当按 Ctrl 键时，便会出现一个以鼠标指针为圆心的动画圆，这样可以迅速确定鼠标指针的当前位置。

提示

在如图 2-24 所示的选项卡中，勾选"贴靠"选区中的"自动将指针移动到对话框中的默认按钮"复选框，鼠标能自动定位到对话框中的默认按钮，单击"确定"按钮或"应用"按钮即可生效。

2.3.4 设置鼠标滚轮

用户在进行文档的编辑或浏览网页时，经常使用鼠标滚轮来滚动屏幕显示的内容。它的功能相当于窗口中的滚动条。在"滑轮"选项卡中可以设置滚轮的滚动幅度，如图 2-25 所示。

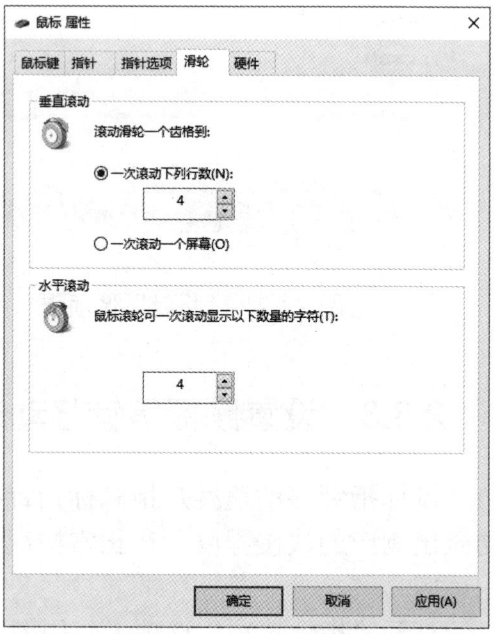

在"垂直滚动"选区中，可以设置滚轮的滚动幅度。选中"一次滚动下列行数"单选按钮，表示可以

图 2-25 "滑轮"选项卡

设置滚轮滚动一个齿格对应的行数，滚动的行数范围为1～100。选中"一次滚动一个屏幕"单选按钮，表示滚轮滚动一个齿格，页面就会翻动一页。在"水平滚动"选区中，可以设置鼠标滚轮滚动一次显示的字符数。

试一试

（1）调整鼠标双击的速度，并双击文件夹测试双击的速度。
（2）在记事本中输入一段文字，启动鼠标锁定功能，选中部分文字，观察锁定的效果。
（3）设置鼠标指针方案为"Windows 标准（特大）"，观察设置的效果。
（4）在"指针选项"选项卡中勾选"当按 CTRL 键时显示指针的位置"复选框，观察设置的效果。

讨论与交流

（1）首先打开一个含有多页内容的长文档，然后分别设置鼠标滚轮一次滚动一行和一次滚动一个屏幕，观察在使用滚轮浏览文档时有什么不同。

（2）在 Word 文档中，三击鼠标键可以用来进行选择文本范围的操作，如在文中三击表示选择一段内容，在选定栏中三击表示选中全文，这时的三击操作应注意什么问题？

知识拓展

键盘的设置

键盘也是重要的输入设备之一，在计算机操作中，几乎离不开键盘操作，如撰写文档、查阅资料、收发电子邮件等。了解键盘的属性并设置键盘的工作方式，能提高工作效率。

首先单击"控制面板"→"查看方式"→"大图标"（或"小图标"）选项，然后单击"键盘"图标，打开"键盘 属性"对话框，如图 2-26 所示。

在"速度"选项卡中有"字符重复"和"光标闪烁速度"两个选区，各选项的含义如下。

- 重复延迟：当按住键盘上的某个键时，系统输入第一个字符和第二个字符之间的间隔。通过调整标尺上的滑块，可以增加或减少重复延迟的时间。
- 重复速度：当按住键盘上的某个键时，系统重复输入该字符的速度。通过调整标尺上的滑块，可以增加或减少字符的重复率。在该项标尺下面的文本框中可以按住键盘上的某个键，测试字符的重复延迟和重复速度。
- 光标闪烁速度：在输入字符的位置显示光标闪烁的速度。光标闪烁太快，容易引起视觉疲劳；光标闪烁太慢，容易找不到光标的位置。

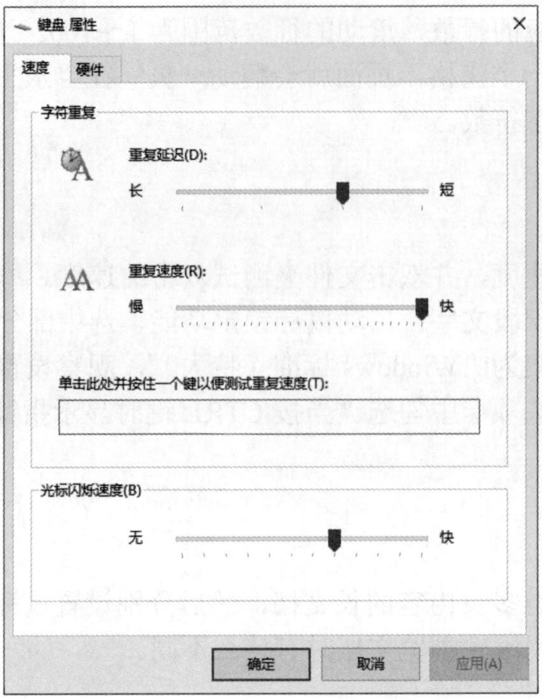

图 2-26　"键盘 属性"对话框

总结评价

1. 自查学习成果，填写表 2-1。已达成的打√，未达成的记录原因。如果你达成的学习成果未在表中列出，则请在"其他"栏中写出。

表 2-1　自查学习成果表

学 习 成 果	已 达 成	未达成原因
我会设置 Windows 10 系统的桌面和背景图案		
我能设置 Windows 10 系统的屏幕保护程序		
我了解分辨率的含义，能设置 Windows 10 系统的屏幕分辨率		
我会自定义任务栏		
我会设置鼠标属性		
我能够与同学一起探究、合作学习		
其他：		

2. 对照本项目要求，回答以下问题。

（1）在学习本项目的过程中，你比较满意的是什么？

_____

_____

（2）在学习本项目的过程中，你在哪些方面存在不足？如何改进？

_____

_____

（3）联系实际，通过学习本项目能帮助你解决哪些实际问题？

_____

_____

习题 2

一、填空题

1．Windows 10 系统的主题包括_____、_____、_____、_____和声音方案等。

2．设置 Windows 10 系统桌面主题通常要在_____窗口中进行。

3．设置 Windows 10 系统桌面背景通常要在_____窗口中进行。

4．Windows 10 系统桌面背景的模式有_____、_____和_____ 3 种方式。

5．屏幕分辨率越高，屏幕的像素数_____，可显示的内容就越_____。

6．某显示器的分辨率为 1280×960，其水平方向像素数为_____，垂直方向像素数为_____。

7．Windows 10 系统中要将某个应用程序固定在任务栏中，需要右击该应用程序图标，在弹出的快捷菜单中单击_____命令。

8．Windows 10 系统任务栏可以出现的位置有底部、_____、_____和_____。

9．当鼠标指针移向任务栏中的按钮时，会出现缩小版的相应窗口，当将鼠标指针停留在其中的一个窗口上时，则在屏幕上_____。

10．从"鼠标 属性"对话框的"指针"选项卡中可知，�表示_____，○表示_____。

二、选择题

1．应用某个桌面主题，能够更改计算机上的视觉效果，下列选项中不能立即被更改的是（　　）。

    A．桌面背景　　　　　　　　　B．窗口颜色

    C．声音　　　　　　　　　　　D．分辨率

2．在 Windows 10 系统中，任务栏（　　）。

    A．只能改变位置，不能改变大小

    B．只能改变大小，不能改变位置

    C．既不能改变位置，又不能改变大小

    D．既能改变位置，又能改变大小

3．在 Windows 10 系统中随时能获取帮助信息的快捷键是（　　）。

    A．Ctrl+F1　　　B．Shift+F1　　　C．F3　　　　　D．F1

4．在 Windows 10 系统中，通过"鼠标 属性"对话框，不能调整鼠标的（　　）。

    A．单击速度　　　　　　　　　B．双击速度

    C．移动速度　　　　　　　　　D．指针轨迹

5．当鼠标指针变成 形状时，通常情况是表示（　　　）。

　　A．正在选择　　B．系统忙　　　　C．后台运行　　　　D．选定文字

6．滚动鼠标滚轮一个齿格对应的最大行数是（　　　）。

　　A．20　　　　　　B．50　　　　　　C．100　　　　　　　D．任意行

7．在 Windows 10 系统中，单击是指（　　　）。

　　A．快速按住并释放鼠标左键　　　　B．快速按住并释放鼠标右键

　　C．按住鼠标滚轮　　　　　　　　　D．按住鼠标左键并移动鼠标

8．当屏幕中的鼠标指针为 形状时，表示 Windows 10 系统（　　　）。

　　A．正在执行答应任务

　　B．正在执行一项任务，不可以执行其他任务

　　C．没有执行任何任务

　　D．正在执行一项任务，但仍可以执行其他任务

9．使用鼠标右键单击对象将弹出（　　　），可用于该对象的常规操作。

　　A．帮助信息　　B．快捷菜单　　　C．对话框　　　　　D．窗口

10．下列说法中不正确的是（　　　）。

　　A．能够将"开始"菜单应用程序列表中的应用程序添加到右侧动态磁贴区中，并称其为动态磁贴

　　B．能够将"开始"菜单应用程序列表中的应用程序固定到任务栏

　　C．能够打开"开始"菜单应用程序列表中应用程序的位置

　　D．能够直接使用 Delete 键删除"开始"菜单应用程序列表中的应用程序

三、操作题

1．设置桌面主题，应用一个主题，并选择"金色"背景色作为主题颜色，观察设置效果。

2．设置桌面背景，选择一幅图片作为桌面背景，分别设置契合度为填充、适应、拉伸、平铺、居中和跨区，观察设置效果。

3．设置屏幕保护程序，选择一个屏幕保护程序，在屏幕的预览窗口中观察设置效果。

4．调整屏幕分辨率和颜色，将屏幕调整为最高的分辨率和颜色质量。

5．先将"记事本"应用程序固定到任务栏中，再锁定任务栏。

6．定制任务栏，分别自定义自动隐藏任务栏、使用小图标，观察设置效果。

7．分别设置鼠标的左右键、双击速度，验证设置效果。

8．设置鼠标指针形状，验证设置效果。

9．设置鼠标指针移动速度，验证设置效果。

10．将系统时间设置为 2023 年 10 月 17 日 20:30（任务栏中显示下午 8:30）。

11．关闭任务栏上的"扬声器"。

12．查看 2023 年 10 月 1 日是星期几。

项目 3

文件资源管理

项目要求

> 熟悉常见的文件和文件夹图标含义
> 熟练使用文件资源管理器对计算机资源进行管理
> 能够对文件和文件夹进行创建、复制、删除等操作
> 能够创建文件的快捷方式
> 能够按要求搜索计算机中的文件或文件夹
> 能够使用 Windows 10 系统中的库对文件进行管理
> 能够使用 OneDrive 进行文件备份

计算机中的文件和文件夹是用户经常操作的对象，通常使用文件来管理数据。Windows 10 系统提供了文件资源管理器，能够帮助用户快速方便地管理和使用文件资源。

任务 3.1　认识文件和文件夹

问题与思考

- 在 Windows 系统中，文件和文件夹名称前的图标为什么不相同？
- 常见的文件和文件夹图标有哪些？分别代表什么含义？

在计算机管理系统中，用户数据和各种信息都是以文件形式存在的。文件是具有某种相关信息的集合。文件可以是一个应用程序（如写字板、画图程序等），可以是用户自己编辑的文档、数据文件，也可以是一些由图形、图像处理程序建立的图形图像文件等。因此，文件和文件夹的管理是信息管理的基础。

3.1.1 认识文件类型

在对 Windows 10 系统进行操作的过程中，常见的文件图标及对应的文件类型如图 3-1 所示。Windows 10 系统中的文件可以划分为多种类型，如文本文件、应用程序文件、图形图像文件、音频文件、视频文件、数据文件等，每个文件都有对应的图标，但每种类型的文件对应的图标并非不变的，是由打开文件的应用程序决定的。例如，即使是同一个图片文件，默认对应的宿主应用程序不同，图标也不同。

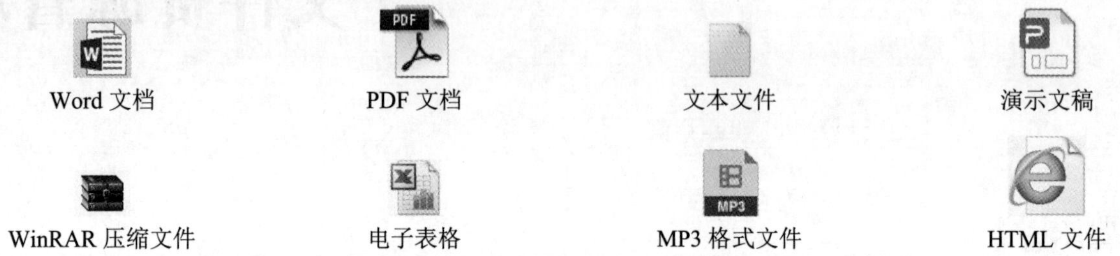

| Word 文档 | PDF 文档 | 文本文件 | 演示文稿 |
| WinRAR 压缩文件 | 电子表格 | MP3 格式文件 | HTML 文件 |

图 3-1 常见的文件图标及对应的文件类型

（1）文本文件：文本文件是指以 ASCII 码方式存储的文件，又称 ASCII 文件。它由字母和数字组成，该文件的扩展名为 txt，可以通过记事本应用程序直接创建文本文件。

（2）应用程序文件：应用程序文件是指为了完成特定任务而开发的运行于操作系统之上的计算机程序。例如，扩展名为 com 或 exe 的文件就是应用程序。应用程序在分类上也比较多，如系统应用程序、桌面应用程序、驱动应用程序、网络应用程序和手机应用程序等。

（3）图形图像文件：图形图像文件大致上可以分为两大类，一类为位图文件，另一类为矢量类文件。前者以点阵形式描述图形图像，后者以数学方法描述一种由几何元素组成的图形图像。位图文件在有足够文件量的前提下，能真实细腻地反映图片的层次、色彩，缺点是文件体积较大，一般来说，适合描述图片；矢量类文件的特点是文件体积小，并且任意缩放不会改变图像质量，适合描述图形。常见的图形图像文件有 BMP 文件、GIF 文件、TIFF（TIF）文件、JPEG 文件、PNG 文件等。

（4）音频文件：音频文件是指要在计算机内播放或处理的音频。常见的音频文件格式有MP3（应用于音乐播放器、手机等设备）、WAV（用于存储未经压缩的音频）、FLAC（用于满足保留音频质量又要节省存储空间的需求）、AAC（用于移动设备、音乐流媒体和互联网广播）、OGG（开源音频格式）、AIFF（常用于 macOS 系统和专业音频处理）、WMA（有损音频压缩编码格式）。

（5）视频文件：视频文件是指经过视频编码的多媒体文件，可以分为适合本地播放的本地影像视频和适合在网络中播放的网络流媒体影像视频两大类。MP4 是一种非常流行的视频文件格式，具有较小的文件体积和较高的压缩比率，它通常用于在互联网上共享视频和在线视频流媒体。不同的播放器支持不同的视频文件格式，如果计算机中缺少相应格式的解码器，或者一些外部播放装置（如手机等）只能播放固定的格式，那么会出现视频文件无法播放的现象。在这种情况下就要使用格式转换器软件来进行不同视频文件格式的转换。主要的视频文件格式如下。

① 微软视频格式：WMV、ASF、ASX。

② Real Player 视频格式：RM、RMVB。

③ MPEG 视频格式：MPG、MPEG、MPE。

④ 手机视频格式：3GP。

⑤ Apple 视频格式：MOV、M4V。

⑥ 其他常见视频格式：AVI、DAT、MKV、FLV、VOB 等。

（6）数据文件：数据文件是指由应用程序创建的文件或在计算机操作系统中存储的文件，包括文档、项目文件、库等。它可以是纯文本文件、编码后的文件，二进制文件等。例如，CSV、DAT、DBF、MDB、ODB++等都是在不同应用软件支持下的数据文件格式。

表 3-1 列出了 Windows 10 系统中常见的文件扩展名及其对应的文件类型。

表 3-1　Windows 10 系统中常见的文件扩展名及其对应的文件类型

文件扩展名	文 件 类 型	文件扩展名	文 件 类 型
docx	Word 2007 文档及以上版本	xlsx	Excel 2007 电子表格文件及以上版本
pptx	PowerPoint 2007 演示文稿及以上版本	txt	文本文件
mdb	Access 数据库文件	dbf	数据库表文件
com	可执行的二进制代码文件	exe	可执行文件
inf	软件安装信息文件	dat	数据文件
rar	压缩文件	jpg	图像文件
html	超文本文件	wav	音频文件
bmp	位图文件	avi	视频文件

存储在计算机中的文件都有一个文件名，文件名一般由文件名称（前缀）和扩展名（后缀）两部分组成。文件名称和扩展名之间使用句点“.”分开。例如，文件名 myfile.docx，其中 myfile 是文件名的前缀，docx 是后缀，这说明它是一个 Word 文档。Windows 10 系统支持长文件名，文件名可多达 255 个字符，可以包括除“/\<>:|*″?”之外的任何字符，并能包括多个空格和多个句点“.”，最后一个句点之后的字符被认为是文件的扩展名。但实际的文件名字符必须少于这一数值，因为文件名的完整路径（如 C:\Program Files\）都包含在此字符数值中。另外，文件名太长，也不便于记忆。

在通常情况下，Windows 10 系统的默认设置隐藏了已知类型文件的扩展名。对于不同类型的文件，Windows 10 系统使用不同的图标加以区别。系统中已经注册的文件类型在文件夹窗口中只显示文件的图标和文件名称（不含扩展名）。如果要显示全部的文件名，则可以打开文件所在的文件夹，勾选“查看”选项卡中的“文件扩展名”复选框即可，勾选前后效果分别如图 3-2 和图 3-3 所示。

在文件夹中有时还包含一些隐藏的文件，除了查看全部的文件名，如果还要查看隐藏的文件等信息，则可以在如图 3-2 所示的窗口中，单击右侧“选项”按钮，打开“文件夹选项”对话框，如图 3-4 所示，在“查看”选项卡中取消勾选“隐藏已知文件类型的扩展名”复选框，即可全部显示文件的扩展名。选中“显示隐藏的文件、文件夹和驱动器”单选按钮，可以将隐藏的文件、文件夹等显示出来。

图 3-2　显示图标和文件名称

图 3-3　显示图标、文件名称和扩展名

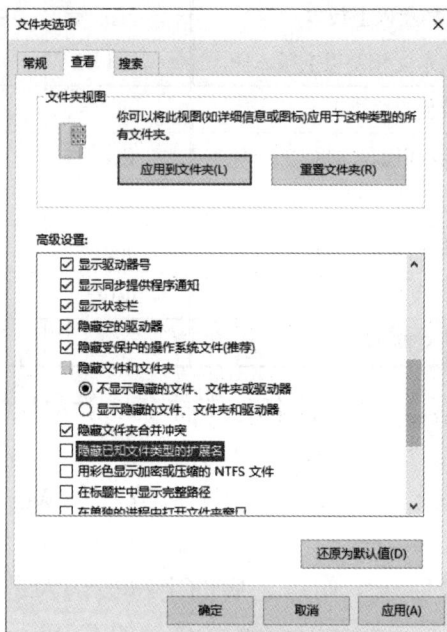

图 3-4　"文件夹选项"对话框

　　Windows 10 系统中的文件类型很多，不同类型的文件对应的图标也不一样，只有当系统中安装了相关软件后，文件的图标才能正确显示出来。

3.1.2　认识文件夹

　　计算机中的文件有成千上万个，文件类型众多，为便于统一管理，通常对这些文件进行分类和汇总。Windows 系统中引进了文件夹的概念，用于对文件进行管理。可以把文件夹看成存储文件的容器，并以图形界面（图标）呈现给用户。在 Windows 10 系统中，默认设置了当前用户文件夹，如"Administrator"、"文档"、"图片"、"音乐"和"视频"等。Windows 10 系统中常见的文件夹图标如图 3-5 所示。

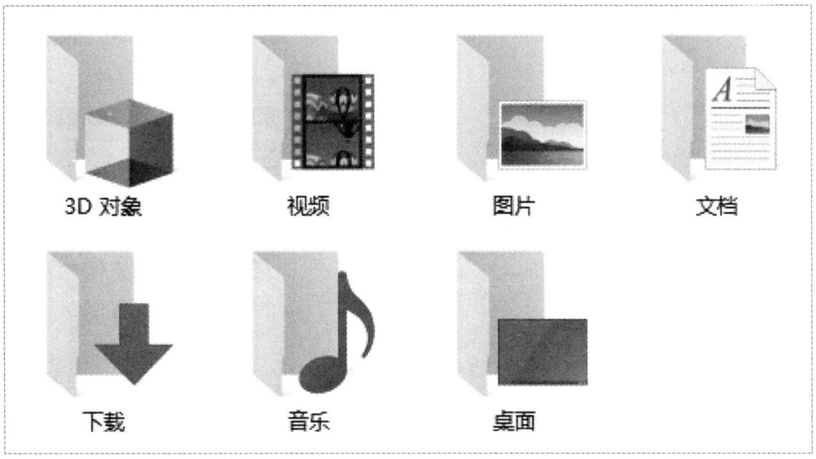

图 3-5　Windows 10 系统中常见的文件夹图标

用户在使用计算机时，一般要创建自己的一个或多个文件夹，分别存储不同类型的文件。例如，分别创建"MP3 歌曲"、"我的照片"和"我的资料"文件夹等。

在 Windows 系统中，文件夹具有如下特性。

（1）移动性。用户可以对文件夹进行移动、复制或删除操作，可以将文件夹从一个磁盘（或文件夹）移动或复制到另一个磁盘（或文件夹）中，也可以直接删除指定的文件夹，这些操作对该文件夹中的全部内容同时有效。

（2）嵌套性。一个文件夹中可以包含一个或多个文件、文件夹。

（3）空间任意性。一个文件夹存储空间的大小受磁盘空间的限制。

（4）共享性。可以将文件夹设置为共享，使网络上的其他用户都能控制和访问其中的文件和数据。对于 NTFS 格式的磁盘，可以压缩或加密其中的文件和文件夹。

【任务 1】在 Windows 10 系统的"音乐"文件夹中含有一个"MP3 歌曲"文件夹，请更换"MP3 歌曲"文件夹的默认图标。

任务分析：

（1）双击桌面上的"此电脑"图标，选择"音乐"文件夹并打开。

（2）如果"音乐"文件夹中没有"MP3 歌曲"文件夹，则需要自行创建该文件夹。

任务实施：

（1）打开"音乐"文件夹，右击要更改图标的"MP3 歌曲"文件夹，在弹出的快捷菜单中单击"属性"命令。

（2）在"MP3 歌曲 属性"对话框中选择"自定义"选项卡，如图 3-6 所示，单击"更改图标"按钮，在打开的"为文件夹 MP3 歌曲 更改图标"对话框的列表框中选择一个图标，如图 3-7 所示。

（3）依次单击"确定"按钮，直至退出对话框，设置生效。

🖳 试一试

（1）请列举出至少 5 种文件或文件夹的图标。

（2）在 D 盘上以自己的名字创建一个文件夹，并将该文件夹更改为自己喜欢的图标。

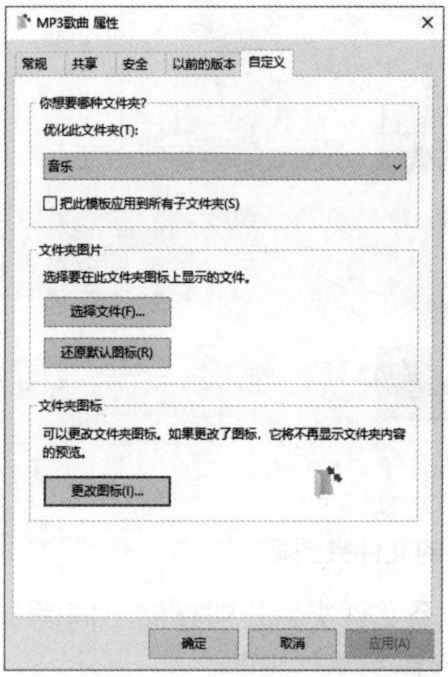

图 3-6　"自定义"选项卡

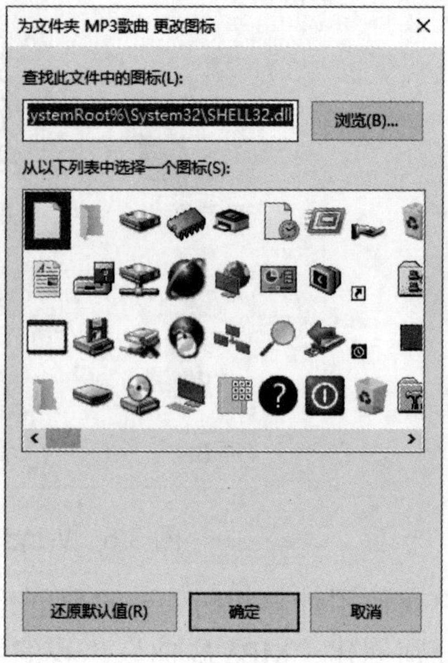

图 3-7　选择更改的图标

讨论与交流

（1）为什么不同类型的文件显示为不同的文件图标？

_____

_____

（2）在 Windows 10 系统中，哪些字符不能出现在文件名中？

_____

_____

任务 3.2　使用文件资源管理器

问题与思考

- 在文件资源管理器中，用户能够查看文件或文件夹的哪些信息呢？
- 在文件资源管理器中，文件或文件夹能被隐藏吗？

　　文件资源管理器是 Windows 系统中一个重要的资源管理工具，它提供的树型文件结构能更清楚、更直观地列出计算机中的文件和文件夹及其所在的层级。使用文件资源管理器可以创建、复制、移动、发送、删除、重命名文件或文件夹。例如，要复制文件或整个文件夹，可以将要复制的文件或文件夹拖曳到另一个文件夹或驱动器中，同样还可以创建文件或文件夹的快捷方式等。

打开文件资源管理器的方法有很多，常用的操作方法是双击桌面的"此电脑"图标，打开"此电脑"窗口，单击左侧窗格中的"快速访问"选项即可打开"文件资源管理器"窗口，如图 3-8 所示。

图 3-8　"文件资源管理器"窗口

提示

右击"开始"菜单，在弹出的快捷菜单中单击"文件资源管理器"命令，打开"此电脑"窗口，单击"快速访问"选项可以打开"文件资源管理器"窗口；还可以直接按 Win+E 组合键打开该窗口。

Windows 10 系统中"文件资源管理器"窗口分为左右两部分，如图 3-8 所示。左侧是导航窗格，包含"快速访问"和"桌面"文件夹导航，单击"快速访问"选项，在右侧窗格中将直接显示常用文件夹和最近使用的文件；单击"桌面"选项，在右侧窗格中将显示桌面上的文件、文件夹、库、OneDrive 等。如果要查找的文件位于多级目录的文件夹中，则可以在右侧窗格中逐级展开文件夹，直到出现要查找的文件。这样就可以通过该窗口找到所需的文件或文件夹。

1．预览窗格

文件资源管理器"查看"选项卡的"窗格"组提供了"导航窗格"、"预览窗格"和"详细信息窗格"3 种查看资源的方式，如图 3-9 所示。"导航"窗格便于查看文件的结构和定位文件的位置，包含导航窗格、展开到打开的文件夹、显示所有文件夹和显示库 4 个选项。

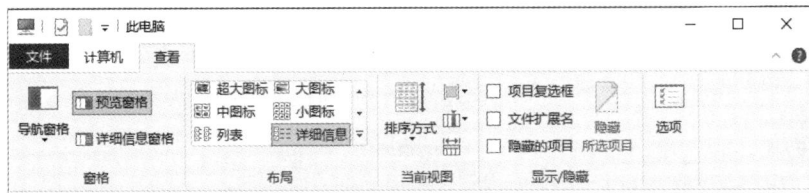

图 3-9　"查看"选项卡

　　有时需要查看一些文件的内容，若逐个打开，则要花费一定的时间。通过"预览窗格"，不打开文件就可以预览文件里面的内容；"详细信息窗格"中则显示该文件的概要信息。

　　设置"预览窗格"或"详细信息窗格"后，在右侧的"内容"窗格中有一块信息区，用来显示文件预览信息或详细信息，这两种方式只能选择其一。Windows 10 系统的"预览窗格"或"详细信息窗格"功能是通过安装的某应用程序关联到文件来实现的。文件类型包括文本文件、图片文件、视频文件等，在显示时只能显示一个项目。图 3-10 和图 3-11 所示分别为同一个 PDF 文档在"预览窗格"和"详细信息窗格"下的效果。

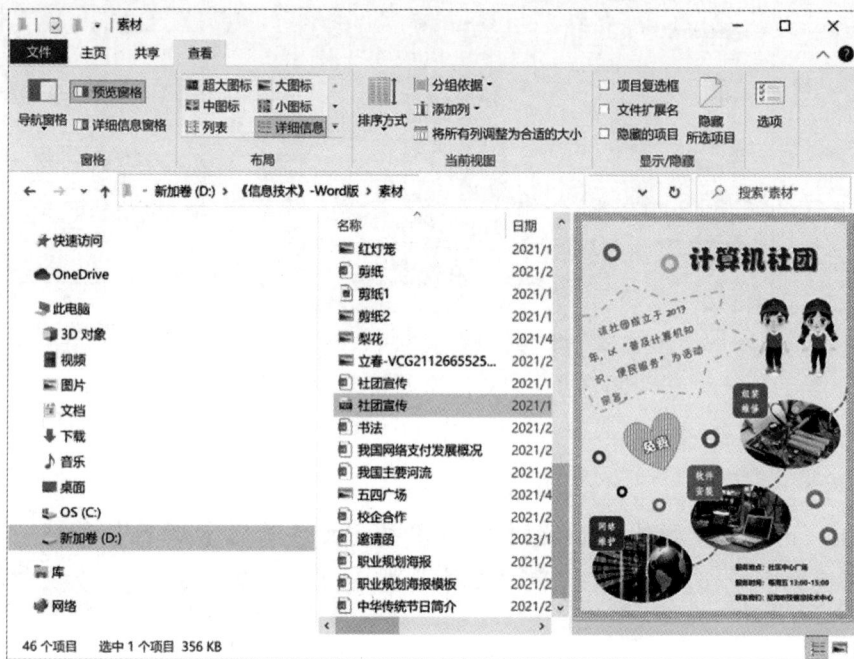

图 3-10　　"预览窗格"效果

图 3-11　　"详细信息窗格"效果

2．设置文件与文件夹的布局方式

Windows 10 系统提供了多种文件布局方式，在"文件资源管理器"窗口"查看"选项卡的"布局"组中有超大图标、大图标、中图标、小图标、列表、详细信息、平铺、内容等布局方式，如图 3-12 所示。用户可以根据需要查看的信息选择不同的布局方式。

图 3-12　文件布局方式

【任务 2】在"文件资源管理器"窗口中，打开一个文件夹，分别使用大图标和详细信息布局方式显示文件夹的内容，并查看两种布局结果的异同。

任务分析：

（1）"文件资源管理器"窗口"查看"选项卡的"布局"组中的选项可以用于查看文件或文件夹的信息。

（2）在查看文件夹的信息之前，应该首先明确要查看哪些信息，然后选择相应的选项。

任务实施：

（1）在"文件资源管理器"窗口中打开要显示的文件夹，如 Download 文件夹，在窗口中即可查看该文件夹中的所有文件和文件夹。

（2）在如图 3-12 所示的"布局"组中，分别单击"大图标"选项和"详细信息"选项，在"文件资源管理器"窗口右侧窗格中分别显示两种布局结果，如图 3-13 和图 3-14 所示。

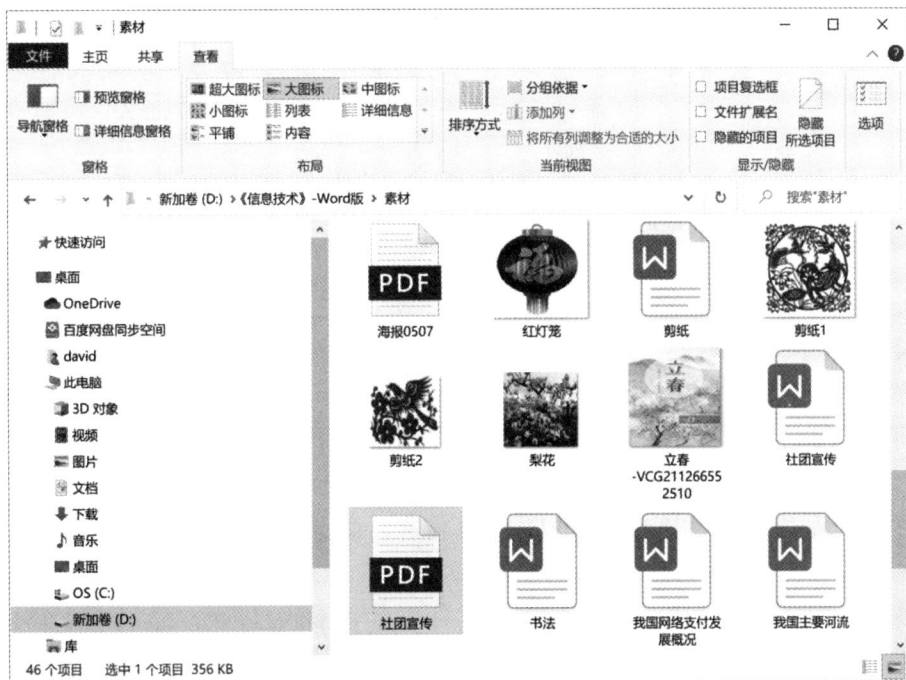

图 3-13　大图标布局结果

图 3-14　详细信息布局结果

（3）从以上两种布局结果来看，除了文件和文件夹的图标大小不同，详细信息布局结果中还列出了文件和文件夹创建或最后修改的日期、文件类型及占用存储空间大小等信息。

还有一种快速选择文件布局方式的操作是在窗口空白处右击，在弹出的快捷菜单中单击"查看"命令，如图 3-15 所示。

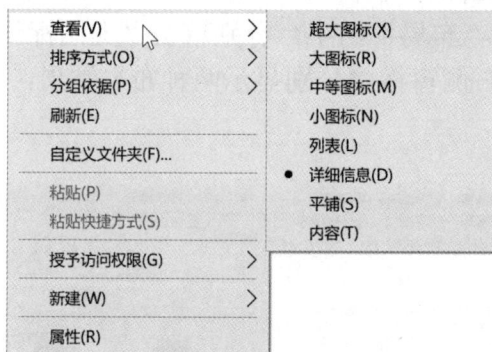

图 3-15　利用快捷菜单选择布局方式

布局方式中各选项的含义如下。

- 超大图标：只显示文件和文件夹的图标与名称。
- 大图标：与超大图标布局方式一样，只显示文件和文件夹的图标与名称，区别是显示的文件夹图标比超大图标布局方式下的小。
- 中等图标：显示文件和文件夹的图标与名称，显示的文件夹图标比大图标布局方式下的小。
- 小图标：以竖排列表方式显示文件和文件夹的图标与名称，显示的文件夹图标比中等图标布局方式下的小。
- 列表：以纵向排列方式显示文件和文件夹图标与名称，当文件夹中包含很多文件，并且想在列表中快速查找一个文件名时，这种布局方式非常有用。

- 详细信息：以纵向排列方式显示文件夹的内容并提供有关文件的详细信息，包括文件名称、修改日期、类型和大小。
- 平铺：与中等图标布局方式相同，该布局方式在每个文件和文件夹名称下方均显示相关的信息，如文件名全名、类型、大小等。
- 内容：显示文件和文件夹的图标、名称与修改日期，并以大字体显示文件和文件夹的名称。

如果想在窗口中尽可能多地显示文件和文件夹，则可以选择列表布局方式；如果想要更详细地查看文件的信息，如文件名称、修改日期、类型、大小等，则可以选择详细信息布局方式；超大图标或大图标布局方式能比较直观地以图标方式显示文件和文件夹，一般用于显示图像文件夹中的文件，能够快速查看不同的图像文件。

3. 设置文件排序方式

当窗口中包含大量的文件和文件夹时，可以对文件和文件夹进行分类显示。例如，文件夹排列在一起，同类型的文件排列在一起。还可以按文件的大小、修改日期的先后进行排列。常用的设置文件排序的方法有两种，一种方法是在"文件资源管理器"窗口的"查看"选项卡中单击"排序方式"下拉按钮，在展开的下拉列表中选择需要的排序方式，如图 3-16 所示；另一种方法是右击窗口空白处，在弹出的快捷菜单中单击"排序方式"命令，在弹出的子菜单中选择需要的排序方式，如图 3-17 所示。例如，单击"类型"命令，则相同类型的文件将会排列在一起，结果如图 3-18 所示。

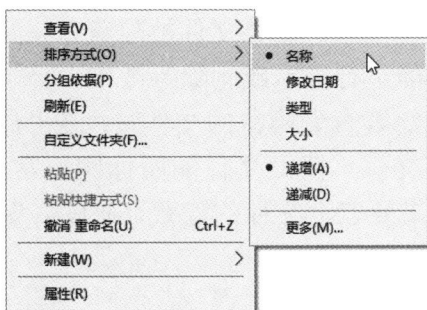

图 3-16　在"排序方式"下拉列表中选择排序方式　　图 3-17　在"排序方式"子菜单中选择排序方式

提示

Windows 10 系统提供了多种排序方式，用户还可以添加其他排序方式，在"排序方式"子菜单中，单击"更多"命令，弹出如图 3-19 所示的"选择详细信息"对话框，在该对话框中可以选择需要的排序方式。

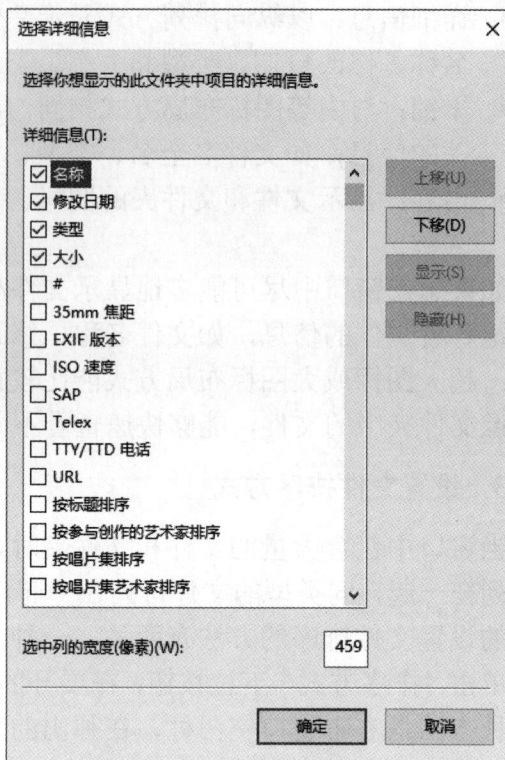

图 3-18　按"类型"方式排列文件

图 3-19　"选择详细信息"对话框

4．显示与隐藏文件

对于某些重要的文件，为了防止其他用户随意查看或进行删除操作，可以将文件隐藏。具体操作方法是先选中要隐藏的文件，在"查看"选项卡的"显示/隐藏"组中单击"隐藏所选项目"按钮，则该文件被隐藏。正常情况下，隐藏的文件不会被显示，由于无法被选中，因此不能进行查看或删除等操作。

当需要查看隐藏的文件时，在"显示/隐藏"组中勾选"隐藏的项目"复选框，即可显示隐藏的文件。隐藏文件的图标比正常的图标颜色淡，这也是区分文件是否被隐藏的方法之一。如果要取消文件的隐藏，则只需先单击选中的隐藏文件，再单击"隐藏所选项目"按钮。

5．快速访问

"快速访问"是 Windows 10 系统文件资源管理器中特殊的文件夹，它用来记录用户最近访问的项目，通过它用户可以快速找到文件资源管理器中常用的文件夹。例如，只要用户打开某个文件夹，Windows 10 系统会自动将文件夹的链接保存在"快速访问"列表中，下一次用户可以在"快速访问"列表中找到相应的文件夹。右击某个文件夹，在弹出的快捷菜单中单击"固定到快速访问"命令，即可将文件夹固定在"文件资源管理器"窗口左侧的"快速访问"列表中，如图 3-20 所示。固定在"快速访问"列表中的文件夹不能随意从列表中删除。

图 3-20　将文件夹固定在"快速访问"列表中

当打开"文件资源管理器"窗口时，系统默认定位到"快速访问"文件夹还是"此电脑"文件夹，用户可以自定义。在"文件资源管理器"窗口中单击"查看"选项卡中的"选项"按钮，打开"文件夹选项"对话框，选择"常规"选项卡，在"打开文件资源管理器时打开"下拉列表中单击"快速访问"选项或"此电脑"选项，如图 3-21 所示。下次打开"文件资源管理器"窗口时，将显示前一次在此设置的选项。

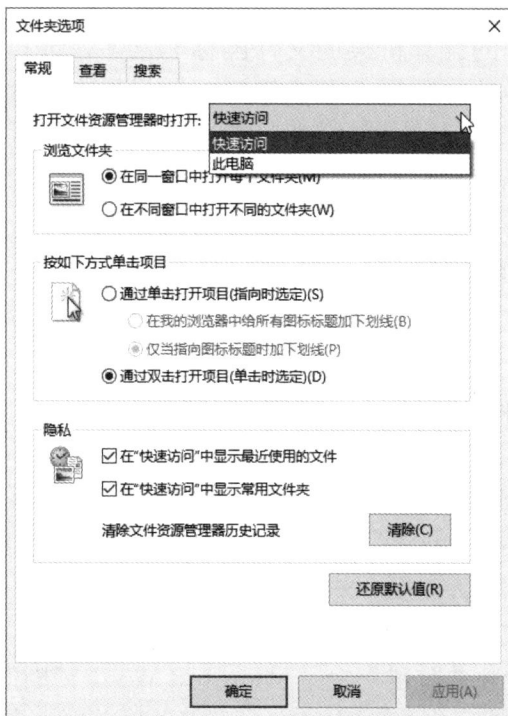

图 3-21　"常规"选项卡

试一试

（1）打开"文件资源管理器"窗口，分别单击窗口右下角的"大缩略图"按钮和"详细信息查看"按钮，查看文件和文件夹的布局排列结果。

（2）在"文件资源管理器"窗口中分别隐藏文件和文件夹，查看隐藏后这些文件和文件夹是否还显示在列表中。

讨论与交流

（1）在 Windows 10 系统中，如何隐藏一个项目？

_____

_____

（2）在"文件资源管理器"窗口隐藏文件夹时，如果该文件夹中包含子文件夹，则其子文件夹能否一起被隐藏？

_____

_____

任务 3.3　文件和文件夹的基本操作

问题与思考

- 你是否发现某些用户的计算机桌面文件图标非常多，显得特别凌乱？
- 如何将用户计算机中的文件进行分类管理？这样做有哪些好处？

在使用 Windows 系统的过程中，用户可能不断地对文件和文件夹进行各种管理操作，包括新建文件（或文件夹）、重命名文件（或文件夹）、复制与移动文件（或文件夹）、删除与还原文件（或文件夹）等，这些都是文件和文件夹最基本的操作。下面将介绍关于文件和文件夹的基本操作。

3.3.1　新建文件和文件夹

用户可以创建自己的文件，通过文件夹来分类管理。文件可以通过运行应用程序来创建。例如，使用 Word 文字编辑软件创建自己的文档，该文档的扩展名为 docx。使用应用程序创建的文件扩展名通常由系统默认指定，用户也可以不通过运行应用程序直接创建文件。

（1）打开要新建文件的文件夹窗口，在窗口的空白处右击，在弹出的快捷菜单中选择要创建的文件类型。例如，单击"新建"→"Microsoft Word 文档"命令，如图 3-22 所示。

（2）此时，在窗口中出现一个"新建 Microsoft Word 文档"文件，并且该文件处于被选中状态，用户可以对该文件重新命名。这样，一个新的空白内容的 Word 文档就创建完成了。

使用同样的方法，单击"新建"→"文件夹"命令，可以创建一个文件夹；还可以在文件夹的"主页"选项卡中，单击"新建文件夹"按钮，此时在当前文件夹中会新建一个文件夹，文件夹名为"新建文件夹"，需要用户重新给它命名。

查看(V) 　　　　　　　　＞	📁 文件夹(F)
排序方式(O) 　　　　　　＞	📄 快捷方式(S)
分组依据(P) 　　　　　　＞	📕 Microsoft Access Database
刷新(E)	📄 Microsoft Word 文档　⌖
	📘 Microsoft Access Database
自定义文件夹(F)...	📙 Microsoft PowerPoint 演示文稿
粘贴(P)	📗 Microsoft Publisher Document
粘贴快捷方式(S)	📦 WinRAR 压缩文件
撤消 删除(U)　　　Ctrl+Z	📄 RTF 格式
	📄 文本文档
授予访问权限(G) 　　　　＞	📊 Microsoft Excel 工作表
新建(W) 　　　　　　　　＞	📦 WinRAR ZIP 压缩文件
属性(R)	

图 3-22　单击"Microsoft Word 文档"命令

如果用户要打开文件或文件夹，则可以双击该文件或文件夹。如果打开的文件类型已在 Windows 10 系统中注册过，则系统将自动启动相应的应用程序。例如，在使用的计算机中已经安装了 Word 文字编辑软件，当打开一个 Word 文档时，系统自动启动 Word 文字编辑软件。如果打开的文件是可执行的应用程序，则系统会直接运行该应用程序。如果打开的是文件夹，则系统会显示文件夹中的内容。

知识拓展

选择文件和文件夹

在使用 Windows 系统对文件或文件夹进行操作时，最常见的操作是先选择文件或文件夹，再进行相应的操作。

- 选择一个文件或文件夹。在文件夹窗口中单击需要选中的文件或文件夹，被选中的文件或文件夹呈浅蓝色。
- 选择多个连续的文件或文件夹。在文件夹窗口中首先单击选中第一个文件或文件夹，然后按住 Shift 键，再单击最后一个需要选中的文件或文件夹，即可将多个连续的文件或文件夹选中。
- 选择多个不连续的文件或文件夹。在文件夹窗口中首先按住 Ctrl 键，然后依次单击需要选中的对象，最后释放 Ctrl 键，即可选中多个不连续的文件或文件夹。
- 选择全部文件和文件夹。在文件夹窗口中按 Ctrl+A 组合键，即可选中全部文件和文件夹。也可以在"主页"选项卡中单击"选择"组中的"全部选择"按钮，即可选中全部文件和文件夹。如果单击"反向选择"按钮，则选中先前没有被选中的文件和文件夹。

3.3.2　重命名文件和文件夹

在对文件或文件夹进行操作的过程中，有时需要对文件或文件夹进行重命名。重命名文件或文件夹的操作步骤如下。

（1）在文件夹窗口中右击要重命名的文件或文件夹。

（2）在弹出的快捷菜单中单击"重命名"命令，或者再一次单击该文件或文件夹，文件或文件夹名将处于编辑状态。

（3）输入新的文件或文件夹名，按 Enter 键或鼠标单击窗口空白处即可完成重命名。

提示

在 Windows 系统中可以一次对多个文件或文件夹进行重命名，方法是选中多个需要重命名的文件或文件夹，重命名其中的一个文件或文件夹后，其他文件或文件夹将会自动命名。例如，同时选择多个需要重命名的文件，输入文件名为 music，其他文件将依次自动命名为 music（1）、music（2）等。

3.3.3　复制与移动文件和文件夹

如果要将文件进行备份，则需要对文件进行复制操作。如果要将文件从磁盘的一个位置移动到另一个位置，则需要对文件进行移动操作。在 Windows 系统中复制与移动文件和文件夹是经常用到的一种操作。

1. 复制文件或文件夹

为了避免计算机中重要的数据损坏或丢失，也为了便于随时处理数据（如使用闪存、移动硬盘存储数据），需要对指定的文件或文件夹中的数据进行复制操作。

复制文件或文件夹的方法有很多，其中一种方法的操作步骤如下。

（1）打开文件夹窗口，选中要复制的文件或文件夹。

（2）在文件夹窗口"主页"选项卡的"组织"组中单击"复制到"下拉按钮，在弹出的下拉列表中选择目标文件夹，如图 3-23 所示。

（3）如果"复制到"下拉列表中没有需要的目标文件夹，则可以通过单击"选择位置"选项，打开"复制项目"对话框，如图 3-24 所示。选择目标位置后，单击"复制"按钮，即可完成文件或文件夹的复制。

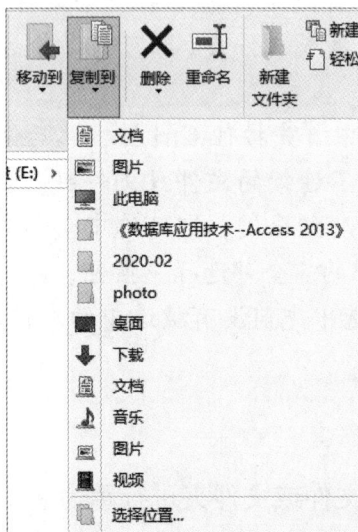

图 3-23　"复制到"下拉列表

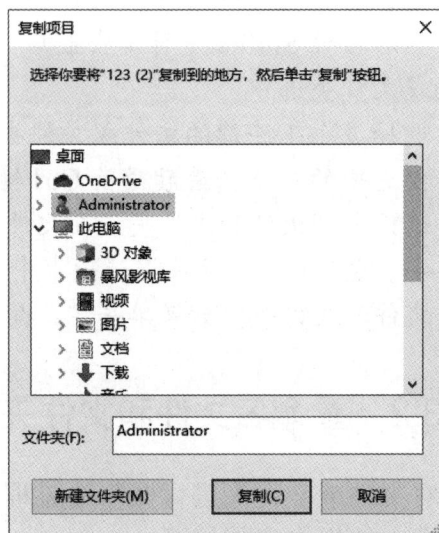

图 3-24　"复制项目"对话框

复制文件或文件夹，还有一种较为简便的方法是先右击要复制的文件或文件夹，在弹出的快捷菜单中单击"复制"命令，再在目标文件夹空白处右击，在弹出的快捷菜单中单击"粘贴"命令即可。

在复制文件或文件夹时，如果目标文件夹中已经存在同名文件或文件夹，则系统会自动在复制的文件或文件夹名后加上"副本"两个字。

复制后的原文件或文件夹还在原来的文件夹中，不发生任何变化。

提示

（1）使用组合键复制。先选中要复制的文件或文件夹，同时按 Ctrl+C 组合键，再在目标文件夹中同时按 Ctrl+V 组合键即可。

（2）使用拖曳复制。选中要复制的文件或文件夹，按住 Ctrl 键不放，拖曳文件或文件夹到目标文件夹中，即可实现复制操作。

2. 移动文件或文件夹

移动文件或文件夹与复制文件或文件夹的操作类似，但结果不同。移动操作是将文件或文件夹移动到目标位置上，同时在原来的位置上删除原文件或文件夹。

移动文件或文件夹的方法有很多，其中一种方法的操作步骤如下。

（1）打开文件夹窗口，选中要移动的文件或文件夹。

（2）在文件夹窗口"主页"选项卡的"组织"组中单击"移动到"下拉按钮，在弹出的下拉列表中选择目标文件夹。

（3）如果"移动到"下拉列表中没有需要的目标文件夹，则可以通过单击"选择位置"选项，打开"移动项目"对话框。选择目标位置后，单击"移动"按钮，即可完成文件或文件夹的移动。

移动文件或文件夹的另一种方法是先右击要移动的文件或文件夹，在弹出的快捷菜单中单击"剪切"命令，再在目标文件夹中右击，在弹出的快捷菜单中单击"粘贴"命令即可。此时，移动后的原文件或文件夹将被删除。

3.3.4 删除与还原文件和文件夹

在计算机使用过程中，应及时删除不再使用的文件或文件夹，以释放磁盘空间，提高运行效率。

1. 删除文件或文件夹

删除文件或文件夹的方法有很多，常用的删除文件或文件夹的操作步骤如下。

（1）选中要删除的文件或文件夹。

（2）在文件夹窗口"主页"选项卡的"组织"组中单击"删除"按钮，或者按 Delete 键，打开"删除文件"对话框，如图 3-25 所示。

（3）单击"是"按钮，要删除的文件或文件夹将被放入回收站；单击"否"按钮，则取消删除操作。

在文件夹窗口"主页"选项卡的"组织"组中单击"删除"下拉按钮，在弹出的下拉列表中有"回收"、"永久删除"和"显示回收确认"3个选项，如图 3-26 所示。

图 3-25　"删除文件"对话框

图 3-26　"删除"下拉列表

列表中的"回收"选项是指在执行删除操作时直接将要删除的文件或文件夹放到回收站中；"永久删除"选项是指要删除的文件或文件夹不放到回收站中，直接删除；"显示回收确认"选项是指删除前先给出如图 3-25 所示的提示信息，再根据用户的选择来确定是否放入回收站。

在删除文件或文件夹时，一种方法是右击要删除的文件或文件夹，在弹出的快捷菜单中单击"删除"命令；另一种方法是将选中的文件或文件夹直接拖曳到桌面的回收站中，这时系统不会给出提示信息。

提示

对于 Windows 系统中安装的应用程序、游戏等软件，当不继续使用并想要删除时，不要直接删除其中的文件或文件夹，可以使用该应用程序自身的"卸载"功能，也可以通过"程序和功能"窗口进行删除操作或通过工具软件进行卸载。

2．还原文件或文件夹

在 Windows 系统默认状态下，删除的文件或文件夹被放到回收站中，并没有被真正删除，只有在清空回收站时，才能彻底删除，释放磁盘空间。

如果发现误删除了文件或文件夹，则可以利用回收站来还原，这样可以避免一些误删除的操作。还原文件或文件夹的操作步骤如下。

（1）双击桌面上的"回收站"图标，打开"回收站"窗口，选择"回收站工具"选项卡，如图 3-27 所示。

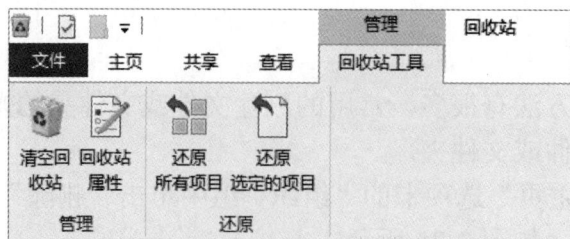

图 3-27　"回收站工具"选项卡

（2）选中要还原的文件或文件夹，单击"还原选定的项目"按钮，可以将选中的文件或文件夹恢复到原来的位置。

如果要还原回收站中的全部项目，则直接单击"还原所有项目"按钮即可。

试一试

（1）在一个磁盘驱动器中分别新建文件夹 My_Music 和 MP3，在 My_Music 文件夹中创建一个文本文件，文件名为"歌曲名单"。

（2）将 My_Music 文件夹重命名为"音乐"，文件夹中的"歌曲名单"文件重命名为"MP3 音乐目录"。

（3）将"MP3 音乐目录"文件复制到 MP3 文件夹中。

（4）至少将一首 MP3 音乐复制到 MP3 文件夹中。

（5）删除"音乐"文件夹。

讨论与交流

在对计算机进行频繁操作的过程中，容易在硬盘上形成磁盘碎片，这里的磁盘碎片是指什么？

_____

_____

知识拓展

回收站的设置

Windows 系统为用户设置了回收站，用来暂时存放用户删除的文件，对误删除操作进行保护。系统把最近删除的文件放在回收站的顶端，如果删除的文件过多，且回收站的可用空间不够大，则当用完回收站的可用空间后，最先被删除的文件将被永久删除，被永久删除的文件将无法恢复。当从硬盘中删除任何项目时，Windows 系统将该项目放在回收站中，并且回收站的图标将从空更改为满。

Windows 系统为每个分区或硬盘都分配了一个回收站。如果硬盘已经分区，或者计算机中有多个硬盘，则可以为每个回收站指定不同的空间大小。更改回收站的存储容量可以通过"回收站 属性"对话框进行设置。操作方法是右击桌面上的"回收站"图标，在弹出的快捷菜单中单击"属性"命令，打开如图 3-28 所示的"回收站 属性"对话框。

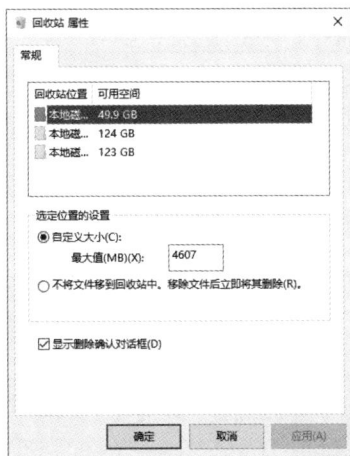

图 3-28 "回收站 属性"对话框

在该对话框中可以调整回收站的大小，也可以设置在删除文件时不将文件移入回收站，而是彻底删除，一旦文件被删除，就不能恢复。

从 U 盘或云存储中删除的项目不会被发送到回收站，而是被永久删除。

任务 3.4　查询文件和文件夹

问题与思考

- 通常计算机中保存的文件信息很多，如何快速查找需要的信息资料？
- 如何查看文件的属性信息？

除了对文件和文件夹进行新建、复制、删除等基本操作，有时还经常在磁盘中搜索文件和文件夹、查看文件和文件夹属性等。

3.4.1　搜索文件和文件夹

随着计算机中存储的数据资源不断增加，用户在查找指定文件时，如果忘记文件所在的位置，那么想快速查找文件就比较困难了。这时可以通过 Windows 10 系统提供的搜索功能来快速查找文件或文件夹。

1. 快速搜索

打开"文件资源管理器"窗口，在窗口右上角的搜索文本框中输入关键词，如"教学"，系统搜索后在窗口中显示搜索结果，如图 3-29 所示。如果要搜索图片文件，知道它的扩展名为 jpg，则可以在搜索文本框中输入"jpg"，系统搜索后将扩展名为 jpg 的文件显示在窗口中，这是一种按照类型进行搜索的方式。Windows 10 系统提供"即时搜索"功能，因此在输入关键词后，无须按 Enter 键即可搜索。

图 3-29　搜索结果

打开"文件资源管理器"窗口，默认打开的是"快速访问"文件夹，在搜索"教学"关键字时，系统会在"快速访问"文件夹中搜索全部的结果。从搜索结果中找到需要的文件或文件夹后，即可进行打开、编辑、复制、删除等操作。

通过 Windows 10 系统文件夹窗口的搜索文本框，不仅可以搜索文档，还可以搜索图片、音频、视频等文件，结合文件名及通配符和文件的类型，可以快速找到所需要的文件。

在搜索文件或文件夹时，可以使用通配符"*"或"?"，"*"代表一串字符，"?"代表一个字符。例如，输入"file*"，可以搜索到以"file"开头的所有文件或文件夹。

2．设置搜索项

在默认情况下，系统会在当前文件夹及子文件夹中进行搜索。如果不确定搜索的位置，则可以扩大搜索范围，在整个计算机中进行搜索。例如，在如图 3-29 所示的窗口中，单击"搜索"选项卡的"位置"组中的"此电脑"按钮，则会在用户的计算机中进行搜索，但这种搜索方式会消耗较长的时间。

除了可以在整个计算机中进行搜索，还可以在 Internet 中进行搜索，如图 3-30 所示。在搜索文本框中输入关键词后，在"搜索"选项卡"位置"组的"在以下位置再次搜索"下拉列表中单击"Internet"选项，即可打开浏览器进行搜索，搜索结果将会显示在浏览器窗口中。

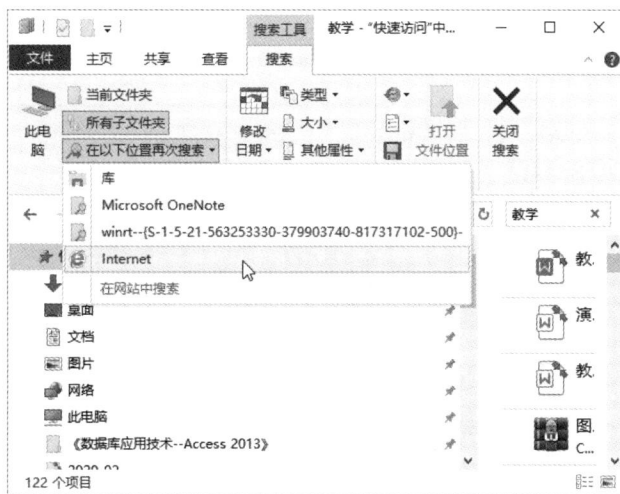

图 3-30　在 Internet 中进行搜索

计算机中存储的同名文件可能很多，如文档、图片、音频、视频等，即使同一名称的文件也会有多种文件类型。例如，名称为"教学"的文件，可能有 WPS 文档、Word 文档、Excel 电子表格、文本文档等多种文件类型。针对上述情况，可以在"搜索"选项卡的"优化"组中进行设置，如图 3-31 所示。

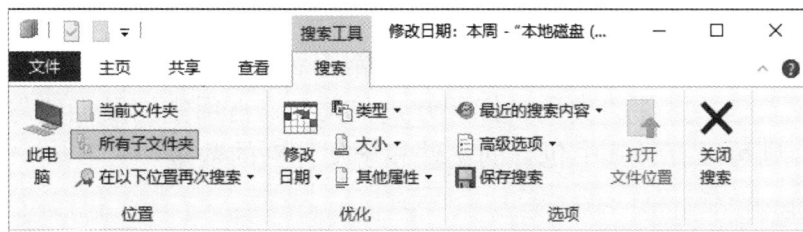

图 3-31　"优化"组

Windows 10 系统中大多数常见的文件类型都会被搜索,索引位置包括库中的所有文件夹、电子邮件等。程序文件和系统文件默认不会被搜索,因为针对多数用户这种文件是不需要被搜索的。如果要让某些文件夹也包含在搜索结果中,则可以通过设置索引选项来完成,方法是在"文件资源管理器"窗口"搜索"选项卡的"选项"组中,单击"高级选项"下拉按钮,在弹出的下拉列表中单击"更改索引位置"选项,在打开的"索引选项"对话框中,可以看到在"为这些位置建立索引"列表框中列出了已经建立索引的位置,如图 3-32 所示。

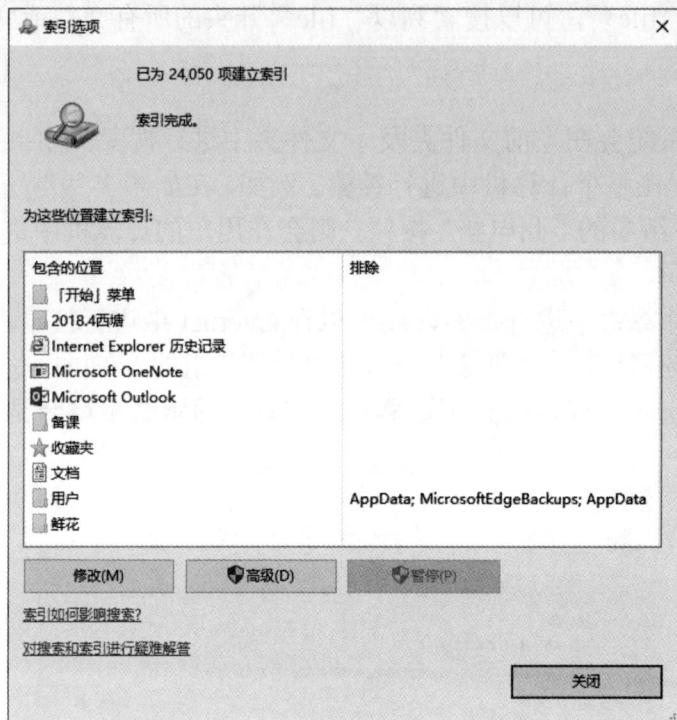

图 3-32 "索引选项"对话框

单击"修改"按钮,在打开的"索引位置"对话框中,添加要索引的位置,系统会自动为新添加的位置编制索引。当索引编制后,再次搜索文件或文件夹时,将会连同新添加的位置一起搜索。利用这种方法,可以将经常需要搜索的目录添加到索引中,为以后的搜索带来便利。

将搜索结果保存起来,可以方便以后快速查找。方法是在"搜索"选项卡的"选项"组中单击"保存搜索"按钮,在指定保存位置后,将搜索结果保存起来。保存搜索结果后,在"文件资源管理器"窗口中通过导航窗格即可找到保存搜索结果的位置,达到快速搜索的需求。

3.4.2　查看文件和文件夹属性

在使用 Windows 10 系统的过程中,用户会经常查看文件或文件夹属性,以进一步了解文件的详细信息,主要包括文件的类型、打开方式、大小、占用空间及创建与修改的时间信息等。对于文件夹,则可以查看其中包含的文件和子文件夹的数量。

1. 查看文件属性

在"文件资源管理器"窗口中右击要查看属性的文件,如右击"宪法宣传"文件,在弹出的快捷菜单中单击"属性"命令，打开文件"宪法宣传 属性"对话框，如图 3-33 所示。在"常规"选项卡中可以查看该文件的文件类型、打开方式、位置、大小、占用空间、创建时间、修改时间等。

2. 查看文件夹属性

在"文件资源管理器"窗口中右击要查看属性的文件夹，如"大国工匠"文件夹，在弹出的快捷菜单中单击"属性"命令，打开文件夹"大国工匠 属性"对话框，如图 3-34 所示。在"常规"选项卡中可以查看该文件夹所处的位置、大小、占用空间、包含的文件及文件夹数量、创建时间等。

图 3-33　"宪法宣传 属性"对话框　　　　图 3-34　"大国工匠 属性"对话框

由于文件和文件夹类型不同，属性对话框也会有所不同，因此用户可以在属性对话框中对文件或文件夹的属性进行修改和设置。

3. 设定文件的打开方式

在文件属性对话框的"常规"选项卡中包含该文件的打开方式选项。当在"文件资源管理器"窗口中双击该文件时，默认启动相应的应用程序打开该文件。例如，在窗口中双击"宪法宣传"图片文档时，该图片将在"Windows 照片查看器"窗口中打开。如果要更换打开的应用程序，则可以先在"宪法宣传 属性"对话框中单击"更改"按钮，在打开的对话框中选择一个应用程序，如图 3-35 所示，再单击"确定"按钮即可。例如，单击"照片"选项，当下次打开"宪法宣传"图片文档时，系统会直接启动"照片"应用程序打开该图片文档。

图 3-35　选择图片文档的打开方式

试一试

（1）在计算机中搜索指定的文件名或文件中包含的关键词，如"一带一路"。

（2）选择一个文件。例如，选择一个 Word 文档，查看或设置它的一些属性。

① 在"常规"选项卡，查看包含的属性，设置该文档为"只读"属性。

② 在"详细信息"选项卡中查看该文档的标题、主题、作者、大小、创建日期、修改日期等信息。

③ 删除该文档的标题、主题、作者等信息。

讨论与交流

为防止文件夹中的文件内容被修改，在"大国工匠 属性"对话框中，可以将该文件夹设置为"只读"属性，这样只能查看该文件夹中的数据，即使修改数据也无法保存在原文件中，只能进行另存为。在只读文件夹中，能否对其中的文件进行复制、删除等操作？

任务 3.5　库的应用

问题与思考

- 在计算机操作过程中，文件或文件夹会越来越多，你通常怎样分类管理？
- 你知道 Windows 10 系统中的库是如何管理文件夹的吗？

在以前版本的 Windows 系统中，文件主要以文件夹的形式作为基础分类进行存储和维护，并按照文件类型进行分类管理。但随着文件数量和种类的增加及用户行为的不确定性，原有的文件管理方法往往会造成文件存储混乱、重复文件多等情况，已经无法满足用户的实际需求。Windows 10 系统使用库进行文件管理，用户可以把计算机中的文件添加到库中收藏起来，更加方便管理文件。

库是 Windows 10 系统推出的一个有效的文件管理模式。简单地讲，库是一个特殊的文件夹，将用户常用的文件和文件夹集中到一起，就如同网页收藏夹，只要单击库中的链接，就能快速打开添加到库中的文件夹，而不用考虑它们原来在本地计算机中所处的位置。

在 Windows 10 系统"文件资源管理器"窗口的左侧窗格中，可以看到"库"文件夹，如图 3-36 所示。

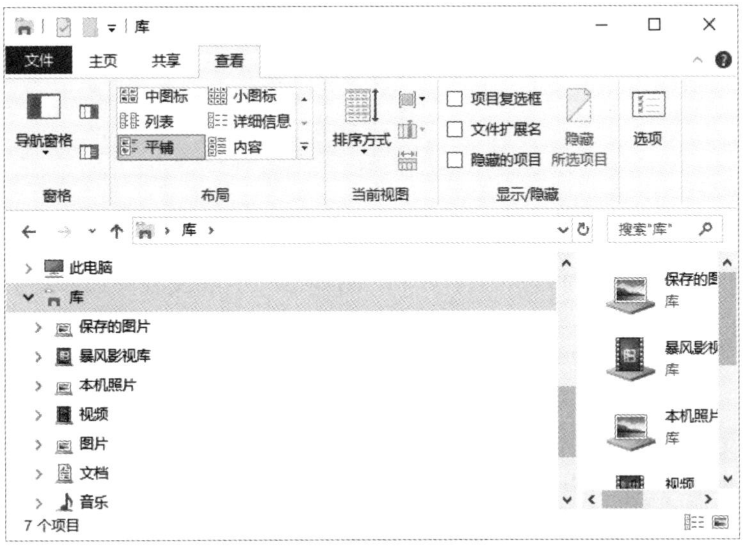

图 3-36   "库"文件夹

提示

如果"文件资源管理器"窗口中没有显示"库"文件夹，则在该窗口左侧窗格空白处右击，在弹出的快捷菜单中单击"显示库"命令，即可在窗口中出现"库"文件夹。

3.5.1   使用库管理文件夹

Windows 10 系统中的库提供了强大的文件管理功能，可以将存储在不同位置的文件或文件夹整合到一起，且不影响原来文件和文件夹的位置。下面以"图片库"为例进行介绍。

（1）打开"文件资源管理器"窗口，在左侧窗格中单击"库"文件夹中的"图片"子文件夹，在"库工具"选项卡中单击"管理库"按钮，打开"图片库位置"对话框，如图 3-37 所示。

（2）选择"图片"库要保存的位置后，单击"添加"按钮，在打开的"将文件夹加入到'图片'中"对话框中选择要加入的文件夹，如 book 文件夹，如图 3-38 所示。

（3）单击"加入文件夹"按钮，即可将 book 文件夹添加到"图片"库中。

在"文件资源管理器"窗口左侧窗格"库"文件夹的"图片"子文件夹列表中,可以查看添加的 book 文件夹。用户可以把经常使用的文件夹添加到库中,在对文件夹进行操作时,可以直接在库中进行查找操作。

图 3-37　"图片库位置"对话框　　图 3-38　"将文件夹加入到'图片'中"对话框

提示

如果要快速将文件夹包含到库中,则可以右击该文件夹,在弹出的快捷菜单中单击"包含到库中"命令,并从子菜单中选择要包含到库的文件夹。

3.5.2　新建库和优化库

在默认情况下,Windows 10 系统中包含"视频"库、"图片"库、"文档"库、"音乐"库等,如果想要自定义并新建库,以便存放和收集其他文件,可以进行如下操作。

(1)打开"文件资源管理器"窗口,右击左侧窗格中的"库"文件夹,在弹出的快捷菜单中单击"新建"→"库"命令,如图 3-39 所示。

(2)在"库"文件夹中新建一个名为"新建库"的库,重新命名新库。

如果有的库后续不再使用,则可以随时删除。右击要删除的库,在弹出的快捷菜单中单击"删除"命令,即可删除选中的库。

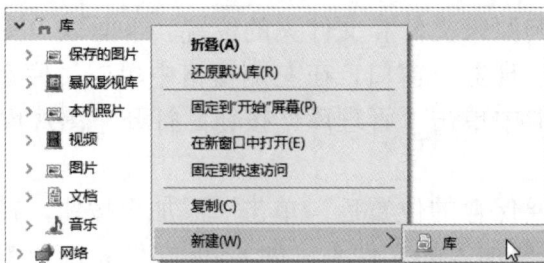

图 3-39　单击"新建"→"库"命令

每一个库都可以为某一特定的文件类型实现优化，如音乐文件、图片文件或视频文件等。特别是新建一个库后，一般需要对该库进行优化，以便组织特定类型的文件。例如，新建"流行老歌"库，并将 music 文件夹添加到该库中，从"流行老歌"库中打开 music 文件夹列表，如图 3-40 所示。从该窗口中可以看到每个文件的修改日期、类型、大小等属性。

图 3-40　music 文件夹列表

如果要对"流行老歌"库进行优化，可单击该库，在"库工具"选项卡中单击"为以下对象优化库"下拉按钮，在弹出的下拉列表中单击"音乐"选项，即可将"流行老歌"库优化为"音乐"类型，该库会按照音乐文件类型来组织文件，显示这些音乐的特定信息，如参与创作的艺术家、唱片集等，结果如图 3-41 所示。

图 3-41　优化后的库文件详细信息

试一试

（1）查看 Windows 10 系统中默认的"图片"库保存位置。

（2）新建一个名为"MP3 音乐"的文件夹，并将该文件夹添加到"音乐"库中。

（3）新建一个名为"我的照片"的库，并按日期将照片复制到该库中。

讨论与交流

Windows 10 系统中的库是如何进行文件组织的？使用库有什么好处？

_____

_____

任务 3.6　OneDrive

问题与思考

- 在计算机操作过程中，你是如何对文件进行备份的？
- 你知道或使用过的云存储有哪些？

　　OneDrive 是 Windows 系统提供的云存储服务，它采取的是云存储产品通用的有限免费商业模式。用户使用 Microsoft 账户注册 OneDrive 后就可以获得 5 GB 的免费存储空间。用户如果需要更多空间，则可以付费购买额外的存储空间。2023 年 10 月 4 日，微软正式公布了 OneDrive 3.0，OneDrive 迎来了微软全新人工智能 Copilot 的加持。OneDrive 提供的功能主要包括以下内容。

- 在线 Office 功能，Windows 系统将用户使用的办公软件 Office 与 OneDrive 相结合，用户可以在线创建、编辑和共享文档，而且可以和本地的文档编辑进行任意切换，可以本地编辑在线保存或在线编辑本地保存。在线编辑的文件是实时保存的，可以避免在本地编辑时由意外关机造成的文件内容丢失，提高了文件的安全性。
- 共享指定的文件、照片或者整个文件夹，只需提供一个共享内容的访问链接给其他用户，其他用户就可以访问这些共享内容。
- 相册的自动备份功能，即无须人工干预，OneDrive 自动将设备中的图片上传到云端保存，即使设备出现故障，用户仍然可以从云端获取和查看图片。
- OneDrive 3.0 增加了一个 For you 区域，该区域通过 AI 驱动来显示个性化的文件，将最可能要使用的文件放到 OneDrive 顶部。

　　如果用户要使用 OneDrive，则需要先注册并获得免费的存储空间，再使用 OneDrive 来保存文件，同时用户可以在多个设备上使用保存的文件。具体操作如下。

　　（1）单击"开始"按钮，在应用程序列表中单击"■OneDrive"选项，弹出"Microsoft OneDrive"对话框，如图 3-42 所示。

　　（2）输入自己的电子邮箱地址，单击"登录"按钮并输入登录密码，系统开始登录。在切换至如图 3-43 所示的对话框后，用户需要选择登录选项。在首次使用 OneDrive 时，需要先创建账户。

　　（3）登录完成后，在对话框中会显示默认的 OneDrive 文件夹位置，如图 3-44 所示。如果要更改文件夹的位置，则单击"更改位置"链接。

　　（4）单击"下一步"按钮，完成 OneDrive 文件夹的设置，如图 3-45 所示。

　　（5）单击"打开我的 OneDrive 文件夹"按钮，打开"OneDrive"窗口，如图 3-46 所示。

　　至此，即可使用 OneDrive。OneDrive 提供了 5 GB 的免费存储空间，并且可以将本地 OneDrive 文件夹资料上传到云端。用户只需要将备份的文件存放在 OneDrive 文件夹中，计算机端就会和服务器同步。

图 3-42　"Microsoft OneDrive" 对话框（1）

图 3-43　"Microsoft OneDrive" 对话框（2）

图 3-44　显示默认的 OneDrive 文件夹位置

图 3-45　完成 OneDrive 文件夹的设置

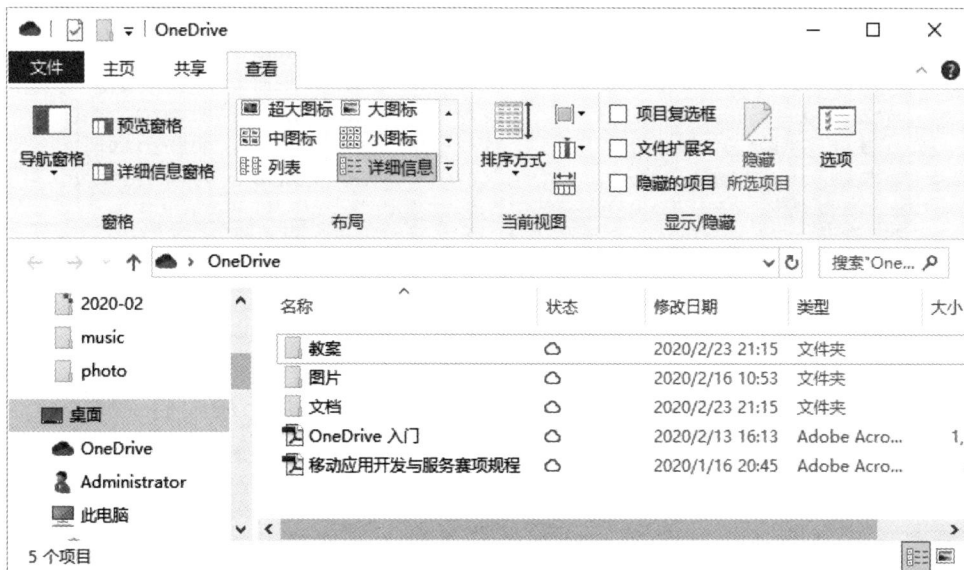

图 3-46　"OneDrive" 窗口

试一试

（1）在 OneDrive 中创建自己的一个文件夹"传统文化"。

（2）备份有关优秀传统文化的资料，将备份文件保存在 OneDrive 的"传统文化"文件夹中。

讨论与交流

在使用微软公司的产品时，使用 OneDrive 有什么好处？

知识拓展

WinRAR 压缩软件简介

WinRAR 是一款功能强大的文件压缩/解压缩软件工具，包含强力压缩、分卷、加密和自解压缩模块。WinRAR 支持目前绝大部分压缩文件的解压缩，其优点是压缩率大、速度快，能够备份数据。WinRAR 可以解压缩 RAR 格式、ZIP 格式和其他格式的压缩文件，并能创建 RAR 格式和 ZIP 格式的压缩文件。

当 WinRAR 安装成功后，在桌面和"开始"菜单中各生成一个快捷方式图标，双击该快捷方式图标就会启动 WinRAR，WinRAR 窗口如图 3-47 所示。

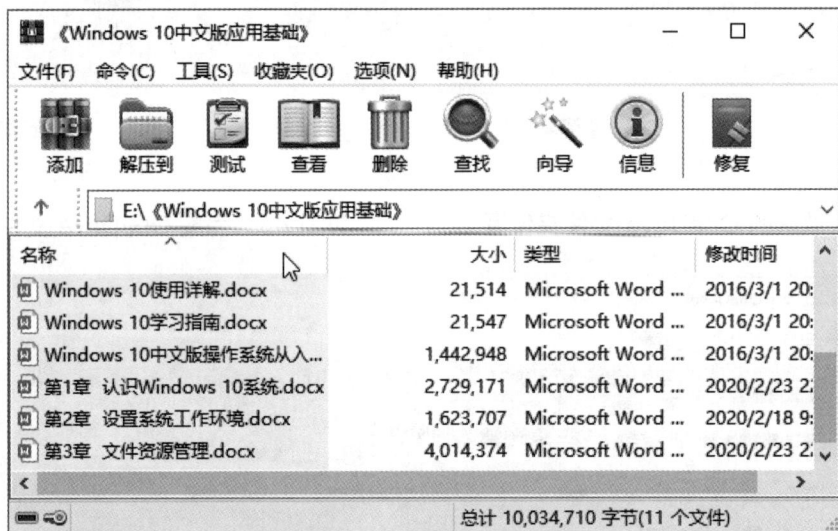

图 3-47　WinRAR 窗口

1. 压缩文件或文件夹

在使用 WinRAR 对文件或文件夹进行压缩时，右击选中需要压缩的文件或文件夹，在弹出的快捷菜单中单击"添加到压缩文件"命令或"添加到'文件名.rar'"（文件名为需要压缩的文件或文件夹名）命令。如果单击"添加到压缩文件"命令，则出现如图 3-48 所示的"压缩文件名和参数"对话框，在该对话框中可以对压缩文件参数进行设置。如果单击"添加到'文件名.rar'"命令，则直接对选中的文件或文件夹进行压缩，如图 3-49 所示。压缩后的文件在文件夹中生成 RAR 格式的压缩文件。

图 3-48　"压缩文件名和参数"对话框

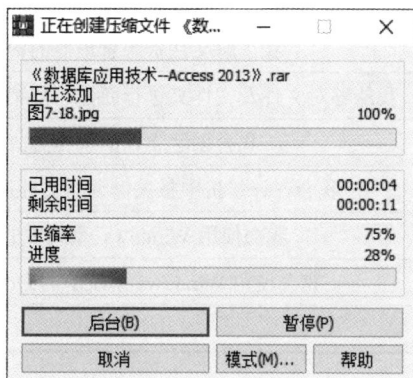

图 3-49　正在创建压缩文件

2. 解压缩

在使用 WinRAR 对文件进行解压缩时，首先右击需要解压缩的文件，然后在弹出的快捷菜单中单击"解压文件"命令，打开如图 3-50 所示的"解压路径和选项"对话框，在该对话框中可以选择解压缩的路径，还可以设置更新方式、覆盖方式等，最后单击"确定"按钮，开始对文件进行解压缩。

另一种直接解压缩的方法是双击需要解压缩的文件，打开如图 3-51 所示的对话框，单击"解压到"按钮，直接进行解压缩。

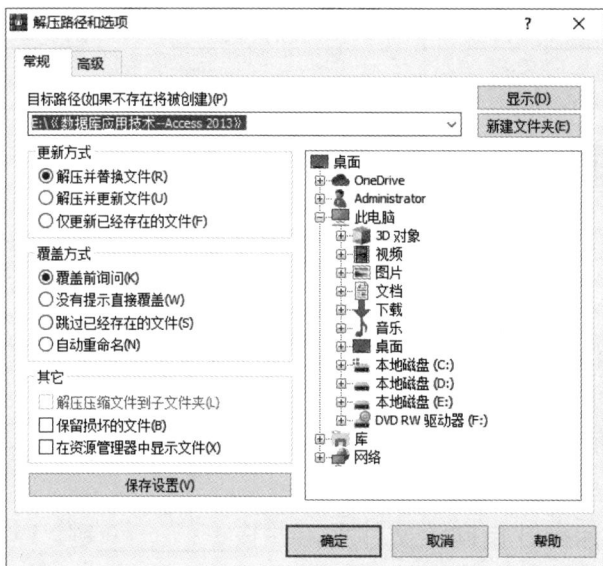

图 3-50　"解压路径和选项"对话框

图 3-51　解压缩对话框

总结评价

1. 自查学习成果，填写表 3-2。已达成的打 √，未达成的记录原因。如果你达成的学习成果未在表中列出，则请在"其他"栏中写出。

表 3-2　自查学习成果表

学 习 成 果	已 达 成	未达成原因
我熟识常见 Windows 系统下的文件及文件夹的图标含义		
我了解文件资源管理器的含义		
我能够对文件及文件夹进行新建、复制、删除等操作		
我会创建文件的快捷方式		
我会在计算机中按关键词对文档进行搜索		
我会使用 Windows 系统中的库		
我会使用 Windows 系统中的 OneDrive		
其他：		

2．对照本项目要求，回答以下问题。

（1）在学习本项目的过程中，你比较满意的是什么？

_____

_____

（2）在学习本项目的过程中，你在哪些方面存在不足？如何改进？

_____

_____

（3）联系实际，通过学习本项目能帮助你解决哪些实际问题？

_____

_____

习题 3

一、填空题

1．在计算机管理系统中，用户数据和各种信息都是以_____的形式存在的。

2．文件名一般由_____和_____两部分组成，两部分之间用_____分开。

3．如果要在 Windows 10 系统中显示文件的扩展名，则在"查看"选项卡中勾选"_____"复选框即可。

4．要弹出某文件夹的快捷菜单，可以将鼠标指针指向该文件夹，并按_____键。

5．在 Windows 系统中，文件夹具有_____、_____、_____和_____等特性。

6．文件资源管理器采用_____型文件结构显示文件或文件夹。

7．打开文件资源管理器的方法是右击_____，在弹出的快捷菜单中单击"文件资源管理器"命令。

8．Windows 10 系统提供了超大图标、大图标、中图标、小图标、_____、_____、和内容等多种文件布局方式。

9．在 Windows 10 系统文件资源管理器中有一种特殊的文件夹，它用来记录用户最近访问的情况，用户通过它可以快速找到文件资源管理器中常用的文件夹，这个文件夹名为_____。

10．当在 Windows 10 系统中选择一组连续的文件时，首先单击选中第一个文件，然后按住_____键，并单击最后一个需要选中的文件。

11．如果要选择多个不连续的文件，则可以先按住_____键，再依次单击相应的文件。

12．要想按"名称"排列桌面上的图标，可以在桌面空白处右击，在弹出的快捷菜单中单击_____中的"名称"命令。

13．要想还原回收站中某个被删除的文件，可以打开"回收站"窗口，在_____选项卡中单击_____按钮。

14．要想设置某个文件夹为"只读"属性，可以右击该文件夹，并在弹出的快捷菜单中单击_____命令进行设置。

15．在默认情况下，Windows 10 系统中的库包含_____、_____、_____和_____等。

16．在 Windows 10 系统中可以将文件保存在磁盘介质中，也可以进行云存储，Windows 10 系统中的云存储名称为_____。

二、选择题

1．在 Windows 10 系统中，要浏览本地计算机上的所有资源，可以通过（　　）实现。
A．回收站　　　　　　　　　　B．任务栏
C．文件资源管理器　　　　　　D．网络

2．在 Windows 10 系统中，文件名不能包含的符号是（　　）。
A．+　　　　　　　　　　　　B．>
C．–　　　　　　　　　　　　D．#

3．下列为文件夹更名的方式中，错误的是（　　）。
A．在文件夹窗口中，两次单击文件夹的名字，并输入新名
B．单击文件夹，并按 F2 键
C．在文件夹属性对话框中进行更改
D．右击文件夹，在弹出的快捷菜单中单击"重命名"命令，并输入文件夹的名字

4．删除时不将这些文件或文件夹放到"回收站"中，而是进行直接删除的操作是选定文件或文件夹后（　　）。
A．按 Delete 键
B．用鼠标指针直接将文件或文件夹拖曳到"回收站"中
C．按 Shift +Del 组合键
D．在"文件资源管理器"窗口"主页"选项卡中直接单击"删除"按钮

5．在"文件资源管理器"窗口中，如果想一次选中多个不连续的文件或文件夹，则正确的操作是（　　）。
A．按住 Ctrl 键，单击鼠标右键逐个选取
B．按住 Ctrl 键，单击鼠标左键逐个选取

  C. 按住 Shift 键，单击鼠标右键逐个选取

  D. 按住 Shift 键，单击鼠标左键逐个选取

6. "文件资源管理器"窗口分为两个小窗格，左边的小窗格被称为（ ）。

  A. 导航窗格   B. 资源窗格

  C. 文件窗格   D. 计算机窗格

7. 为了在文件资源管理器中快速浏览扩展名为 docx 的文件，快捷的显示方式是（ ）。

  A. 按名称   B. 按类型

  C. 按大小   D. 按日期

8. 对桌面的一个文件 myfile.txt 进行操作，下列说法中正确的是（ ）。

  A. 双击鼠标右键可将文件 myfile.txt 打开

  B. 单击鼠标右键可将文件 myfile.txt 打开

  C. 双击鼠标左键可将文件 myfile.txt 打开

  D. 单击鼠标左键可将文件 myfile.txt 打开

9. 在 Windows 系统中，下列关于"回收站"的叙述，正确的是（ ）。

  A. 无论是在硬盘还是 U 盘上，删除的文件都可以用回收站还原

  B. 无论是在硬盘还是 U 盘上，删除的文件都不可以用回收站还原

  C. 使用 Delete 键从硬盘上删除的文件可以用回收站还原

  D. 使用 Shift+Del 组合键从硬盘上删除的文件可以用回收站还原

10. 打开快捷菜单的操作方法是（ ）。

  A. 单击鼠标左键   B. 双击鼠标左键

  C. 单击鼠标右键   D. 三次单击鼠标左键

11. 对于 Windows 10 系统，下列叙述中正确的是（ ）。

  A. 在不同文件夹之间使用鼠标指针拖曳文件图标时，系统默认为是移动文件

  B. 在不同文件夹之间使用鼠标指针拖曳文件图标时，系统默认为是删除文件

  C. 在不同文件夹之间使用鼠标指针拖曳文件图标时，系统默认为是复制文件

  D. 在不同文件夹之间使用鼠标指针拖曳文件图标时，系统默认为是清除文件

12. 在计算机中，文件是存储在（ ）。

  A. 磁盘上的一组相关信息集合

  B. 内存中的信息集合

  C. 存储介质上的一组相关信息集合

  D. 打印纸上的一组相关数据

13. 在 Windows 10 系统中，文件的类型可以根据（ ）来识别。

  A. 文件的大小   B. 文件的用途

  C. 文件的扩展名   D. 文件的存放位置

14. 在 Windows 10 系统中，Ctrl+C 组合键是（ ）命令的组合键。

  A. 复制   B. 粘贴   C. 剪切   D. 打印

15. 对于 Windows 10 系统，下列说法中错误的是（ ）。

  A. 使用文件资源管理器可以对文件进行打开、复制、移动等操作

  B. 使用 OneDrive 可以将文件上传到云端保存

C．库是 Windows 10 系统中一个特殊的文件夹

D．Windows 10 系统中有的文件可以没有属性

三、操作题

1．在"文件资源管理器"窗口中显示所有文件类型的扩展名。

2．在"文件资源管理器"窗口中展开一个文件夹，分别使用"名称"、"类型"、"大小"、"修改日期"与"递增"排列方式，观察窗口文件列表的排列方式有何不同。

3．在 D 盘中分别创建名称为 Myfile1 和 Myfile2 的文件夹。

4．在 Myfile1 文件夹中创建一个文本文件，文件名为 Alice.txt，文件内容自定。

5．对 Alice.txt 文件分别创建桌面快捷方式和快捷方式。

6．双击 Alice.txt 文件的快捷方式图标，观察操作结果。

7．至少使用 3 种不同的方法将 Alice.txt 文件复制到 Myfile2 文件夹中。

8．删除 Myfile1 和 Myfile2 文件夹及桌面快捷方式，并清空回收站。

9．在当前磁盘驱动器窗口中搜索带有"计算机"文字的文档名。

10．自行创建一个库，将自己的学习资料分类并移到该库中。

11．将你认为比较重要的资料上传到自己的 OneDrive 中保存起来。

12．使用 WinRAR 对一个文件夹进行压缩和解压缩，并观察压缩前后文件夹大小的变化。

项目 4

中文输入与管理

项目要求

- ➤ 了解常用的中文输入法
- ➤ 能够安装常用的中文输入法
- ➤ 能够熟练使用一种中文输入法输入汉字
- ➤ 会对常用的输入法进行属性设置
- ➤ 能够使用记事本等创建简单文档

对于我国的计算机用户来说，在使用计算机的过程中已经离不开中文输入。熟练使用中文输入法是衡量一个计算机用户对计算机操作熟练程度的标准之一。

任务 4.1 认识中文输入法

问题与思考

- • 你知道计算机中有哪些中文输入法吗？
- • 你经常使用哪种中文输入法？

中文输入法是指为了将汉字输入计算机等电子设备而采用的汉字编码方法，是中文信息处理的重要技术。Windows 10 系统默认安装了微软拼音输入法。用户可以通过官方网站下载并安装其他中文输入法，如搜狗拼音输入法、百度输入法、QQ 拼音输入法、五笔输入法等。无论哪种中文输入法，至少应熟练掌握其中的一种，这样才能胜任基本的文字录入和编辑工作。

4.1.1 中文输入法分类

中文输入法是一种汉字编码方法。中文输入法是从 20 世纪 80 年代发展起来的，经历了单字输入、词语输入、整句输入 3 个发展阶段。当下流行的输入法主要有搜狗拼音输入法、搜狗五笔输入法、百度输入法、QQ 拼音输入法、QQ 五笔输入法等。汉字的单字输入主要分为音码、形码、音形码、形音码、区位码等。

- 音码。音码是一种拼音输入法，它将汉语拼音作为一种编码方式，通过输入拼音来输入汉字。优点是一般学过汉语拼音的用户就可以输入汉字，易学、直观，不受字体变化的影响；缺点是同音字太多，重码（同一编码对应多个汉字）率高，输入效率低，对用户的发音要求较高，难以处理不认识的生字。常见的音码有全拼、双拼、微软拼音等输入法。
- 形码。形码是一种字形输入法，它将汉字拆成若干偏旁、部首和字根（若干笔画复合连接交叉，形成相对不变的结构），或者拆成笔画，使偏旁、部首、字根和笔画与键盘上的键相对应，在输入汉字时通过键盘按字形键入。例如，"好"字是由"女"和"子"组成的。形码的优点是码长（一个汉字编码的字符个数）较短、重码率低、直观，不受用户文化程度高低、是否识字和所用方言不同的影响，只要看到字形，就能按规则输入；缺点是要掌握一套汉字的拆分规则，要记忆字根在键盘上的分布规律，长时间不用会忘掉。常见的形码有五笔字型、郑码等输入法。
- 音形码。音形码是一种音形组合输入法，它将汉字的拼音和字形相结合，各取所长。优点是吸取了音码和形码的长处，重码率低；缺点是编码规则复杂，难于学习和记忆。常见的音形码有智能 ABC 等输入法。
- 形音码。形音码是结合音码、形码编码原理形成的一种输入法，其代表是形音码输入法。它是兼容了五笔输入法和拼音输入法，并且对两种输入法进行适当调整的一种汉字编码方法。
- 区位码。为了使每个汉字有一个全国统一的代码，我国于 1980 年发布了汉字编码的国家标准《信息交换用汉字编码字符集 基本集》（GB/T 2312—1980），根据汉字在字符集中的位置进行编码，通过输入 0～9 数字的组合，把汉字和字符输入计算机中。这个字符集是我国中文信息处理技术的发展基础，也是目前国内所有汉字系统的统一标准。优点是汉字与码组有严格的对应关系，无须进行二次选择；缺点是难于记忆。

4.1.2 常用的中文输入法

在中文版 Windows 10 系统中除了可以使用微软拼音输入法，用户还可以自行安装、使用其他中文输入法，如微软拼音输入法、五笔输入法、搜狗拼音输入法、QQ 拼音输入法等。下面介绍这几种常用的中文输入法及其特点。

1. 微软拼音输入法

微软拼音输入法是一种基于语句的智能型拼音输入法，采用拼音作为汉字的录入方式，可以连续输入整句话的拼音，无须人工分词、挑选候选字词语，这样既保证了用户的思维流畅，又大大提高了输入的效率。微软拼音输入法为用户提供了许多个性化设计，如自学习和自造词功能。使用这两种功能，微软拼音输入法能够快速熟悉用户的专业术语和用词习惯。微软拼音输入法还为用户提供了一些改进的特性，如中文混合输入、词语转换、逐键提示、模糊音设置等。

由于 Windows 10 系统内置的微软拼音输入法没有输入法指示器和软键盘，因此如果要输入一些特殊符号，则需要单击提示字词框后面的笑脸符号☺，打开如图 4-1 所示的特殊符号输入对话框，选择需要的图形、数字或符号。

图 4-1　特殊符号输入对话框

2. 五笔输入法

五笔输入法采用了字根拼形输入方案，即根据汉字组字的特点，把一个汉字拆成若干字根，王码 98 五笔输入法字根图如图 4-2 所示。用户首先输入字根，然后由计算机拼成汉字。Windows 10 系统自带了微软五笔输入法，当用户需要使用五笔输入法时，可以自行切换。

目前常见的五笔输入法非常多，例如，王码五笔、极品五笔、搜狗五笔、万能五笔、陈桥五笔、QQ 五笔、极点五笔等。有些用户常年使用一种五笔输入法，已经习惯该输入法的特性了，当 Windows 10 系统中没有该版本的五笔输入法时，用户需要自行下载并安装。

图 4-2　王码 98 五笔输入法字根图

3. 搜狗拼音输入法

搜狗拼音输入法也被称为搜狗输入法，是运行在 Windows 系统上的智能拼音输入法软件。搜狗拼音输入法界面简洁、操作简单，还有多种类型的皮肤。不仅如此，搜狗拼音输入法还具有打字准、速度快、词库丰富等特色功能，为用户带来便捷的使用体验。

4．QQ 拼音输入法

QQ 拼音输入法（简称 QQ 拼音、QQ 输入法）是一款汉语拼音输入法软件，运行在 Windows、macOS 等操作系统上。QQ 拼音输入法与搜狗拼音输入法、智能 ABC 输入法等同为主流输入法。与大多数拼音输入法一样，QQ 拼音输入法支持全拼、简拼、双拼 3 种基本的拼音输入模式。而在输入方式上，QQ 拼音输入法支持单字、词组、整句的输入方式。在基本字句输入方面，QQ 拼音输入法与常用的拼音输入法并无太大的差别。它默认显示 5 个候选字词，以横向的方式呈现，最多可同时显示 9 个候选字词，也可以纵向显示候选字词。QQ 拼音输入法的功能特点如下。

（1）皮肤精美。提供多套精美皮肤，为用户带来更好的视觉体验。

（2）输入速度快。速度快，占用系统资源少，利用优化算法，达到较佳性能。

（3）词库丰富。包含丰富的聊天词汇、互联网词汇，还包含当下的流行词汇，适合众多场合使用。

（4）用户词库网络迁移。拥有网络同步功能，能够满足用户的个性化需求。

（5）智能整句生成。具有优秀的整句生成算法和简拼扩展功能，能够智能化完成构词需求。

（6）个性化表情。当输入"ai"时会出现"o(﹌^^﹌)o 唉"、表情；当输入"haobang"时则会出现"o(≧v≦)o～～好棒"表情，能够满足用户输入表情的个性化需求。

试一试

使用计算机中自带的微软拼音输入法，试着输入下列文字：

中国高铁的发展历程可以概括为从起步阶段到高速发展阶段再到全球领先阶段的过程。在这个过程中，中国高铁不断创新，不断提高运营速度和服务质量，成为世界上高铁最发达的国家之一。

讨论与交流

（1）使用你常用的中文输入法如何快速输入词组？

_____

_____

（2）在输入汉字的过程中，如何快速实现中/英文的转换？

_____

_____

知识拓展

计算机中汉字的编码与存储

英文是拼音文字，由 26 个字母拼组而成，所以使用 1 字节表示一个字符。但汉字是象形文字，汉字的计算机处理技术比英文复杂得多，一般使用 2 字节表示一个汉字。由于汉字有 10000 多个，常用的汉字有 6000 多个，因此编码采用 2 字节的低 7 位共 14 个二进制位来表示。汉字的编码方案要解决如下问题。

1. 汉字交换码

汉字交换码是指具有汉字处理功能的不同计算机系统之间在交换汉字信息时所使用的代码标准。自国家标准《信息交换用汉字编码字符集 基本集》(GB/T 2312—1980)公布以来，我国一直沿用该标准所规定的国标码作为统一的汉字信息交换码。

《信息交换用汉字编码字符集 基本集》(GB/T 2312—1980)包括 6763 个汉字，按其使用频度分为一级汉字 3755 个和二级汉字 3008 个。一级汉字按拼音排序，二级汉字按部首排序。此外，该标准还包括标点符号、数种西文字母、图形、数码等 682 个其他基本图形符号。一个汉字所在的区号与位码简单地组合在一起就构成了该汉字的"区位码"。

2. 汉字机内码

汉字机内码又称内码或汉字存储码，是计算机内部存储、处理的代码。该编码的作用是统一各种不同的汉字输入码在计算机内的表示。一个汉字用 2 字节的内码表示，计算机显示一个汉字的过程是首先根据其内码找到该汉字在字库中的地址，然后将该汉字的点阵字形在屏幕上输出。

3. 汉字输入码

汉字输入码又称外码，是为了通过键盘字符把汉字输入计算机而设计的一种编码。对于同一汉字而言，输入法不同，其外码也是不同的。例如，对于汉字"啊"，在区位码输入法中的外码是 1601，在拼音输入法中的外码是 a，而在五笔输入法中的外码是 KBSK。汉字的输入码种类繁多，大致有音码、形码、音形码、形音码、区位码等。

4. 汉字字形码

汉字字形码又称汉字字模，用于汉字在显示屏或打印机中的输出。汉字字形码通常有点阵和矢量两种表示方式。

当使用点阵表示字形时，汉字字形码是指这个汉字字形点阵的代码。输出汉字的要求不同，点阵的规模也不同。简易型汉字为 16×16 点阵，提高型汉字为 24×24 点阵、32×32 点阵、48×48 点阵等。点阵规模越大，字形越清晰美观，所占存储空间也越大。

矢量表示方式存储的是描述汉字字形的轮廓特征，当要输出汉字时，通过计算机的计算，由汉字字形描述生成所需大小和形状的汉字点阵。由于矢量化字形描述与最终文字显示的大小、分辨率无关，因此可以输出高质量的汉字。

在存储汉字时为了节省存储空间，普遍采用字形数据压缩技术。所谓的矢量汉字是指用矢量表示方式将汉字点阵字模进行压缩后得到汉字字形的数字化信息。Windows 系统中使用的 TrueType 技术就是汉字的矢量表示方式。

任务 4.2　安装中文输入法

问题与思考

• 除了使用 Windows 10 系统提供的中文输入法，如何获得其他中文输入法？

- 你会安装其他中文输入法吗？

在安装中文版 Windows 10 系统时，会自动安装微软拼音输入法，用户可以使用该输入法进行汉字输入及文字编辑操作，但这种输入法不能满足用户的需要。例如，有些用户平时习惯使用搜狗输入法或 QQ 拼音输入法等。当用户要使用这些 Windows 10 系统没有提供的中文输入法时，则需要自行安装。

💡 提示

想要了解当前 Windows 10 系统中已经安装并能使用的中文输入法，可以单击任务栏右侧的"语言栏"按钮，在弹出的菜单上查看或选择一种中文输入法。

1. 安装系统自带的输入法

Windows 10 系统自带了微软拼音输入法和微软五笔输入法，当安装 Windows 10 系统时，默认安装微软拼音输入法，如果用户要使用微软五笔输入法，则需要自行安装。

【任务 1】在 Windows 10 系统中添加系统自带的微软五笔输入法。

任务分析：

通过本任务安装系统自带的输入法，可以了解并掌握输入法的安装与删除。由于 Windows 10 系统版本的不同，在操作时出现的操作界面可能有区别，但各个菜单选项基本一致。

任务实施：

（1）右击"开始"按钮，在弹出的快捷菜单中单击"设置"命令，在打开的"Windows 设置"窗口中单击"时间和语言"图标，在"时间和语言"设置窗口左侧窗格中单击"语言"选项，在窗口右侧打开"语言"窗格，如图 4-3 所示。

图 4-3　"语言"窗格

（2）单击"中文(中华人民共和国)"选项，在其下方显示"选项"按钮，单击该按钮，打开"语言选项：中文(简体，中国)"设置窗口。"键盘"选区中显示已安装在本机的中文输入法，如搜狗拼音输入法、中文-QQ 拼音输入法、微软拼音，如图 4-4 所示。

图 4-4 "键盘"选区

（3）单击"添加键盘"选项，弹出本机已安装和可以安装的中文输入法列表框，如图 4-5 所示。

（4）单击"微软五笔"选项，则系统自动在计算机中安装微软五笔输入法。之后用户就可以从语言栏中选择该输入法进行汉字输入了，如图 4-6 所示。

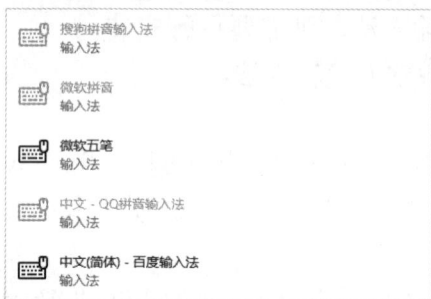

图 4-5 中文输入法列表框

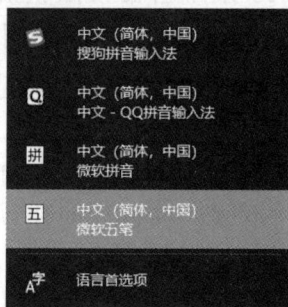

图 4-6 安装的中文输入法

2. 自定义安装输入法

如果计算机中没有用户需要的中文输入法，则这时通常需要自行安装。自行安装分两种情况，一种情况是安装计算机中原来没有安装过的中文输入法，需要先从官方网站下载该输入法，如下载搜狗输入法，运行安装文件，根据向导的提示开始安装，直至安装完成，如图 4-7 所示。

另一种情况是在计算机中已经安装了需要的中文输入法，后来又从语言栏中删除了该输入法，此时不需要重新下载安装，可以直接按【任务 1】的操作步骤，在中文输入法列表框中选择要安装的输入法即可，如安装百度输入法。安装之后，从语言栏中选择该输入法即可。

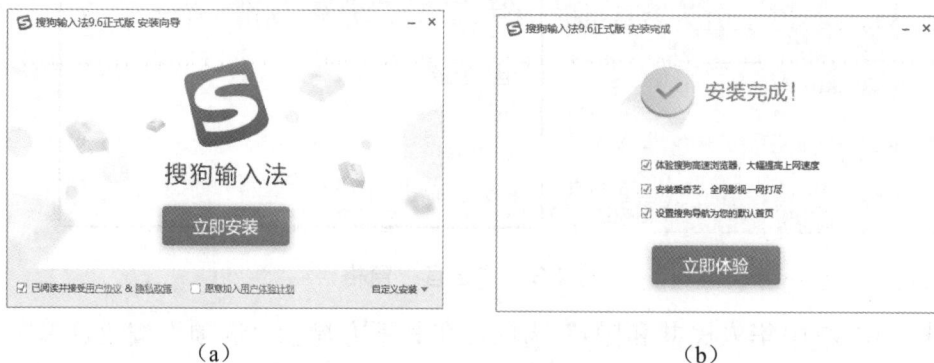

（a）

（b）

图 4-7 安装搜狗输入法

3．删除中文输入法

如果暂时不用某种中文输入法，则可以将它从语言栏中删除。当删除该输入法时，在"键盘"选区中选择要删除的输入法，在该输入法下方出现"删除"按钮，单击该按钮，即可将该输入法从语言栏中删除。

📖 试一试

（1）下载并安装一种中文输入法，如 QQ 拼音输入法。
（2）从语言栏中删除已安装的 QQ 拼音输入法。

🔄 讨论与交流

在操作计算机时，除了上述介绍的中文输入法，你还使用哪些输入法？

_____

_____

任务 4.3　输入法设置

💡 问题与思考

- 如果一种输入法在语言栏中被删除，则能否添加回来？
- 你会对输入法进行属性设置吗？

前面已经学习了如何在计算机中查看已经安装的中文输入法、添加一个已经安装的中文输入法、删除暂时不用的中文输入法。本任务主要学习如何设置默认的输入法、设置输入法切换的组合键等。

1．设置默认的输入法

当用户运行一个应用程序或打开一个新窗口时，如果希望系统直接切换到自己习惯的输入法，则需要将该输入法设置为默认的输入法。例如，将搜狗拼音输入法设置为用户默认的输入法，当打开一个应用程序（如 Word 文档、记事本）时，即可自动打开该输入法。具体操作方法如下。

（1）在"时间和语言"设置窗口右侧的"语言"窗格中，单击"相关设置"选区中的"拼写、键入和键盘设置"链接，在"设备输入"设置窗口右侧打开如图 4-8 所示的"输入"窗格。

（2）单击"更多键盘设置"选区中的"高级键盘设置"链接，打开"高级键盘设置"设置窗口，如图 4-9 所示。

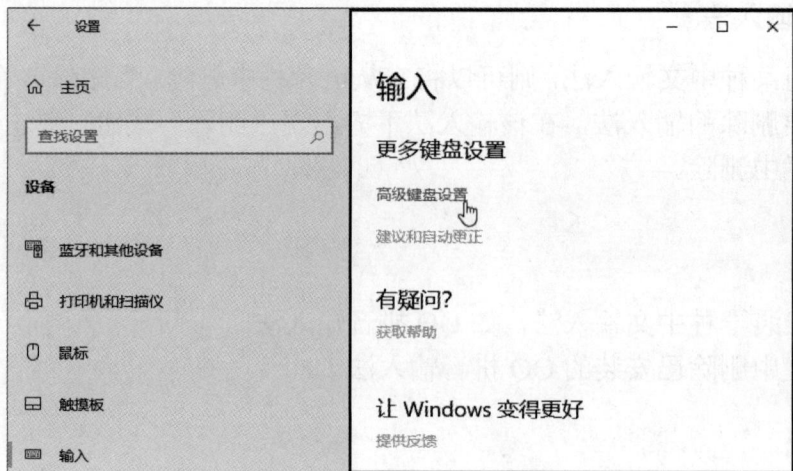

图 4-8　"输入"窗格

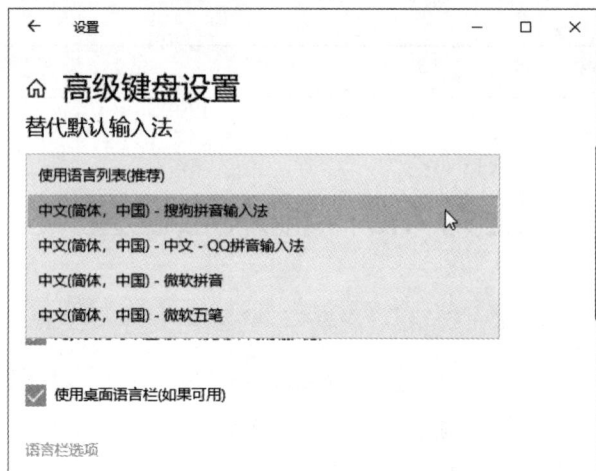

图 4-9　"高级键盘设置"设置窗口

（3）从已安装的中文输入法列表中选择要设置的默认输入法，如搜狗拼音输入法，即可将其设置为系统默认的输入法。

提示

中文输入法与英文输入法之间的切换可以通过 Ctrl+Space 组合键实现；常用中文标点与英文标点切换可以通过 Ctrl+"."组合键实现；不同输入法之间的切换可以通过 Ctrl+Shift 组合键实现。

2. 设置输入法切换的组合键

设置输入法切换的组合键，能够方便用户快速选择所需要的输入法，具体操作方法如下。

（1）在"高级键盘设置"设置窗口中，单击下方的"语言栏选项"链接，打开"文本服务和输入语言"对话框，切换到"高级键设置"选项卡，如图 4-10 所示。

（2）从列表框中选择要设置切换组合键的输入法，如搜狗拼音输入法，单击"更改按键顺序"按钮，打开"更改按键顺序"对话框，如图 4-11 所示。

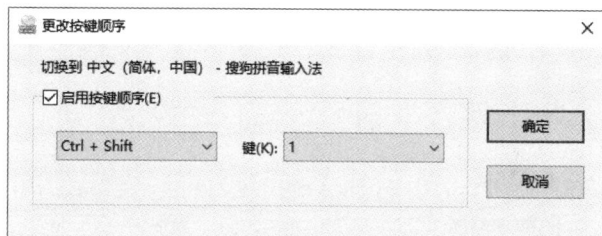

图 4-10　"高级键设置"选项卡　　　　图 4-11　"更改按键顺序"对话框

（3）勾选"启用按键顺序"复选框，设置一种按键方式。例如，设置组合键 Ctrl+Shift+1，单击"确定"按钮。

设置好输入法切换的组合键后，当要选择使用搜狗拼音输入法时，则可以直接使用 Ctrl+Shift+1 组合键来切换。

3. 输入法属性的设置

对于 Windows 10 系统自带的拼音输入法和五笔输入法，系统提供了属性设置，用户可以在"语言选项：中文(简体，中国)"设置窗口的"键盘"选区中选择一种输入法，如单击"微软拼音"选项，该选项下方出现"选项"按钮，如图 4-12 所示。

如果要进行设置，则单击"选项"按钮，打开"微软拼音"设置窗口，如图 4-13 所示。在该窗口中可以进行常规、按键、外观、词库和自学习等设置。

例如，单击"按键"选项，在打开的"按键"设置窗口中可以进行模式切换、候选字词导航、热键的设置，如图 4-14 所示；单击"微软拼音"设置窗口中的"外观"选项，在打开的"外观"设置窗口中可以进行候选窗口、浮动输入法模式图标、输入法工具栏的设置，如图 4-15 所示。

由于这些设置比较简单，因此不再详细介绍。

除了 Windows 10 系统自带的微软拼音输入法和微软五笔输入法，对于安装的其他中文输入法，在语言栏中打开该输入法，在提示框中单击功能按钮，可以进行属性设置。下面以搜狗拼音输入法为例，介绍输入法属性的设置方法。

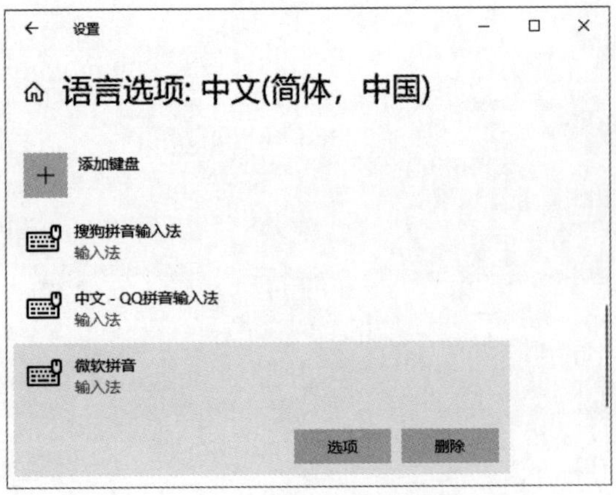

图 4-12 "语言选项：中文(简体，中国)"
设置窗口

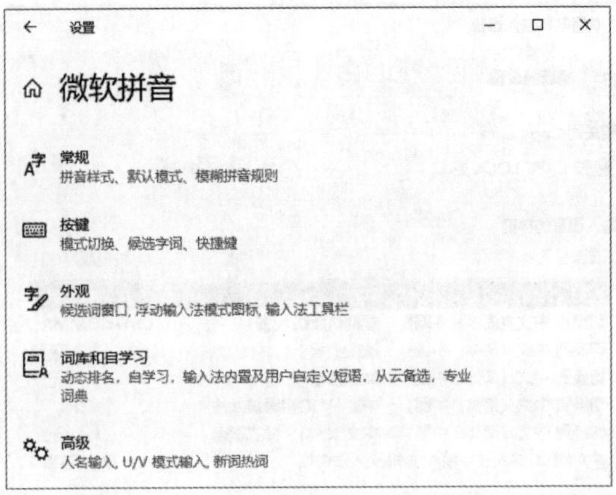

图 4-13 "微软拼音"设置窗口

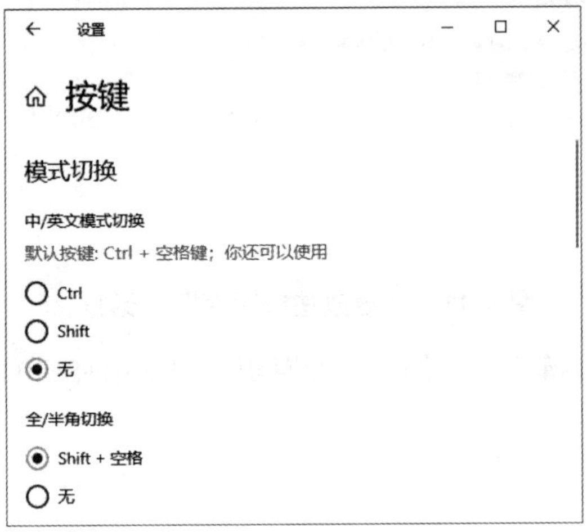

图 4-14 "按键"设置窗口

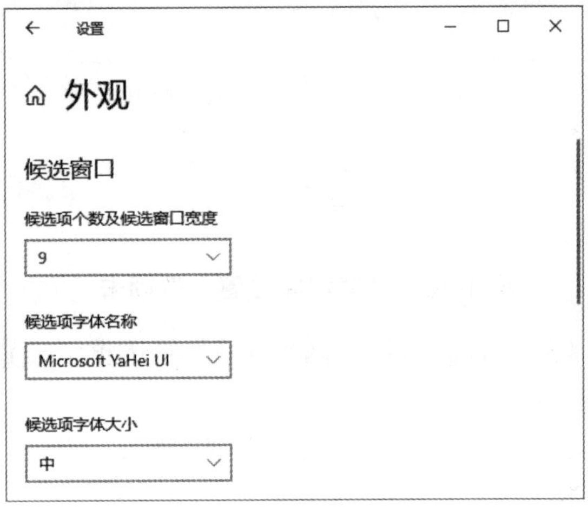

图 4-15 "外观"设置窗口

（1）在任务栏右侧单击"语言栏"按钮，选择"搜狗拼音输入法"，弹出该输入法的提示框，如图 4-16 所示。

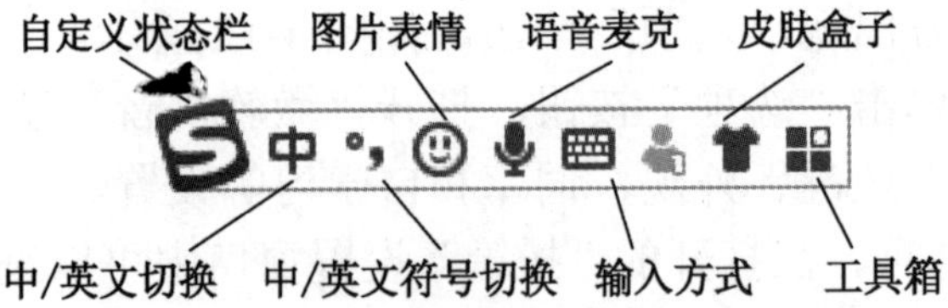

图 4-16 "搜狗拼音输入法"提示框

（2）单击"自定义状态栏"按钮，在打开的"自定义状态栏"对话框中可以对输入法的功能、颜色进行自定义设置，如图 4-17 所示。

（3）单击"中/英文切换"按钮，可以进行中/英文输入法的切换。单击"图片表情"按钮，在打开的"图片表情"对话框中可以查看和设置图片表情，如图 4-18 所示。

（4）搜狗拼音输入法提供了丰富的工具箱，"搜狗工具箱"对话框如图 4-19 所示，用户可以在该对话框中进行相应的属性设置。

图 4-17　"自定义状态栏"对话框

图 4-18　"图片表情"对话框

图 4-19　"搜狗工具箱"对话框

（5）如果要对搜狗拼音输入法进行属性设置，则在"搜狗工具箱"对话框中单击"属性设置"图标，在打开的"属性设置"对话框中，可以对左侧窗格中的选项进行设置，图 4-20、图 4-21 和图 4-22 所示分别为"常用"选项、"外观"选项和"高级"选项的属性设置。

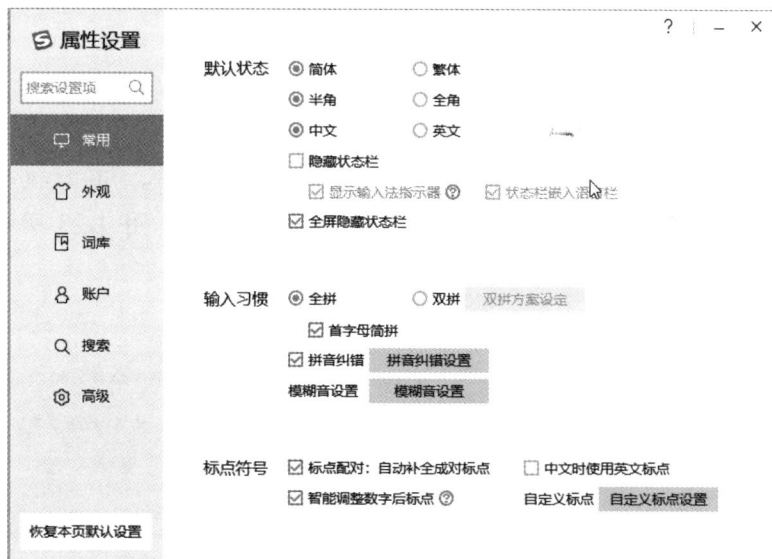

图 4-20　"常用"选项属性设置

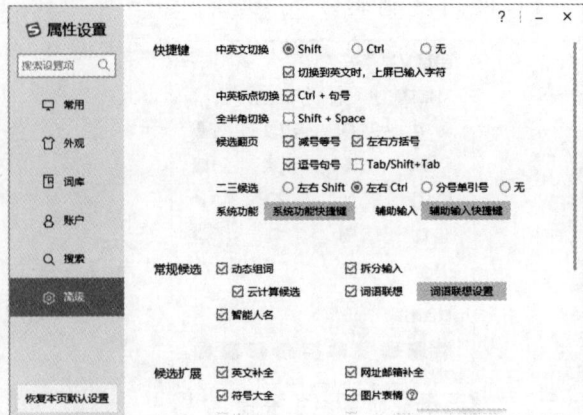

图 4-21 "外观"选项属性设置　　　　　图 4-22 "高级"选项属性设置

由于中文输入法软件版本时常更新，各版本之间的属性设置界面略有不同，而不同的中文输入法有不同的属性设置，因此用户要熟悉自己习惯使用的中文输入法的属性设置。

试一试

（1）设置语言栏的不同状态。在"文本服务和输入语言"对话框的"语言栏"选项卡中，设置语言栏悬浮于桌面上、停靠于任务栏或隐藏 3 种不同状态，观察设置效果。
（2）设置微软拼音输入法的切换组合键为 Ctrl+Shift+2，验证设置效果。

讨论与交流

结合你常使用的一种中文输入法，列举你要进行哪些属性设置。

知识拓展

安装字体

在安装 Windows 10 系统后，系统默认安装一些字体，如宋体、楷体、黑体等，这些字体能够满足日常的需求。但对于专业排版和有特殊需求的用户来说，有时仅有这些字体是不够的，还需要安装一些特殊的字体。网上提供了大量的中文字体，图 4-23 所示为某网站提供的可下载字体，用户可以从网上下载需要的字体。

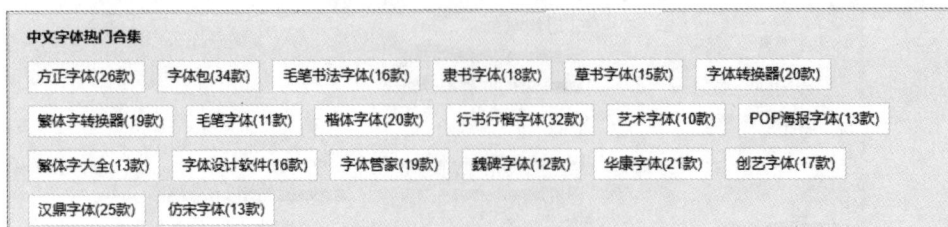

图 4-23 某网站提供的可下载字体

1．使用复制的方式安装字体

在 Windows 10 系统中可以使用复制的方式安装字体。首先从网上查找需要的字体，然后将字体文件（.ttf）复制到字体文件夹中，默认的字体文件保存在 C:\Windows\Fonts 文件夹中，"Fonts" 窗口如图 4-24 所示。例如，下载 "方正字体"，直接将该文件复制到 C:\Windows\Fonts 文件夹中。

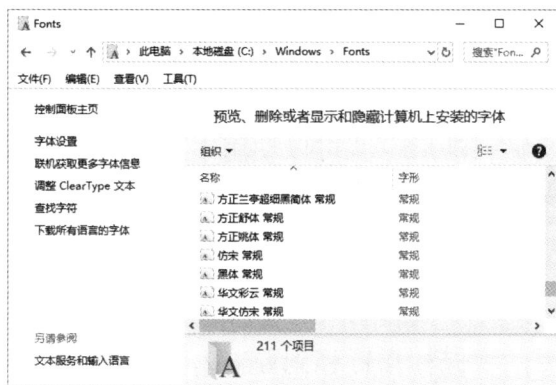

图 4-24　"Fonts" 窗口

另外，还可以在 "控制面板" 窗口中单击 "查看方式" → "大图标"（或 "小图标"）选项，单击 "字体" 图标，打开 "字体" 窗口，并将需要安装的字体直接复制到上述文件夹中，安装完成后用户即可调用安装的字体。

2．使用快捷方式安装字体

使用快捷方式安装字体可以节省空间，因为使用复制的方式安装字体是直接将字体文件（.ttf）复制到 C:\Windows\Fonts 文件夹中，会占用系统内存，但是使用快捷方式安装字体可以起到节省空间的效果。操作方法如下。

（1）在 "Fonts" 窗口中，单击左侧窗格中的 "字体设置" 链接，进入 "字体设置" 窗口，勾选 "允许使用快捷方式安装字体(高级)" 复选框，如图 4-25 所示。

（2）打开字库文件夹，选择一个或多个要安装的字体后，右击鼠标，在弹出的快捷菜单中单击 "为所有用户的快捷方式" 命令，如图 4-26 所示，即可安装字体，安装完成后即可调用安装的字体。

图 4-25　勾选 "允许使用快捷方式安装字体(高级)" 复选框

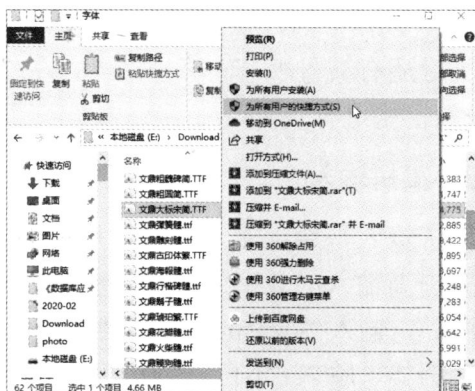

图 4-26　单击 "为所有用户的快捷方式" 命令

任务 4.4　使用中文输入法

问题与思考

- 你满意自己的汉字输入速度吗？
- 在文档编排时如何快速输入汉字？

安装并熟悉了各种中文输入法后，就可以使用中文输入法输入汉字了。本任务以"搜狗拼音输入法"为例，介绍汉字输入的方法。

"搜狗拼音输入法"是一款基于搜索引擎技术的、适合大众使用的中文输入法产品。

1．选择搜狗拼音输入法

安装搜狗拼音输入法后，将鼠标指针移到要输入汉字的位置，单击鼠标使系统进入输入状态，并按 Ctrl+Shift 组合键切换输入法，或者直接从语言栏中选择搜狗拼音输入法。选择搜狗拼音输入法后，按 Shift 键切换到英文输入状态，再按一下 Shift 键就能返回中文输入状态。单击提示框上面的"中/英文切换"按钮也可以进行中/英文的输入切换。

2．全拼输入

全拼输入是拼音输入法中最基本的输入方式，切换到搜狗拼音输入法，在输入窗口中输入拼音即可。输入窗口较为简洁，上面的一排是输入的拼音，下面的一排是候选字词，输入所需候选字词的对应数字，即可输入该词。第一个词默认是红色的，直接按 Space 键即可输入第一个词。例如，想要输入文字"搜狗拼音"，可以通过键盘输入"sougoupinyin"，全拼输入窗口如图 4-27 所示。

sou'gou'pin'yin　　　ⓘ 网站直达：搜狗拼音官网(分号+l)
1.搜狗拼音　2.搜狗拼音输入法　3.搜狗　4.搜购　5.sougoupinyin ◀▶

图 4-27　搜狗拼音输入法的全拼输入窗口

默认的翻页键是逗号","和句点"."，即输入拼音后，按句点"."向下翻页选词，相当于按 PageDown 键，找到所选的词后，按其相对应的数字键即可输入。搜狗拼音输入法默认的翻页键还有减号"–"、等号"="、左/右方括号"[""]"，可以通过"属性设置"对话框中的"高级"窗格进行设置。

3．简拼输入

简拼输入是通过输入声母或声母的首字母来进行输入的一种输入方式，有效利用简拼可以大大提高输入的效率。搜狗拼音输入法支持声母简拼和声母的首字母简拼。例如，要输入"钱钟书"，输入"qzhshu"或者"qzsh"即可。同时，搜狗拼音输入法支持简拼和全拼的混合输入。例如，输入"srf"、"sruf"或者"shrfa"都可以得到"输入法"一词。

这里声母首字母简拼的作用和模糊音中的"z、s、c"作用相同。即使用户没有选择设置的模糊音，同样可以通过输入"qzs"得到"钱钟书"一词。利用声母的首字母简拼可以提高输入效率。

4．U 模式

U 模式是专门为了输入不会读（不知道拼音）的字而设计的。在按 U 键后，依次输入一个字的笔画，根据笔画辅助码 h（横）、s（竖）、p（撇）、n（捺）、z（折）、d（点），就可以得到该字。例如，输入"你"字，如图 4-28 所示。需要注意的是，竖心（忄）的笔画顺序是点、点、竖（d、d、s），而不是竖、点、点或点、竖、点。

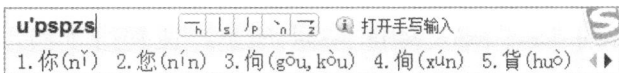

图 4-28　通过 U 模式输入"你"字

5．笔画筛选

笔画筛选用于当输入单字时，用笔画来快速定位该字。使用方法是输入一个字或多个字后，先按 Tab 键（如果 Tab 键是翻页键也不受影响），再根据笔画辅助码 h（横）、s（竖）、p（撇）、n（捺）、z（折）、d（点）依次输入第一个字的笔画，直到找到该字为止。6 个笔画的规则与 U 模式笔画输入的规则相同。要想退出笔画筛选模式，只需删掉已经输入的笔画辅助码即可。例如，快速定位"珍"字，输入"zhen"后，按 Tab 键，并输入"珍"字的前两个笔画辅助码"hh"，就可定位该字，如图 4-29 所示。

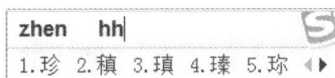

图 4-29　通过笔画筛选快速定位"珍"字

6．V 模式

V 模式是一个转换和计算的功能组合，其主要功能如下。

（1）数字金额大小写转换。输入"v424.52"，可以得到"四百二十四元五角二分"或"肆佰贰拾肆元伍角贰分"，如图 4-30 所示。

（2）整数数字转换。输入格式为"v+整数数字"。例如，输入"v12"，可以得到"XII"等，如图 4-31 所示。

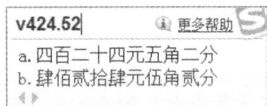

图 4-30　数字金额大小写转换

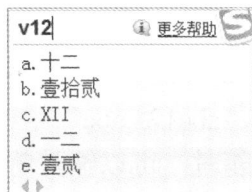

图 4-31　整数数字转换

（3）日期自动转换。输入"v2012.9.15"、"v2012-9-15"或"v2012/9/15"，可以得到"2012年 9 月 15 日（星期六）"或"二〇一二年九月十五日（星期六）"，如图 4-32 所示。

（4）日期快捷输入。输入"v2012n9y15r"，可以得到"2012 年 9 月 15 日"或"二〇一二年九月十五日"，如图 4-33 所示。

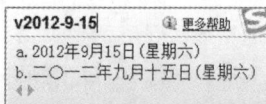

图 4-32　日期自动转换　　　　　　　　　　图 4-33　日期快捷输入

（5）算式计算。输入格式为"v+算式"，可以得到对应的算式结果及算式整体候选。例如，输入"v2*5+7"，可以得到"17"等，如图 4-34 所示。搜狗拼音输入法还支持常用的函数运算，如图 4-35 所示。

图 4-34　算式计算　　　　　　　　　　图 4-35　搜狗拼音输入法支持的函数列表

7. 网址输入模式

网址输入模式是搜狗拼音输入法特别为网络设计的便捷功能，在中文输入状态下就可以输入几乎所有的网址。规则是当输入以"www."、"http:"、"ftp:"、"telnet:"或"mailto:"等开头的网址时，系统会自动识别并进入英文输入状态，后面可以输入如 www.hxedu.com.cn 或"http://www.hxedu.com.cn"结构类型的网址，如图 4-36 所示。

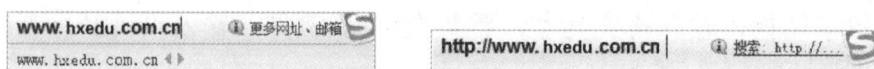

图 4-36　网址输入模式

在输入不以"www."开头的网址时，可以直接输入网址。例如，可以直接输入"abc.abc"，但是不能输入"abc123.abc"结构类型的网址，因为数字将被当作默认的选项键。

在输入邮箱时，可以输入前缀不含数字的邮箱。例如，w××@×××.com。

试一试

选择一种你熟悉的中文输入法，尝试录入以下文本内容。

人工智能（Artificial Intelligence，AI）是一门研究、开发用于模拟、延伸和扩展人的智能理论、方法、技术及应用系统的新技术科学。

人工智能是计算机科学的一个分支领域，它试图了解智能的实质，并生产出一种新的、能以类似于人类智能的方式做出反应的智能机器。该领域的研究包括机器人、语言识别、图像识别、自然语言处理和专家系统等。

结合常用的一种中文输入法，说说你学会了哪些快速输入汉字的技巧。

任务 4.5　创建简单文档

问题与思考

- 你在创建自己的文本文档时，通常使用哪个文字编辑软件？
- 你知道 Windows 10 系统提供了哪些简单文字编辑软件吗？

使用计算机可以创建各种类型的文档，包括文本文档、数据文档、图像文档、音频文档、视频文档等。记事本是一个用来创建简单文档的文本编辑器。由于多种格式的源代码都是纯文本的，因此记事本成为使用最多的源代码编辑器。同时，记事本只具备最基本的编辑功能，所以具有体积小、启动快、占用内存低、容易使用等特点。

记事本的功能虽然不如写字板，但是它有自己的特点。相对于微软的文字编辑软件 Word 来说，记事本的功能确实过于简单，只有新建、保存、打印、查找、替换等功能，但记事本却拥有一个 Word 文字编辑软件没有的优点，即打开速度快、文件小。同样的文本文档分别使用 Word 文字编辑软件保存和记事本保存，对应的文本文档大小不同，所以在保存短小的纯文本时一般建议使用记事本。

记事本另一项不可取代的优点是它可以保存无格式文件，即把使用记事本编辑的文件保存为 HTML、Java、ASP 等格式。因此，记事本可以作为程序语言的编辑器。

【任务 2】使用记事本创建一个比较简单的文档。

任务分析：

使用计算机自带的记事本可以快速创建一个文本文档，对于创建的文本文档，如果没有格式要求，并且内容短小，建议使用记事本。

任务实施：

（1）单击"开始"→"Windows 附件"→"记事本"命令，打开如图 4-37 所示的"记事本"窗口。

图 4-37　"记事本"窗口

（2）在"文件"菜单中可以新建文件、打开现有的文件、保存文件、设置打印页面和打印文件等。

（3）在"编辑"菜单中可以撤销对文本进行的最后一次操作，也可以对文本进行剪切、复制、粘贴、删除和全选操作，还可以查找、替换指定的字符串。

（4）在"格式"菜单中可以设置文本在输入过程中是否自动换行和进行简单的字体设置。记事本以"行"为单位存储用户输入的文字。如果用户未勾选"自动换行"选项，则当输入的文本超过窗口的宽度时，窗口会自动向左滚动，使所输入的内容在同一行上，只有按 Enter 键后才会换行。"字体"选项用来设置记事本中文本的字体、字形和字号。

（5）输入一段文字后，以文件名"打字练习"保存该文档。

🔲 试一试

打开记事本，使用搜狗拼音输入法或其他输入法输入以下文本。

虚拟现实技术（VR）是一种多源信息融合、交互式的三维动态视景和实体行为的仿真系统，它利用计算机生成一种模拟环境，使用户沉浸在该环境中。

虚拟现实技术是仿真技术的一个重要方向，是仿真技术与计算机图形学技术、人机接口技术、多媒体技术、传感技术、网络技术等多种技术的集合，是一门富有挑战性的交叉技术前沿学科和研究领域。虚拟现实技术主要包括模拟环境、感知、自然技能和传感设备等方面。模拟环境是由计算机生成的、实时动态的三维立体逼真图像。

🔁 讨论与交流

（1）除了使用记事本创建文档，你还经常使用哪些文字编辑软件？

_____

_____

（2）你了解或经常使用在线文字编辑软件吗？是的话，请你列举几款软件的名称。

_____

_____

知识拓展

Windows 写字板

Windows 系统提供了记事本和写字板两个文字处理工具。每个工具都提供了基本的文本编辑功能，但写字板的功能比记事本的功能更强。在写字板中不仅可以创建和编辑简单的文本文档，还可以将其他文档中的信息链接到或嵌入写字板文档中。使用写字板创建或编辑的文档可以保存为纯文本文档、RTF 文本文档、Office Open XML 文档、OpenDocument 文本等。

启动写字板的操作方法是单击"开始"→"Windows 附件"→"写字板"命令，即可打开如图 4-38 所示的"写字板"窗口。

Windows 10 系统提供的写字板具有全新的功能区，更加简单易用，其选项均已展开显示，而不是隐藏在菜单中。写字板集中了最常用的特性，以便用户可以更加直观地访问，从而减少菜单查找操作。

写字板提供了丰富的格式选项，如高亮显示、项目符号、换行符和其他文字颜色等。它还具有图片插入、增强的打印预览和缩放等功能，使其成为用于创建基本文字处理文档的强大工具，有效提高了用户的工作效率。

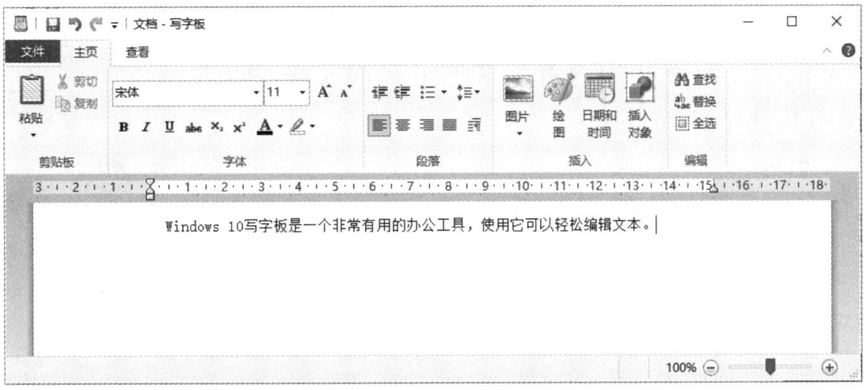

图 4-38 "写字板"窗口

总结评价

1. 自查学习成果，填写表 4-1。已达成的打√，未达成的记录原因。如果你达成的学习成果未在表中列出，则请在"其他"栏中写出。

表 4-1 自查学习成果表

学 习 成 果	已 达 成	未达成原因
我熟识常见的中文输入法		
我会下载常用的中文输入法		
我会安装中文输入法		
我会对中文输入法进行属性设置		
我能比较熟练地在文档中输入中/英文		
我会创建并保存文档		
其他：		

2. 对照本项目要求，回答以下问题。

（1）在学习本项目的过程中，你比较满意的是什么？

_____

_____

（2）在学习本项目的过程中，你在哪些方面存在不足？如何改进？

_____

_____

（3）联系实际，通过学习本项目能帮助你解决哪些实际问题？

_____

_____

习题 4

一、填空题

1. 中文版 Windows 10 系统中内置了多种中文输入法，如_____、_____等，用户也可以安装并使用其他中文输入法。

2. 汉字输入分为_____、_____、_____、_____和_____等类型。

3. 根据《信息交换用汉字编码字符集 基本集》（GB/T 2312—1980）的规定，将汉字分为常用汉字（一级）和非常用汉字（二级）两级汉字，共收录了_____个常用汉字，其中一级字库_____个汉字，按_____顺序排列，二级字库_____个汉字，按_____顺序排列。

4. 在 Windows 10 系统中添加某个中文输入法，应在_____窗口中进行设置。

5. 一种输入法从语言栏上被删除后可以在"语言选项"设置窗口中，通过_____按钮进行添加。

6. 设置中文输入法的切换组合键，应该在"文本服务和输入语言"对话框的_____选项卡中进行。

7. 在 Windows 10 系统中，使用_____组合键来进行中/英文输入法的切换，使用_____组合键在各种输入法之间进行切换。

8. Windows 10 系统自带的专门用于文档创建的文本编辑器是_____。

9. Windows 10 系统自带的一个小型文字处理软件能够对文档进行基本的编辑和排版处理，还可以进行简单的图文混排，该软件是_____。

10. 在 Windows 10 系统中，默认的字体文件夹是_____。

二、选择题

1. 在 Windows 10 系统默认环境中，用于中/英文输入法切换的组合键是（　　）。
   A．Alt+Space　　　　　　　　B．Shift+Space
   C．Alt+Tab　　　　　　　　　D．Ctrl+Space

2. 在 Windows 10 系统默认状态下，进行全角/半角切换的组合键是（　　）。
   A．Alt+.　　　　　　　　　　B．Shift+Space
   C．Alt+Space　　　　　　　　D．Ctrl+.

3. 《信息交换用汉字编码字符集 基本集》（GB/T 2312—1980）把汉字分成（　　）等级。
   A．简化字和繁体字两个
   B．一级汉字、二级汉字，三级汉字三个
   C．一级汉字、二级汉字两个
   D．常用字、次常用字、罕见字三个

4. 根据《信息交换用汉字编码字符集 基本集》（GB/T 2312—1980）的规定，一级、二级汉字总计有（　　）。
   A．7445 个　　　　　　　　　B．6763 个
   C．3008 个　　　　　　　　　D．3755 个

5．五笔输入法属于（　　　）。

  A．音码输入法   B．形码输入法

  C．音形结合的输入法   D．区位输入法

6．使用记事本保存文档，默认的扩展名为（　　　）。

  A．docx   B．exe   C．txt   D．mp3

7．Windows 10 系统自带的输入法是（　　　）。

  A．搜狗拼音输入法   B．QQ 拼音输入法

  C．百度输入法   D．微软拼音输入法

8．在记事本中想把一个文本文档以另一个文件名保存，此时需要选择的命令为（　　　）。

  A．文件→保存   B．文件→另存为

  C．编辑→保存   D．编辑→另存为

三、操作题

1．使用记事本或写字板创建一个文档，输入以下两段文字，并保存文档。

虹是光线以一定角度照在雨滴上所发生的折射、分光、内反射、再折射等造成的大气光象，光线照射到雨滴后，在雨滴内会发生折射，各种颜色的光发生偏离，其中紫色光的折射程度最大，红色光的折射程度最小，其他各色光则介乎两者之间。折射光线经过雨滴的内反射后，再经过雨滴和大气折射到我们的眼里。由于空气中悬浮的雨滴很多，因此当我们仰望天空时，同一弧线上的雨滴所折射出的不同颜色的光线角度相同，于是我们就看到了内紫外红的彩色光带，即彩虹。

有时在虹的外侧还能看到第二道虹，光彩比第一道虹稍淡，色序是外紫内红，为副虹或霓。

2．尝试删除一种已安装的中文输入法，并在语言栏中添加该输入法。

3．尝试从 Internet 上下载一种汉字字体，如方正小标宋简体、方正胖娃简体、中国龙字体、QQ 字体等，安装到你的计算机上。

4．请安装 QQ 拼音输入法并设置其为默认输入法。

网络畅游

项目要求

> ➢ 了解 Internet 的有关知识
> ➢ 掌握 IE 浏览器、Edge 浏览器的使用方法
> ➢ 能够通过综合网站与专业的搜索引擎检索和下载资料
> ➢ 能够申请电子邮箱、收发电子邮件
> ➢ 学会在购物网站中购物
> ➢ 能够对网络安全进行初步的设置
> ➢ 能够设置浏览器的主页及收藏网站

Internet 是由不同规模的计算机网络组成的，并在电子政务、电子商务、网络信息获取、网络交流互动、网络娱乐等方面得到了广泛的应用。用户每天可以从 Internet 上获取所需要的信息。

中国互联网络信息中心（CNNIC）发布的第 52 次《中国互联网络发展状况统计报告》显示，截至 2023 年 6 月，我国网民规模达 10.79 亿人，互联网普及率 76.4%。各类互联网应用持续发展，用户规模稳居前三位的是即时通信、网络视频和短视频，分别达 10.47 亿人、10.44 亿人和 10.26 亿人；网约车、在线旅行预订、网络文学的用户规模较 2022 年 12 月分别增长 3492 万人、3091 万人和 3592 万人，增长率分别为 8.0%、7.3% 和 7.3%，网约车、在线旅行预订、网络文学成为用户规模增长最快的三类应用。Internet 的广泛应用正在改变着人们的工作、学习及生活方式。

任务 5.1　Internet 简介

问题与思考

- 你认为 Internet 在哪些方面的应用令人印象深刻？
- 你使用的计算机是如何连接网络的？

5.1.1　了解 Internet

Internet 是一个全球性的、庞大的计算机网络体系。Internet 把全球数万个计算机网络及数千万台主机连接起来，包含了庞大的信息资源，向全世界用户提供信息服务。因此，Internet 不仅是一个庞大的计算机网络体系，更是一个庞大的信息资源网。从网络通信的角度来看，Internet 是一个以 TCP/IP 协议连接各个国家、地区、机构的数据通信网络。从信息资源的角度来看，Internet 是一个集各个领域信息资源为一体，供网上用户共享的信息资源网。

5.1.2　Internet 的相关概念

在使用 Internet 之前，需要对经常出现的相关概念加以了解。

1. WWW（万维网）

WWW 是 World Wide Web 的简称，也被称为 Web、3W 等，它是基于客户机/服务器方式的信息发现技术和超文本技术的综合。我们将存储在 Internet 计算机中、数量庞大的文档集合称为页面，它是一种超文本（Hypertext）信息，可以用于描述超媒体。文本、图形、视频、音频等多媒体，被称为超媒体（Hypermedia）。WWW 上的信息是由彼此关联的文档组成的，而使其连接在一起的是超链接（Hyperlink）。WWW 服务器通过超文本标记语言（HTML）把信息组织为图文并茂的超文本，利用链接从一个站点跳到另一个站点。这样一来彻底摆脱了以前查询工具只能按特定路径查找信息的限制。

WWW 并不等同于互联网，它只是互联网所能提供的服务之一，是依靠互联网运行的一项服务。

2. TCP/IP 协议

TCP/IP（Transmission Control Protocol/Internet Protocol，传输控制协议/网际协议）是指能够在多个不同网络间实现信息传输的协议簇，是网络中使用的最基本通信协议。TCP/IP 协议对互联网中各部分通信的标准和方法进行了规定，并且它是保证网络数据信息及时、完整传输的重要协议。严格来说，TCP/IP 协议是一个 4 层的体系结构，分别是应用层、传输层、网络层和数据链路层。TCP/IP 协议不只包含 TCP 和 IP 两个协议，而是一个由 FTP、SMTP、TCP、UDP、IP 等协议构成的协议簇，只是因为在 TCP/IP 协议中 TCP 协议和 IP 协议最具代表性，所以被称为 TCP/IP 协议。

3. ISP 和 ICP

ISP（Internet Service Provider）是互联网服务提供商，它是指面向广大用户提供下列信息服务的经营者。一是接入服务，即帮助用户接入 Internet；二是导航服务，即帮助用户在 Internet 上找到所需要的信息；三是信息服务，即建立数据服务系统，搜集、加工、存储信息，定期维护更新，并通过网络向用户提供信息服务。目前，中国三大基础运营商为中国电信、中国移动和中国联通。

ICP（Internet Content Provider）是互联网内容提供商，它是指面向广大用户提供互联网信息业务和增值业务的电信运营商。ICP 同样是经国家主管部门批准的正式运营企业，受国家法律保护，如百度、搜狗等搜索引擎，新浪、网易、搜狐等门户网站，淘宝、京东等电子商务网站和其他门户网站等。

4．IP 地址

IP 地址是互联网协议地址（Internet Protocol Address），又被称为网际协议地址。IP 地址是 IP 协议提供的一种统一的地址格式，它为互联网上的每台计算机和其他设备都分配了一个逻辑地址，以此来屏蔽物理地址的差异。IP 地址可以确认互联网上的任何一个网络和计算机，如果要确认其他网络或其中的计算机，则可以根据这些 IP 地址的分类来确认。IP 地址是一个32 位的二进制地址，为了便于记忆，将它们分为 4 段，每段 8 位，用句点"."分隔，即用 4 字节来表示，中间用句点分隔，每字节的数字范围是 0～255，如 15.1.102.158、202.32.137.3 等。IP 地址包括网络标识和主机标识两个部分，根据网络规模和应用的不同，分为 A～E 五类，常用的有 A、B、C 三类。

这种分类与 IP 地址中第一字节的使用方法相关，IP 地址的分类和应用如表 5-1 所示。

表 5-1　IP 地址的分类和应用

分　　类	第一字节数字范围	应　　用	分　　类	第一字节数字范围	应　　用
A	1～127	大型网络	D	224～239	组播
B	128～191	中型网络	E	240～255	研究
C	192～223	小型网络			

A 类地址的表示范围为 1.0.0.1～126.255.255.254，默认子网掩码为 255.0.0.0。

B 类地址的表示范围为 128.0.0.1～191.255.255.254，默认子网掩码为 255.255.0.0。

C 类地址的表示范围为 192.0.0.1～223.255.255.254，默认子网掩码为 255.255.255.0。

D 类地址不分网络标识和主机标识，它的第一字节的前 4 位固定为 1110。D 类地址的表示范围为 224.0.0.1～239.255.255.254。

E 类地址保留给将来使用。

在实际应用中，可以根据具体情况选择 IP 地址的类型。A 类地址通常用于大型网络，可容纳的计算机数量最多；B 类地址通常用于中型网络；而 C 类地址可容纳的计算机数量较少，仅适用于小型网络。

IPv4 是 IP 协议的第 4 版，也是第一个被广泛使用的协议，该协议构成了现今互联网技术的基础。IPv6 是 IETF（Internet Engineering Task Force，互联网工程任务组）设计的用于替代IPv4 的下一代 IP 协议。由于 IPv4 最大的问题在于网络地址资源不足，因此严重制约了互联网的应用和发展。IPv6 的使用不仅能解决网络地址资源不足的问题，还克服了多种接入设备连接互联网的障碍。

5．域名

域名（Domain Name）是由一串用句点分隔的名字组成的 Internet 上某台计算机或计算机组的名称，用于在数据传输时对计算机进行定位标识（有时也指地理位置）。域名通常与 IP 地址是相互对应的，域名避免了 IP 地址难以记忆的问题。

域名是分层管理的，层与层之间用句点隔开，一般格式为 host.inst.fild.stat，其中顶层域名也称顶级域名，位于域名的最右侧，依次向左是机构名、网络名、主机名。例如，电子工业出版社的 WWW 服务器的域名为 www.phei.com.cn。

Internet 上的域名系统（Domain Name System，DNS）是一个分布式的数据库系统，它由域名空间、域名服务器和地址转换程序 3 部分组成，其作用就是将域名翻译成 IP 地址，从而建立域名与 IP 地址的对应关系。

域名可分为不同级别，包括顶级域名、二级域名等。顶级域名又分为两类，一是国家顶级域名，目前多数国家或地区都按照 ISO3166 国家代码分配了顶级域名。例如，中国的顶级域名是.cn，美国的顶级域名是.us，日本的顶级域名是.jp 等。二是国际顶级域名。例如，商业机构的顶级域名是.com，公共网络的顶级域名是.net，非营利性组织的顶级域名是.org 等。表 5-2 和表 5-3 所示为常见的顶级域名及其含义。

表 5-2　以机构区分的部分顶级域名及其含义

顶 级 域 名	含 义	顶 级 域 名	含 义	顶 级 域 名	含 义
.com	商业机构	.edu	教育机构	.org	非营利性组织
.mil	军事机构	.net	公共网络	.gov	政府机构
.ac	学术机构	.info	提供信息服务的企业	.int	国际组织

表 5-3　以国别或地域区分的部分顶级域名及其含义

顶 级 域 名	含 义	顶 级 域 名	含 义	顶 级 域 名	含 义
.ar	阿根廷	.es	西班牙	.lu	卢森堡
.br	巴西	.fr	法国	.my	马来西亚
.ca	加拿大	.il	以色列	.nz	新西兰
.cn	中国	.it	意大利	.pt	葡萄牙
.de	德国	.jp	日本	.sg	新加坡
.dk	丹麦	.kr	韩国	.uk	英国

另外，还有一些常见的国内顶级域名，如.com.cn（商业机构）、.net.cn（网络服务机构）、.org.cn（非营利性组织）、.gov.cn（政府机构）等。

域名并不是每台连接 Internet 的计算机所必需的，只有作为服务器的计算机才需要域名。在 Internet 上，通过域名服务器可以将域名自动转换为 IP 地址。

6. URL 地址

URL 是 Uniform Resource Locator 的缩写，又称统一资源定位器。URL 地址是用于完整描述 Internet 上网页和其他资源地址的一种标识方法。Internet 上的每个网页都具有一个唯一的名称标识，通常称之为 URL 地址，这种地址可以是本地磁盘，也可以是局域网上的某台计算机，更多的是 Internet 上的站点。简单地说，URL 地址就是 Web 地址，俗称网址。一个完整的 URL 地址包括协议名、域名或 IP 地址、资源存放路径、文件名等内容，其一般语法格式为 protocol://hostname[:port/path/file]。

（1）protocol 是指属于 TCP/IP 协议的具体协议，可以用 http、ftp、telnet、gopher、wais 等协议，"[ ]"内为可选项。

- http:// 表示用 HTTP（Hyper Text Transfer Protocol）协议连接 WWW 服务器。
- ftp:// 表示用 FTP（File Transfer Protocol）协议连接 FTP 服务器。
- telnet:// 表示连接到一个支持 Telnet 远程登录的服务器。
- gopher:// 表示请求一个 Gopher 服务器给予响应。
- wais:// 表示请求一个 WAIS 服务器给予响应。

（2）port（端口）：对某些资源的访问，有时需要给出相应的服务器端口。

（3）path/file：路径名和文件名，用于指明服务器上某资源的位置，可以设置默认路径名和文件名，在这种情况下，相应的默认文件就会被载入。

如果要载入本机文件，则 URL 格式为 file://driver:\path\file。

例如，file://c:\作业\练习.doc。

📖 试一试

当你使用的计算机连接网络后，需要测试网络是否连接成功，测试应包括局域网和互联网两个方面，以下是利用命令行测试 TCP/IP 配置的步骤。

（1）右击"开始"按钮，在弹出的快捷菜单中单击"运行"命令，打开"运行"对话框，如图 5-1 所示，在"打开"文本框中输入"cmd"后按 Enter 键，打开"命令提示符"窗口。

（2）输入命令"ipconfig/all"，按 Enter 键，从显示的结果中查找 IP 地址、子网掩码、默认网关、DNS 服务器地址。

（3）输入"ping 127.0.0.1"，观察网卡是否能转发数据，如果出现 Request timed out 等信息，则表明配置或网络有问题。

（4）ping 一个互联网地址，查看是否有数据包传回，以测试与网络是否连接。

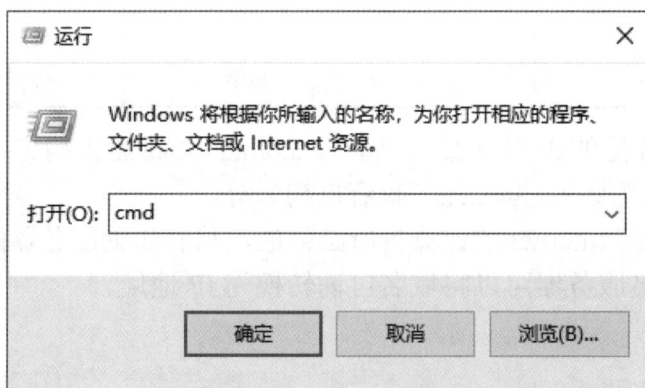

图 5-1 "运行"对话框

🔄 讨论与交流

（1）列举你使用网络进行学习的方式。

_____

_____

（2）检查你在学校使用的计算机 IP 地址是自动获取的，还是指定的。如果是指定的，则

IP 地址是多少？与相邻计算机的 IP 地址是否相同？

_____

_____

知识拓展

Internet 的接入方式

Internet 接入是指通过特定的信息采集与共享的传输通道，利用各种传输技术完成用户与 IP 广域网的高带宽、高速度的物理连接。接入 Internet 的方式有很多，不同的用户可以有不同的选择。家庭用户可以通过宽带上网、无线上网或拨号上网的方式与 Internet 进行连接；企事业单位一般通过自己的局域网上网，其服务器与 Internet 进行连接。

1. 有线接入方式

有线接入方式通过有线局域网（LAN）连接计算机和网络，常见的有线接入方式有 ADSL、光纤宽带、LAN 等。有线接入方式的特点在于传输速度快、稳定性强，但是需要支付一定的费用，同时需要连接物理上的线缆，相较其他 Internet 的接入方式而言，使用不够灵活。

2. 无线接入方式

无线接入方式适用于在距离计算机较近的情况下连接互联网的用户。目前，移动网络、Wi-Fi 等都是应用较广的无线接入方式。使用 Wi-Fi 连接无线局域网（WLAN）通常是需要密码的，但是也可以开放密码，这样就允许任何在无线局域网范围内的设备与 Internet 进行连接。蓝牙（Bluetooth）是一种无线技术标准，可实现固定设备、移动设备和楼宇个人局域网之间的短距离数据交换。

无线接入方式的特点在于使用方便、灵活性好，但是传输速率和稳定性相比有线接入方式而言略逊一筹。此外，和有线接入方式相比，无线接入方式的使用费用较高。无线网络存在巨大的安全隐患，公共场所的免费 Wi-Fi 有可能是钓鱼陷阱，而用户家里的路由器也可能被恶意攻击者轻松攻破，用户在毫不知情的情况下，就可能面临个人敏感信息遭盗取的风险，甚至造成直接的经济损失。

3. 卫星接入方式

卫星接入方式适用于那些生活在较远地区或没有其他可行 Internet 接入方式的用户。卫星接入方式可以保证 Internet 连接的稳定性，但是传输速度不如有线接入方式，并且安装、维护和升级成本较高，因此卫星接入方式的使用费用也相应较高。

在选择 Internet 接入方式时，用户需要根据自己的需求、所处环境和预算等因素进行综合考虑，选择适合自己的 Internet 接入方式。

任务 5.2 使用浏览器

问题与思考

* 你通常使用哪款浏览器软件浏览网页？

- 如何将当前浏览网页中的文本、图片内容复制下来？

浏览器是用来显示互联网上的文字、图像、视频和其他信息的软件。为了满足广大用户对网络信息的需求，很多互联网技术服务公司开发出了不同种类的浏览器，其中 Windows 10 系统中内置了新版本的 Internet Explorer（简称 IE）浏览器和新开发的 Edge 浏览器。这两款浏览器都是微软公司在多年开发经验的基础上，综合多种功能而精心开发的。除此之外，常见的网页浏览器还有 360 安全浏览器、搜狗浏览器、UC 浏览器、猎豹安全浏览器、QQ 浏览器、Firefox 浏览器、谷歌浏览器、百度浏览器等。

5.2.1 浏览网页

Windows 10 系统内置了 IE 和 Edge 两款浏览器，IE 浏览器的图标处于隐藏状态。当前 Windows 10 系统推荐使用 Edge 浏览器。本节以 Edge 浏览器为例，介绍使用浏览器的方法。启动 Edge 浏览器的方法是单击"开始"→"Microsoft Edge"命令；也可以右击"Microsoft Edger"选项，在弹出的快捷菜单中单击"更多"→"固定到任务栏"命令，以后直接单击任务栏中的图标即可快速启动 Edge 浏览器。

1. 浏览网页内容

打开 Edge 浏览器，在地址栏中输入一个 URL 地址，如 https://www.phei.com.cn，按 Enter 键后进入该网站，Edge 浏览器窗口如图 5-2 所示。

图 5-2 Edge 浏览器窗口

Edge 浏览器窗口主要由以下部分组成。

- 标题栏：具有最小化、最大化、关闭等功能。
- 工具栏：具有前进、后退、主页、收藏等功能。
- 地址栏：用于输入网址进行访问。
- 网页内容：显示网页内容的主要区域。

有时想访问一些网站，只知道它的中文名字，而不知道它的 URL 地址，可以直接在地址栏中输入中文名字，并按 Enter 键，同样可以打开该站点或打开搜索引擎，给出相关网站的链接。

2. 分屏浏览

分屏功能是指可以在一个窗口中同时显示两个选项卡。使用分屏功能可以帮助用户同时处理多个任务，例如，用户可以在两个窗口中同时浏览不同的网页，而不需要来回切换选项卡。具体操作方法是单击工具栏中的"分屏"按钮，屏幕被分为左右两个窗口，如图 5-3 所示。

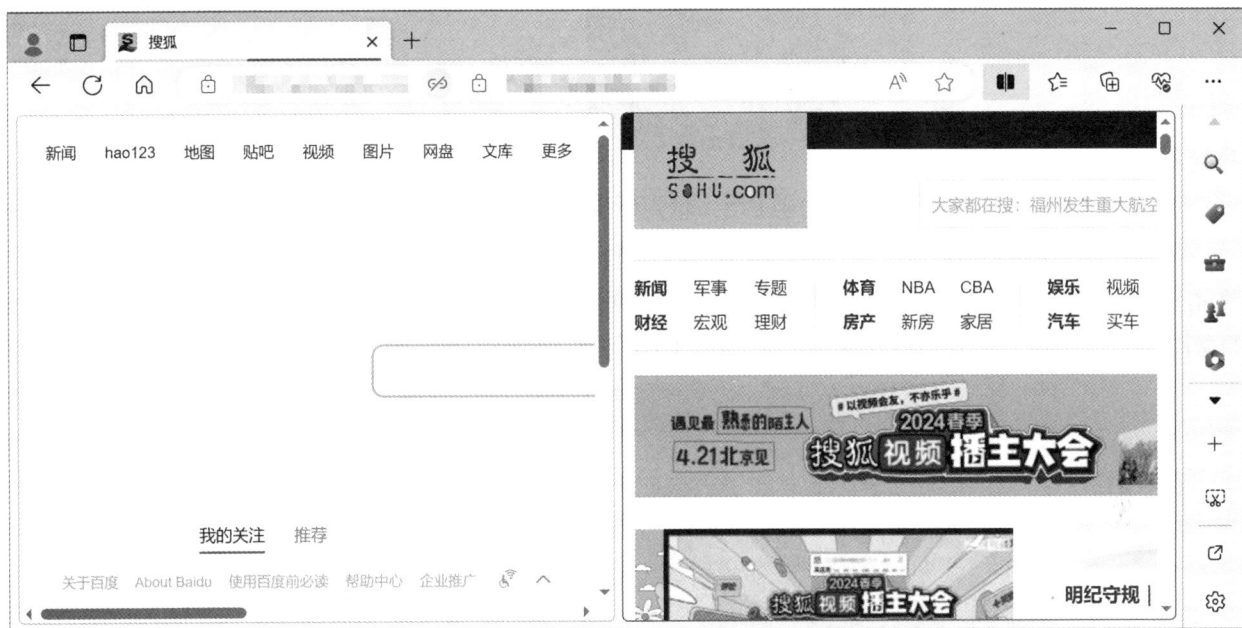

图 5-3 Edge 浏览器分屏显示窗口

设置屏幕分屏，单击 Edge 浏览器页面右上角的"..."按钮，在弹出的下拉菜单中单击"设置"命令，在设置页面的"外观"中打开"拆分屏幕"按钮的开关。通过这个开关可以设置工具栏上是否显示"分屏"按钮。

3. 集锦

集锦功能像一个高级版的网页收藏夹，它的很多特性让用户更喜欢使用它去收藏网页而不是使用收藏夹。

（1）收藏网页内容。在浏览网页时，对于比较喜欢的图片或文字，可以使用集锦收藏起来，当想调用该图片或文字时，可以通过集锦单击该图片或文字，即可跳转到特定的网页。方法是选中图片或文字，右击后在打开的快捷菜单中单击"添加到集锦"命令，即可收藏选中的内容，如图 5-4 所示。

图 5-4　将图片添加到集锦中

（2）管理集锦内容。先单击 Edge 浏览器工具栏上的"集锦"按钮，从集锦的收藏列表中单击要管理的内容，再单击该列表内容右上角的"..."按钮，根据菜单内容，可以进行删除、复制、添加备注、启用 InPrivate 浏览等，如图 5-5 所示。

图 5-5　对集锦列表内容进行管理

4．InPrivate 浏览

InPrivate 浏览功能可以帮助用户更好地保护个人隐私。在通常情况下，用户在使用浏览器浏览网站并查阅有关内容时，浏览器会记录用户的浏览信息。当其他用户在使用该计算机时，很容易知道之前的用户浏览了哪些网站，查阅了哪些内容，这就很容易暴露个人隐私。

启用 InPrivate 浏览的操作步骤为单击 Edge 浏览器右上角的"…"按钮，在下拉菜单中单击"新建 InPrivate 窗口"命令，浏览器会打开一个 InPrivate 窗口，如图 5-6 所示。用户在该窗口打开网站查阅内容时，可以根据需要打开多个网站，而且这些网站都将受到 InPrivate 浏览的保护。当结束 InPrivate 浏览时，关闭该浏览器窗口，打开的网站及浏览的内容信息将同时被清除，被清除的内容信息包括 Cookie、临时文件、历史记录及其他数据，这样就保护了用户的上网信息。InPrivate 浏览提供的保护仅在使用该窗口期间有效。

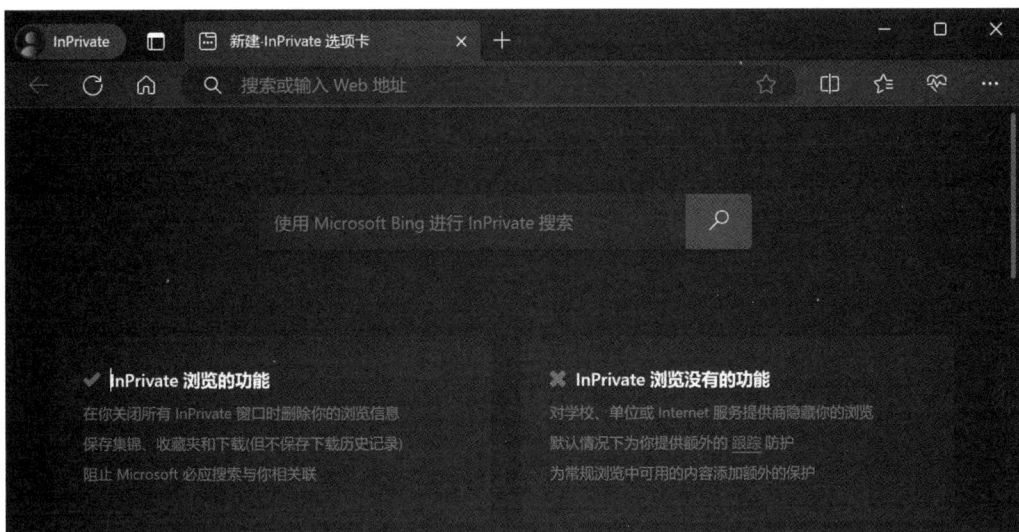

图 5-6　InPrivate 窗口

更多的 Edge 浏览器功能及设置可以直接通过浏览器右上角"…"按钮的下拉菜单进行操作。例如，通过"历史记录"命令，可以查看以前浏览过的网站，清除其中的网站；通过"下载"命令，可以打开下载内容的文件夹，查看从网站上下载的内容；更多的设置，可以通过"设置"命令来进行。

5.2.2　设置默认主页

对于经常浏览的网站，可以将其设置为浏览器的默认主页。例如，自己喜欢的网站、新闻源、搜索引擎或其他常用工具，这样每次打开浏览器时都能快速访问最常用或最感兴趣的内容，从而提升浏览体验。

【任务 1】将自己经常打开的网站设置为 Edge 浏览器的默认主页。例如，设置 https://www.hxedu.com.cn 为默认主页。

任务分析：

通过 Edge 浏览器的"设置"选项来设置默认的主页，不同版本的 Edge 浏览器可能在界面或功能上有所差异，但设置默认主页的基本步骤是相似的。

任务实施：

（1）打开 Edge 浏览器后，单击右上角的"…" 按钮，在下拉菜单中单击"设置"命令。

（2）打开"设置"界面，单击"开始、主页和新建标签页"选项，在打开的界面中选中"Microsoft Edge 启动时"下方的"打开以下页面"单选按钮。

（3）单击"添加新页面"按钮，在"添加新页面"对话框中，输入要设置为默认主页的 URL 地址，例如，输入 https://www.hxedu.com.cn，并单击"添加"按钮。

这样，就可以将指定的 URL 地址设置为 Edge 浏览器的默认主页，如图 5-7 所示。

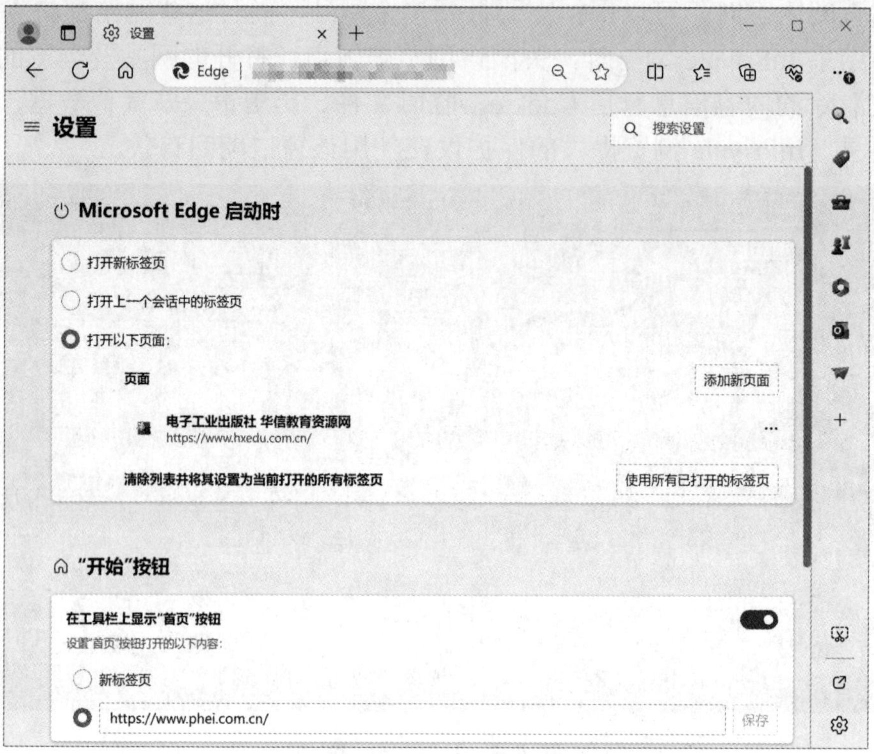

图 5-7　设置 Edge 浏览器的默认主页

以后每当打开 Edge 浏览器时，就会直接转到用户设置的默认"华信教育资源网"主页。

另外，在浏览网页的过程中，如果希望随时跳转到自己经常打开的网站，则这时可以单击工具栏上的"主页"按钮，打开指定的网页。方法是在如图 5-7 所示的设置选项的"开始"按钮下方文本框中输入自己想设置的网站地址。例如，https://www.phei.com.cn/，单击右侧的"保存"按钮即可。

通过合理设置主页，用户还可以确保浏览环境的安全和清洁。

5.2.3　收藏网页

用户可以保存喜欢的网页地址，以后在访问这些网页时，无须输入网址就能快速打开这些网页，这就需要先收藏网页，将网页添加到收藏夹中，以后就可以直接从收藏夹中选择要打开的网页，操作方法是打开要添加到收藏夹中的网页，单击工具栏右侧的"将此页面添加到收藏夹"按钮，单击"完成"按钮，即可将当前网页添加到收藏夹中。

用户可以将网页添加到默认的收藏夹中，也可以将网页添加到自己建立的文件夹中。将网页添加到指定的文件夹中，需要在如图 5-8 所示的对话框中，从"文件夹"下拉列表中选择要添加的文件夹，或单击"更多"按钮，打开"编辑收藏夹"对话框，如图 5-9 所示，单击"新建文件夹"按钮，在"收藏夹栏"下输入新建收藏夹的名字，单击"保存"按钮，这样就创建了一个新的文件夹，用户可以对网页进行分类收藏。

图 5-8　"已添加到收藏"对话框　　　　图 5-9　"编辑收藏夹"对话框

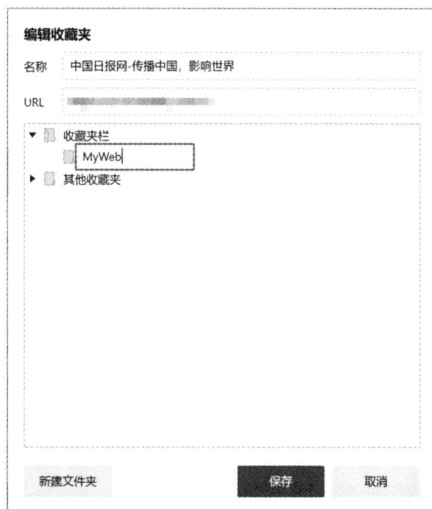

如果要打开收藏的网页，则在收藏夹列表中选择要打开的网页，如"中国日报网"，如图 5-10 所示。

图 5-10　在收藏夹列表中选择要打开的网页

5.2.4　打印网页与保存网页信息

1．打印网页

打印当前浏览网页的方法与在 Windows 10 系统中打印其他文档的方法相同，在网页中单击"文件"→"打印"命令，在"打印"对话框中单击"打印"按钮后，打印机就开始打印网页。在打印网页之前，也可以通过"文件"菜单进行页面设置或打印预览。

2．保存网页信息

用户可以保存网页上的文本或图片等信息。

（1）保存网页。

① 右击网页空白处，在弹出的快捷菜单中单击"另存为"命令，打开"另存为"对话框，如图 5-11 所示。

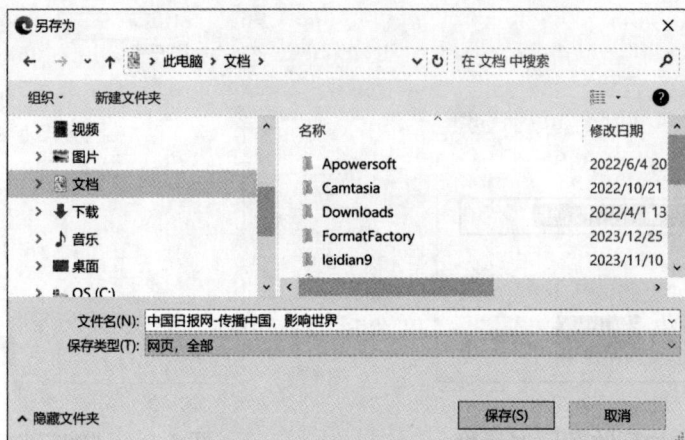

图 5-11　"另存为"对话框

② 选择用于保存网页的文件夹和文件名，在"保存类型"下拉列表框中选择文件类型。

- 网页，全部。保存该网页的全部内容，包括图像、框架和样式表等。该选项将按原始格式保存所有文件，可以脱机查看网页内容。
- 网页，单个文件。把该网页的信息保存在一个 mht 文件中，该选项更适合保存一个页面。
- 网页，仅 HTML。以 HTML 格式保存网页信息，但它不保存音频、视频等文件。

（2）保存网页中的图片。用户在浏览网页时，可以将网页中的图片保存下来。保存的操作是右击要保存的图片，在弹出的快捷菜单中单击"将图像另存为"命令，如图 5-12 所示。如果要复制该图片，则单击"复制图像"命令，即可将该图片复制到想要存放的文档中。

（3）复制网页中的文本。用户在浏览网页时，有时需要将其中的文本复制下来，单独保存或插到其他文档中。具体操作方法是打开网页，先选中要复制的文本（见图 5-13），再右击选中的文本，在弹出的快捷菜单中单击"复制"命令，如图 5-14 所示，并将复制的内容粘贴到想要存放的文档中即可。

图 5-12　单击"将图像另存为"命令

图 5-13　选中要复制的文本

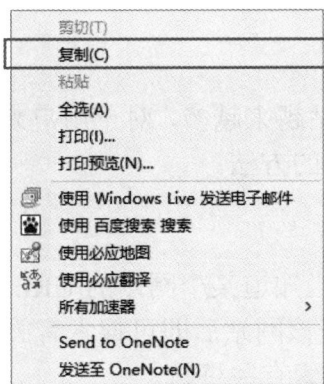

图 5-14　单击"复制"命令

试一试

（1）打开你所在学校的网页，将该网页添加到收藏夹中。

（2）打开百度首页，搜索你喜欢的内容，分别将其中的图片和文字添加到集锦中。

（3）将你常用的网页设置为主页。

（4）使用 InPrivate 窗口打开一个新的网页。

（5）使用分屏浏览功能打开两个不同的网页。

讨论与交流

（1）列举你使用的浏览器与其他浏览器的不同点。

_____

_____

（2）使用浏览器打开一个有关 AI 内容的网页，如何将网页中的一幅图片、一段文字分别保存在自己的文档中？

_____

_____

任务 5.3　网络搜索

问题与思考

- 如何上网搜索你所需要的资料？
- 搜索到资料后如何下载？

Internet 提供了丰富的资源，用户可以通过门户网站上的搜索引擎或专业的搜索网站搜索需要的资料。找到资料后可以对其进行浏览、保存或下载。

5.3.1 搜索资料

随着 Internet 的发展，Web 网站越来越多，对于用户来说，总希望能以快捷的方式搜索需要的资料。下面是常见的搜索资料的方法。

1．利用地址栏进行搜索

（1）利用网站的 URL 地址。当知道某个网站的 URL 地址时，可以直接在地址栏中输入其 URL 地址，并按 Enter 键，打开该网站后即可搜索有关资料。例如，登录当地政府主管部门的门户网站，在该网站上可以搜索有关资料。

（2）利用网站的中文名称。当知道网站的中文名称时，可以直接在地址栏中输入其中文名称进行搜索。例如，要搜索全国职业院校技能大赛的有关资料，则可以直接在地址栏中输入"全国职业院校技能大赛"，并按 Enter 键，就会直接打开搜索引擎，列出与全国职业院校技能大赛有关的资料，包括门户网站、技能大赛相关信息等，从中可以打开相关网站进行查阅。

2．在门户网站内搜索

现在大部分门户网站都带有搜索引擎，如政府网站、业务主管网站、商业门户网站、行业企业网站等都有自己的搜索引擎，在搜索栏中输入关键字或词组进行搜索，即可在该网站查阅有关内容。例如，如果要了解当地中小企业纳税方面的内容，则可以登录当地税务主管部门的网站，搜索当地有关税收方面的最新文件、政策解读、通知公告等内容；如果想要详细了解某一方面的内容，则可以在搜索栏中输入关键字进行搜索。下面以在电子工业出版社网站查阅教材为例，介绍在门户网站内搜索资料的方法。

【任务 2】在电子工业出版社网站内搜索数据库方面的教材，以供学校师生选用。

任务分析：

在政府网站或企业的门户网站内搜索信息时，网站首页通常有搜索引擎，通过该搜索引擎搜索的信息更加准确、可靠。例如，在政府网站内搜索有关通知、文件等。

任务实施：

（1）在浏览器地址栏中输入电子工业出版社网址（https://www.phei.com.cn），打开电子工业出版社网站，在网站的搜索栏中输入关键词"数据库"。

（2）输入关键词后直接按 Enter 键或单击"搜索"按钮，打开搜索结果列表，如图 5-15 所示。

（3）如果想要了解某本教材的详细内容介绍，在列表中单击该教材，则可查看该教材的出版时间、内容简介、目录、单价等。

3．利用搜索引擎网站进行搜索

搜索引擎是指根据一定的策略运用特定的计算机程序搜集互联网上的信息，在对信息进行组织和处理后，为用户提供检索服务的系统。搜索引擎包括全文索引、目录索引、元搜索引擎、垂直搜索引擎、集合式搜索引擎、门户搜索引擎和免费链接列表等。目前，常用的搜索引擎有百度、搜狗、360 搜索、微软 Bing 等。下面以百度为例，介绍利用专业搜索引擎网站搜索资料的方法。

图 5-15　网站的搜索结果列表

（1）打开浏览器，在地址栏中输入百度网址，打开百度搜索引擎，如图 5-16 所示。

图 5-16　百度搜索引擎

（2）如果要下载 WPS 办公软件，则在搜索框中输入关键词"WPS"，按 Enter 键或单击"百度一下"按钮即可，搜索结果列表如图 5-17 所示。搜索的资料可以分为网页、资讯、图片、视频、贴吧、知道、文库和地图等类型。

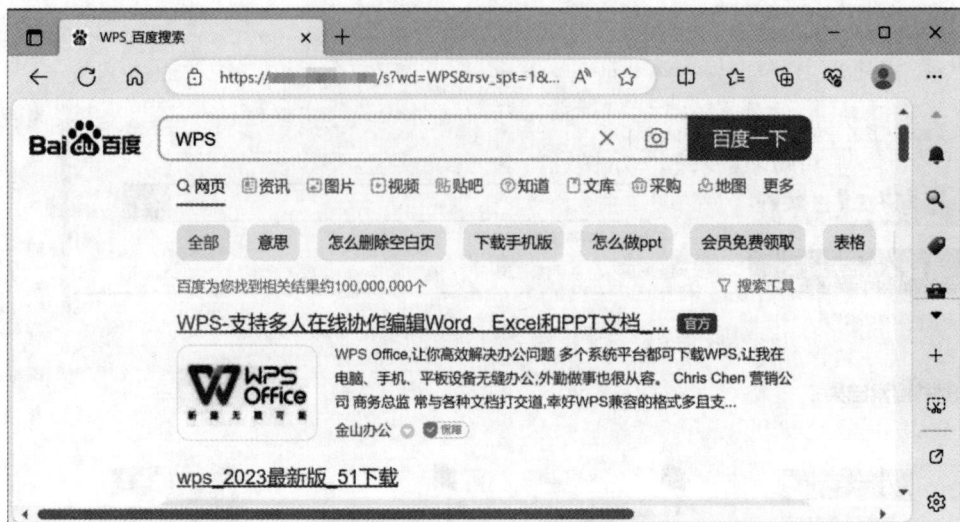

图 5-17　百度搜索结果列表

（3）在搜索结果列表中列出了有关 WPS 的官方网站、下载网站、论坛和其他信息。通过拖曳垂直滚动条，可以看到下面的搜索结果分页。如果搜索结果很多，当前页没有适合的搜索结果，则可以通过网页下方的"下一页"按钮或切换到指定的页面进行浏览。网页下方还给出了与搜索内容相关的搜索关键词，可以单击要搜索的关键词进行搜索。

（4）单击 WPS 提供的官方网站链接（见图 5-17 中的首个链接），打开该网站主页，如图 5-18 所示，通过该网站可以了解金山公司的产品及服务等信息。

图 5-18　WPS 金山办公官方网站主页

知识拓展

人工智能搜索引擎

随着人工智能技术的不断发展，越来越多的搜索引擎开始使用人工智能，以为用户提供更精准的搜索结果和更好的搜索体验。下面介绍几种关键的人工智能技术。

1. 自然语言处理技术

自然语言处理技术主要包括语音识别、语义分析和意图识别等技术，使用自然语言处理技术可以帮助搜索引擎更好地理解用户的搜索关键词和搜索意图，从而更好地为用户提供精准的搜索结果。

2. 机器学习

机器学习是人工智能技术中的重要分支，可以让搜索引擎根据用户的搜索历史和反馈数据自动调整搜索结果的排序，提高搜索结果的精准度和适配性。

3. 图像识别技术

随着搜索引擎的广泛应用，图像搜索也变得越来越流行。图像识别技术可以让搜索引擎更好地识别和理解图片，从而为用户提供更丰富的搜索结果和更好的搜索体验。

4. 智能问答技术

智能问答技术是人工智能技术的又一重要应用领域，可以让搜索引擎提供更智能的交互和服务。智能问答技术可以让搜索引擎更好地回答用户的问题，提供更具针对性的服务。

人工智能的算法、算力、数据与场景已成为数字经济发展的核心能力，是加速数字产业化和产业数字化进程的重要力量，蓬勃发展的人工智能大模型无疑是其中的集大成者。华为"盘古"、百度"文心一言"、科大讯飞"星火"、中国科学院"紫东太初"……2023年5月发布的《中国人工智能大模型地图研究报告》显示，中国研发的大模型数量排名全球第二，10亿参数规模以上的大模型已发布79个。行业预测，未来几年中国人工智能将进入大规模落地应用关键期。

总结起来，人工智能技术可以提高搜索引擎的搜索准确率，并且结合自然语言处理、机器学习、图像识别和智能问答等技术，为用户提供更好的搜索体验。

5.3.2　网上下载

1. 从网站上下载

网络资源下载给用户带来了很多便利，但也需要用户保持警惕和注意安全。选择正规的下载平台（例如，官方网站、知名软件下载网站、应用商店等）、注意版权问题、仔细阅读用户协议和隐私政策、注意下载链接的真实性、使用杀毒软件进行扫描、注意资源的来源及保持及时的系统和应用更新等措施，都可以帮助用户比较安全地下载网络资源。只有确保下载的网络资源安全可靠，才能更好地享受互联网带来的便利。

【任务3】从专业网站（如华军软件园-软件下载中心网站）下载"微信电脑版"应用软件。

任务分析：

专业网站按类别提供了大量的系统及应用软件供用户选择。如果不知道要下载的应用软件名称，则可以根据应用软件类别，逐层分级进行查找，直到找到需要的应用软件为止。"微信电脑版"应用软件属于聊天类应用软件，可以从该类别的应用软件中进行查找，同时发现不同的聊天类应用软件，如"腾讯会议"等，用户可以根据需要进行下载。

任务实施：

（1）打开华军软件园-软件下载中心网站，其首页如图5-19所示。如果知道要下载的应用软件名称，则可以在右上侧的搜索框中输入应用软件名称，搜索后根据导航进行下载；如果要查找具体的名称，则单击左下侧"软件分类"右侧的"更多"链接，在打开的页面中根据应用软件分类查找要下载的应用软件，如图 5-20 所示，单击"聊天软件"链接，继续查找要下载的应用软件，直到找到"微信电脑版"链接。

图 5-19　华军软件园-软件下载中心首页

图 5-20　电脑软件分类页面

（2）单击首页中的"微信电脑版"链接，打开微信电脑版下载页面，如图 5-21 所示，单击"立即下载"按钮，根据网页提供的下载链接，选择一个链接，将该应用软件保存到计算机当前用户的下载文件夹中。

图 5-21 微信电脑版下载页面

（3）打开下载文件夹，运行下载的文件，安装该应用软件。

提示

互联网上有许多下载网站，但并不是所有的下载网站都是安全可靠的。建议选择专业网站或知名的应用软件下载网站来获取应用软件。这些网站通常会对应用软件进行扫描和验证，以确保其没有病毒或恶意代码。此外，注意在下载应用软件时要避免单击不明来源的链接，以免下载到恶意软件。

2．使用下载软件下载

如果计算机中安装了迅雷等下载软件，则可以使用下载软件进行下载，下载软件的下载速度比普通下载方式的下载速度要快。例如，使用迅雷下载"钉钉"应用软件的方法是当搜索到需要的应用软件时，在网页上通常提供普通下载、高速下载、迅雷下载等链接，单击相应的链接或选择使用迅雷下载，打开下载任务对话框，如图 5-22 所示。

图 5-22 下载任务对话框

确定保存应用软件的路径后，单击"立即下载"按钮，打开迅雷下载窗口开始下载，下载结束后，就可以安装并运行该应用软件。除了使用迅雷下载应用软件，还可以使用其他下载软件下载应用软件。

提示

常用的下载软件很多，如迅雷、QQ 旋风、比特彗星、比特精灵、Free Download Manager 等，这些下载软件各具特点，需要灵活使用。

3. 使用第三方软件下载

除了通过专业网站、门户网站、下载软件下载应用软件，还可以使用第三方软件提供的下载链接进行下载。例如，国内很多用户的计算机上安装了 360 安全卫士，可以通过该软件下载应用软件。操作方法是在"360 安全卫士"窗口中单击"软件管家"菜单工具按钮，打开"360 软件管家"窗口，左侧窗格提供了下载软件分类，从分类中可以选择要下载的应用软件，或者在搜索框中输入要下载的应用软件名称，打开应用软件所在的下载窗口，如图 5-23 所示。

图 5-23　下载窗口

下载窗口右侧提供了应用软件下载按钮，分为"打开软件"、"下载"和"一键安装"等，"打开软件"是指该应用软件已下载，但还未打开，单击"打开软件"按钮即可直接打开该应用软件；单击"下载"按钮即可下载所选择的应用软件，并自行安装；单击"一键安装"按钮即可直接在计算机中安装该应用软件。这样就可以使用第三方软件快速下载所需要的应用软件了。对于特殊的应用软件，一般还要到专业网站或官方网站上下载，有些应用软件在使用时还需支付一定的费用。

试一试

（1）在百度上搜索一首你喜欢的 MP3 歌曲，并保存到计算机上。

（2）使用 360 搜索引擎搜索"计算机等级考试官网"网站，查找并下载最新版"一级计算机基础及 WPS Office 应用考试大纲"。

（3）从网络上下载"360 安全卫士"应用软件。

讨论与交流

（1）要想从网络上下载一个应用软件，常用的方法有哪些？

（2）从网络上下载一个应用软件并安装到计算机上，应注意哪些问题？

任务 5.4　收发电子邮件

问题与思考

- 你有哪些电子邮箱？你是如何申请电子邮箱的？
- 如何通过门户网站收发电子邮件？

电子邮件（E-mail）是一种通过电子手段提供信息交换的通信方式，是互联网上应用十分广泛的服务。电子邮件以其传递速度快、使用便捷、功能强大、成本低廉、交流范围广、比较安全等优点迅速成为网上用户的主要通信手段。

目前电子邮箱可以分为个人邮箱、企业邮箱及自建域名邮箱等。

个人邮箱。主要针对个人用户提供个人免费电子邮箱服务，可以用来发送文本、图片、音频文档、视频文档、压缩文件等，用于交流沟通。电子邮箱可以自动接收网络上任何电子邮箱所发送的电子邮件，并能存储规定大小的多种格式的电子邮件。

企业邮箱。主要面向企业级用户，可以解析企业自有域名作为电子邮箱域名后缀，并可以通过管理员后台添加、修改或删除成员电子邮箱地址，同时具备部门划分、建立邮件群组、OA 管理等功能。企业使用企业邮箱一方面方便员工管理信息，另一方面也有利于企业重要资源的妥善保存。现在很多机关事业单位员工大都也被分配并使用统一的电子邮箱。

自建域名邮箱。由一些 IT 技术达人自己搭建的邮件系统，并解析申请的域名作为电子邮箱域名后缀。由于开发者技术水平高低不同，因此在邮件系统的功能和安全上会有所差异。

本任务将介绍如何申请电子邮箱，以及发送与接收电子邮件的方法。

5.4.1　申请电子邮箱

在使用电子邮件之前需要先申请一个电子邮箱，并为这个电子邮箱设置密码。电子邮箱地址的格式是用户名@电子邮件服务器名。例如，电子邮箱"×××7788@163.com"，由用户名"×××7788"、@（读作 at）分隔符和电子邮件服务器名"163.com" 3 部分组成。用户名一般由字母、数字等组成，字母不区分大小写。目前，Internet 上提供免费电子邮箱服务的 ISP 有很多，有些综合网站提供了免费的电子邮箱服务，如网易、新浪、搜狐等。

【任务 4】在信息时代，每个人都应该有一个电子邮箱，便于交流信息，如果你还没有电子邮箱，则可以在经常使用的门户网站上申请一个，本任务是在网易网站上申请免费的电子邮箱。

任务分析：

用户申请电子邮箱，除了特殊的要求，往往选择大型的邮件服务提供商，以确保电子邮箱的安全性。一般在经过选择邮件服务提供商、进入申请页面、填写个人信息、输入验证信息、同意服务条款等步骤后，即可完成电子邮箱的申请。

任务实施：

（1）在浏览器地址栏中输入网易官网网址，登录网易主页，单击菜单栏中的"注册免费邮箱"按钮，打开网易邮箱首页，或者输入网易163免费邮箱网址，根据提示注册网易邮箱，如图5-24所示。

图 5-24　注册网易邮箱

（2）首先根据要求输入邮箱地址的用户名，一般由字母、数字组成，并选择电子邮件服务器163.com、126.com或yeah.net；然后输入打开电子邮箱时的密码，并在输入手机号码文本框中输入自己的手机号；最后勾选"同意《服务条款》、《隐私政策》和《儿童隐私政策》"复选框，并单击"立即注册"按钮，根据短信进行回复确认后，出现电子邮箱注册成功信息，如图5-25所示。

图 5-25　出现电子邮箱注册成功信息

在上述操作过程中，如果输入的用户名已经被占用，则网站的服务器系统会给出信息提示，要求重新输入用户名；如果输入的密码过于简单，则网站的服务器系统也会要求重新输入密码。

（3）单击"进入邮箱"按钮，打开电子邮箱服务窗口，即可进行电子邮件的发送与接收。

ⅰ 提示

为节省网络资源，请勿随意在网站上申请多个电子邮箱，以免造成网络资源浪费，给他人使用电子邮箱带来不便。

5.4.2 发送与接收电子邮件

1．登录电子邮箱

用户获得免费的电子邮箱后，需要先登录才能使用电子邮箱，下面介绍使用浏览器登录电子邮箱的方法。

（1）打开浏览器，在地址栏中输入网易 163 免费邮箱网址，按 Enter 键后打开网易邮箱首页。

（2）将鼠标指针指向网页的"登录"按钮，出现"登录"信息窗口，输入用户邮箱的用户名和密码，单击"登录"按钮，即可登录电子邮箱，如图 5-26 所示。

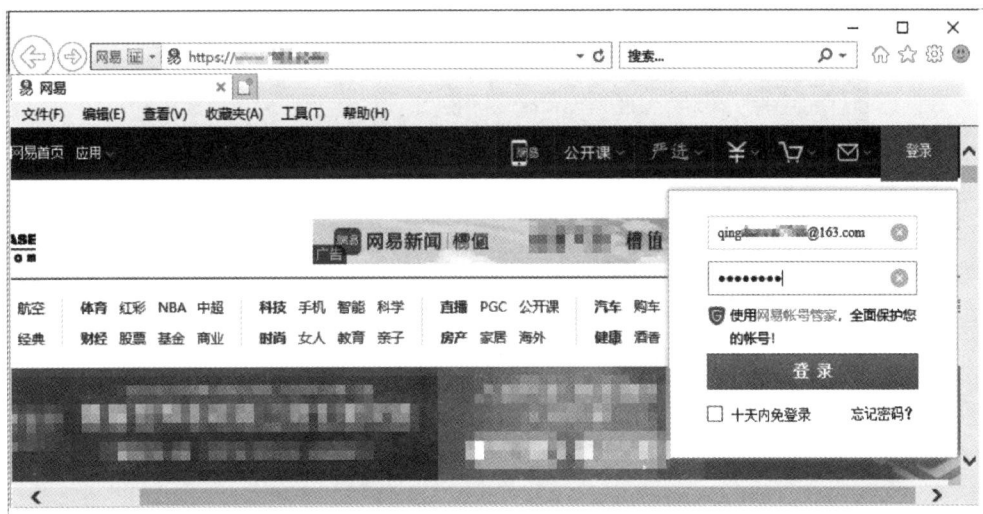

图 5-26 登录网易 163 免费邮箱

2．撰写和发送电子邮件

在登录电子邮箱后，就可以使用浏览器撰写和发送电子邮件，下面以网易 163 免费邮箱为例介绍使用方法。

【任务 5】使用电子邮箱给同学或朋友发送一封邮件。

任务分析：

申请电子邮箱后，应该记住电子邮箱的用户名和密码，一旦忘记用户名和密码，在找回时会比较麻烦。

任务实施：

（1）登录电子邮箱。打开网易主页，登录电子邮箱，打开网易 163 免费邮箱窗口，如图 5-27 所示。

（2）撰写电子邮件。单击窗口左侧的"写信"按钮，打开撰写电子邮件窗口，在"发件人"文本框中会显示发件人的电子邮箱地址，在"收件人"文本框输入收件人的电子邮箱地址，在"主题"文本框中输入电子邮件主题，在下面空白处输入电子邮件正文内容，如图 5-28 所示。

图 5-27　网易 163 免费邮箱窗口

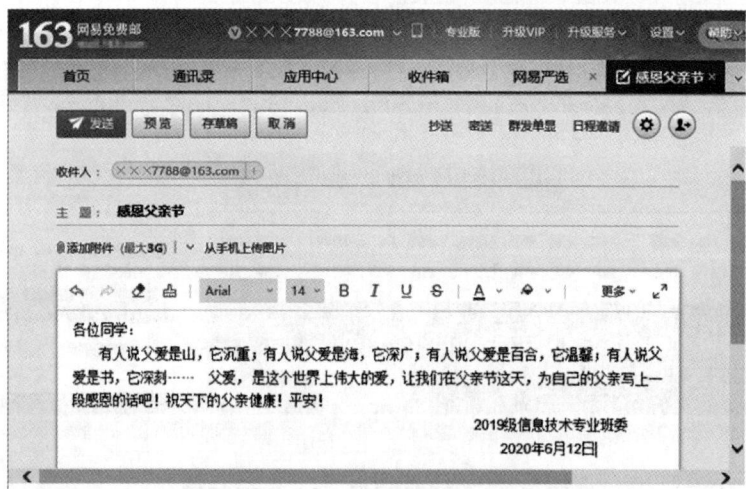

图 5-28　撰写电子邮件窗口

（3）如果想要把电子邮件同时发给多个人，则可以单击"抄送"按钮或"密送"按钮，输入抄送人的电子邮箱地址或密送人的电子邮箱地址。抄送和密送的区别在于抄送人收到电子邮件时会看到该邮件同时发送给了哪些人（电子邮箱地址）；而密送人收到电子邮件时不知道该邮件还发给了哪些人（电子邮箱地址）。密送是个很实用的功能，假如用户一次向成百上千位收件人发送电子邮件，则最好采用密送方式，这样可以保护每个收件人的电子邮箱地址不被其他人获取。抄送或密送的多个电子邮箱地址之间通常用分号（半角）分隔。

如果想把一个文档、图片、音频、视频等文件随电子邮件一起发送给对方，则可以单击"添加附件"按钮，即可添加附件。

（4）写完电子邮件后，单击下面的"发送"按钮可以立刻将电子邮件发出，并在窗口中出现"发送成功"提示信息。

如果短时间内写不完电子邮件，则单击"存草稿"按钮，可以把电子邮件暂存到草稿箱中，待下次登录后，在草稿箱中双击该电子邮件主题，即可打开撰写电子邮件窗口继续编辑电子邮件。

3．接收电子邮件

在网易 163 免费邮箱窗口中，单击左侧的"收信"按钮，打开收件箱窗口，在窗口右侧显示电子邮件清单列表，尚未阅读的电子邮件会加粗显示，如图 5-29 所示。在收件箱窗口中，选择一封电子邮件，单击该电子邮件主题可以打开这封电子邮件。如果电子邮件带有附件，则可以单击在附件栏右侧出现的"下载附件"按钮，把附件下载到本地计算机的指定目录中。

图 5-29　收件箱窗口

4．回复电子邮件

在接收到电子邮件后，一般都要给发件人进行回复，表示你已经收到电子邮件或写明对收到电子邮件内容的处理意见等。以网易 163 免费邮箱为例，在收到并打开电子邮件后，窗口右侧出现"回复"按钮和"回复全部"按钮。单击"回复"按钮，打开撰写电子邮件窗口，撰写要回复的内容，其中在"主题"文本框中可以看到原来的主题前自动添加了"Re:"，表示这是一封回复邮件，如图 5-30 所示，单击"发送"按钮，发送回复邮件。如果单击"回复全部"按钮，则会回复给接收该邮件的所有人（包括抄送人、密送人）。

如果用户出差在外或临时不能接收电子邮件，出于对发件人的礼貌，当收到电子邮件时应及时告知对方已收到电子邮件，这时可以为电子邮箱设置自动回复功能。以网易 163 免费邮箱为例，打开电子邮箱，单击"设置"→"常规设置"命令，显示邮箱设置窗口，如图 5-31 所示。

图 5-30 回复邮件

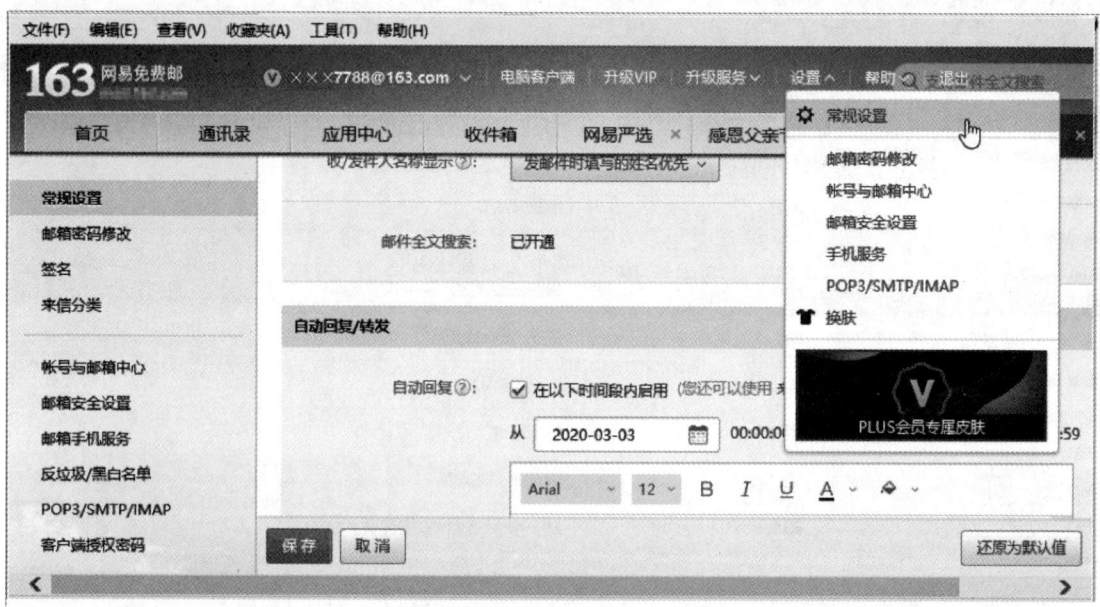

图 5-31 邮箱设置窗口

首先拖曳滚动条到"自动回复/转发"选区，然后勾选"在以下时间段内启用"复选框，在文本框中输入要自动回复的内容，最后单击"保存"按钮。设置完成后，每当收到电子邮件时系统就会自动回复设置的内容。

5．转发电子邮件

打开收到的电子邮件后，可以把该邮件转发给其他人。操作方法是打开电子邮件，单击窗口中的"转发"按钮，在"收件人"文本框中输入要转发的收件人邮箱地址，"主题"文本框前会自动添加"Fw:"标识，在撰写电子邮件窗口中可以写上新的邮件内容，并且原电子邮件出现在窗口的下方，如图 5-32 所示。

图 5-32 转发电子邮件

在网易等免费电子邮箱的撰写电子邮件窗口中，还可以把电子邮件作为原电子邮件或附件转发。

提示

如果要删除收到的电子邮件，则可以在收件箱中选中要删除的电子邮件，单击"删除"按钮即可删除该邮件。

试一试

（1）撰写一封电子邮件并发给同学，通知对方你已经拥有了电子邮箱。

（2）撰写一封带有附件的电子邮件。例如，把一首 MP3 歌曲作为附件发给同学。

（3）接收同学发来的电子邮件，并将该邮件转发给其他同学。

（4）删除收件箱中的广告等垃圾邮件。

讨论与交流

（1）与同学交流一下电子邮箱地址中每部分的构成含义。

_____

_____

（2）在学习过程中经常使用电子邮箱有哪些好处？

_____

_____

任务 5.5　网络购物

问题与思考

- 你知道常见的购物网站都有哪些吗？
- 在通过网络购物时，应注意哪些事项？

网络购物已逐渐融入人们的生活之中，在网上可以买到日常生活中的各种用品。由于网络购物方便、价格相对较低，且具有较好的服务方式，因此已成为人们购物的新常态。

网络购物在许多方面不同于传统购物，包括挑选物品、主体身份、支付和验货等。网络购物的主要步骤：①选择购物平台（商城或网店）；②登录账号（如果没有，则需要先注册账号）；③挑选商品；④与卖家协商交易事宜；⑤选择支付方式；⑥收货、验货；⑦付款；⑧评价。如果收到货后不满意，则可以选择退换货，甚至进行维权。下面以淘宝网为例，介绍网络购物的过程。

5.5.1　用户注册和用户登录

如果用户没有淘宝账户，则需要先注册一个。打开淘宝网首页，单击"免费注册"按钮，按步骤填写成功后就拥有了一个用户名和密码。用户注册后可以使用该账户登录淘宝网，如图 5-33 所示，并下载一个在线聊天工具——淘宝旺旺。

在用户注册支付宝账户时，需要有一张银行卡并开通网上银行业务，在支付宝账户中绑定银行卡，待该支付宝账户注册成功后，用户可登录支付宝设置相关信息。

图 5-33　注册账户并登录

5.5.2 网上购物

（1）用户登录淘宝网后，在首页按类别选择或者直接搜索自己喜欢的商品，淘宝网会列出相关商品列表。用户选择喜欢的商品，进入卖家店铺，查看卖家的信用度和好评率。信用度只能作为在淘宝网购物时的一个参考，用户应综合考虑卖家的信用、商品质量、价格、运费等因素。

（2）在网购时不要直接拍下商品，用户应该按照页面上提供的联系方式（如旺旺、QQ、微信等）与淘宝卖家取得联系，确认是否有货和商品的品质等细节，此外还可以跟卖家商谈价格。

（3）在选购商品时，如果用户暂时还不购买，则可以将选购的商品放置在购物车中，待确定后直接购买或与其他商品一起付款。如果确定购买，则单击商品展示页面的"立即购买"按钮，如图 5-34 所示。

图 5-34　购买商品

（4）确认订单信息后（包括送货地址、收件人、商品的种类、价格等），单击"提交订单"按钮，登录支付宝后确认付款到支付宝（该支付平台是用户先把款项汇入第三方账户，只有在收到商品且确认商品与卖家承诺一致后，支付宝才会把款项汇入卖家账户）。

提示

如果用户要查看自己已买到的商品，则可以在淘宝网页面单击"我的淘宝"下拉列表中的"已买到的宝贝"选项，在打开的列表中显示用户最近购买的商品，用户也可以查看购买商品的信息、订单号、购买时间、物流情况等。

（5）在收到商品后，用户应及时确认商品是否与卖家承诺一致，最好当着快递员的面拆封并检查商品，如果有任何损坏，则需要与快递公司联系，明确各方责任。如果商品质量有问题，则可以要求退货或更换。

5.5.3 付款和评价

经检查确认商品无误后再付款。付款时需要输入支付宝的密码等信息，输入正确后支付宝将该商品的款项汇入卖家账户，而买家可以就商品是否与卖家承诺一致、卖家的服务态度、卖家的发货速度对卖家进行评价，这有助于提高双方的信誉，也为其他用户购物提供了参考。

在网上购物时，买家要坚持一个原则——使用支付宝付款或货到付款，不要直接汇款。特别是在购买大件商品或价格较高的商品时，要防止假货或上当。同时要保管好自己的银行卡及密码、淘宝账户及密码、支付宝账户及密码等。除了淘宝网，还可以在京东、苏宁易购、当当网等平台上购买商品。

试一试

（1）在淘宝网上购买自己需要的学习文具。

（2）在京东或当当网上购买自己喜爱的图书。

讨论与交流

（1）你经常通过哪些网站购买商品？

_____

_____

（2）列举几种购物网站，说说其购物方式有什么不同。

_____

_____

任务 5.6　设置 Internet 安全

问题与思考

- 你是否考虑过将计算机设置为禁止访问某些网站？
- 如何将计算机设置为不能访问某些网站？

在 Internet 上用户可以浏览查看各种信息，这为其工作、学习和生活带来了极大的便利。但也有一些站点带有不良内容、计算机病毒等，这些都将给用户的计算机造成损害，给他们的工作、学习和生活带来影响。因此，用户应该学会对浏览器进行安全设置，确保上网安全。

5.6.1　设置站点的安全级别

浏览器按区域划分 Internet，以便用户将 Web 站点分配到具有适当安全级的区域中。目前有 Internet、本地 Intranet、受信任的站点和受限制的站点 4 种区域，其中本地 Intranet 被称为企业内部网，通常建立在一个企事业单位内部并为成员提供信息共享和交流等服务。用户可以自定义某个区域中的安全级别设置。

（1）打开浏览器，单击"工具"→"Internet 选项"命令，打开"Internet 选项"对话框，选择"安全"选项卡，如图 5-35 所示。

（2）选择一个区域。例如，选择"受信任的站点"区域，单击"自定义级别"按钮，打开"安全设置 - 受信任的站点区域"对话框，如图 5-36 所示。

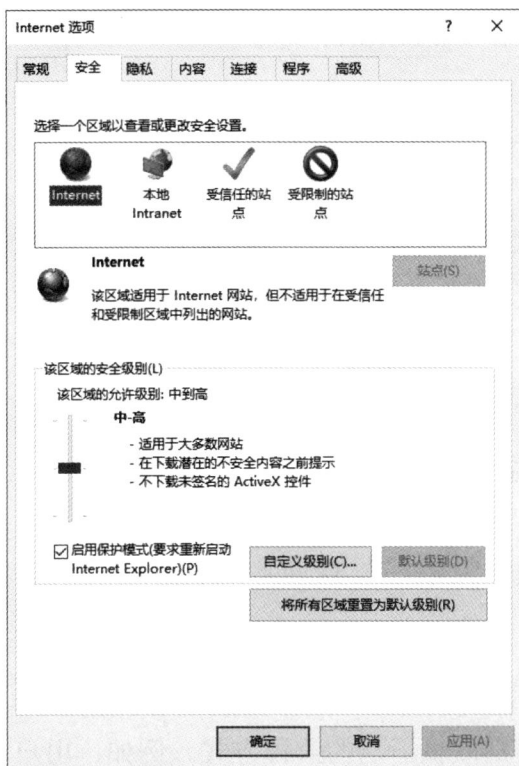

图 5-35　"安全"选项卡

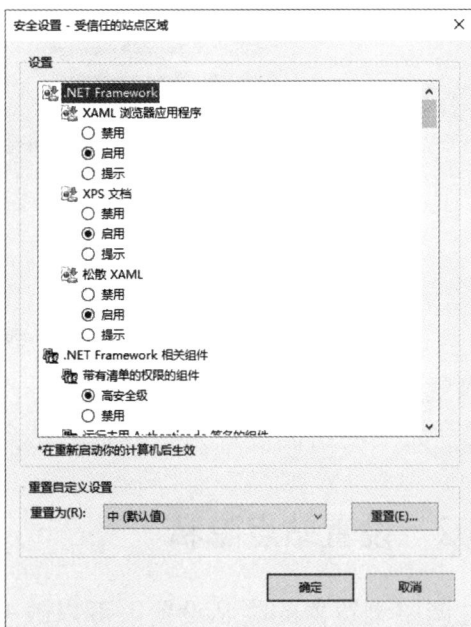

图 5-36　"安全设置 - 受信任的站点区域"对话框

（3）在"设置"选区的列表框中选择要定义安全设置的选项，并在"重置自定义设置"选区的"重置为"下拉列表中选择一种安全级别，并单击"确定"按钮。

试一试

浏览器 Internet 区域中的安全级别默认设置为"中-高"，如果设置得太低，则网页上的插件或恶意代码就会很随意地加载到本地计算机中，导致计算机中病毒，用户可以尝试分别设置安全级别。

用户可以将一些 Web 站点添加到受信任的站点区域或受限制的站点区域中。例如，将某网站设置为受信任的站点，方法是先单击"安全"选项卡中的"受信任的站点"按钮，再单击"站点"按钮，打开"受信任的站点"对话框，如图 5-37 所示，将受信任的网站添加到区域列表中，如添加 http://www.phei.com.cn。

如果勾选对话框下面的"对该区域中的所有站点要求服务器验证(https:)"复选框，则输入网址中的 http 需要改为 https，否则会报错。如果网址以 http:开头，则不需要勾选"对该区域中的所有站点要求服务器验证(https:)"复选框；如果网址以 https:开头，则需要勾选该复选框。受信任站点的权限较高，请勿轻易把网站添加到受信任站点列表中。

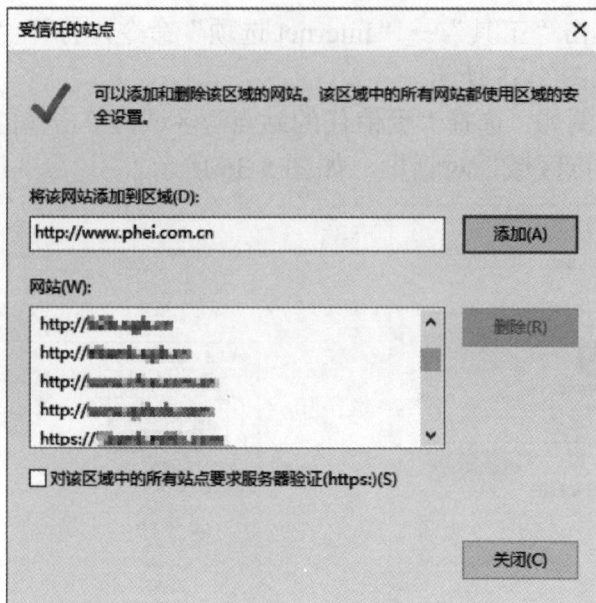

图 5-37 "受信任的站点"对话框

将网站添加到受信任的站点列表后,浏览器就会取消对网站的限制,添加前要确保网站的可信度。如果网站被设置为受限制的站点,则该网站不能打开,这通常用于设置恶意网站。

5.6.2 设置站点隐私

通过调整浏览器的隐私设置,可以改变网站对用户联机活动的监视方式。例如,用户可以决定存储哪些 Cookie,站点在什么情况下可以通过何种方式使用用户的位置信息,以及阻止不需要的弹出窗口。

在"Internet 选项"对话框的"隐私"选项卡中可以设置与个人隐私有关的选项,如图 5-38 所示。其中"站点"按钮是针对某个网站设置隐私操作的,单击该按钮,在弹出的"每个站点的隐私操作"对话框中有"阻止"和"允许"两个选项,如果想取消对某个网站的设置,则可以选择该网站后单击"删除"按钮,如图 5-39 所示。

"隐私"选项卡中的"高级"按钮是针对第一方 Cookie 和第三方 Cookie 进行相关设置的,单击该按钮会弹出"高级隐私设置"对话框,如图 5-40 所示。所谓 Cookie 是指网站存放在计算机中的小文本文件,其中存储的是用户的相关信息。Cookie 可以让网站记住用户的喜好或让用户避免在每次访问某网站时都进行登录,从而可以改善用户的浏览体验。但有些 Cookie 可能会跟踪用户访问过的网站,从而危及用户的隐私安全。

"隐私"选项卡中的"位置"选区用于定位服务,表示是否允许网站访问用户的物理位置。例如,地图网站可能请求访问用户的物理位置,以便将用户的位置放在地图中央。当某个网站要使用用户的位置时,浏览器会给出提示,通常是"允许一次"或"始终允许"。

"弹出窗口阻止程序"选区用于限制或阻止访问的网站。用户可以选择阻止级别,启用或禁止弹出窗口阻止通知,也可以视需要创建弹出窗口不受阻止的网站列表。

图 5-38 "隐私"选项卡

图 5-39 "每个站点的隐私操作"对话框

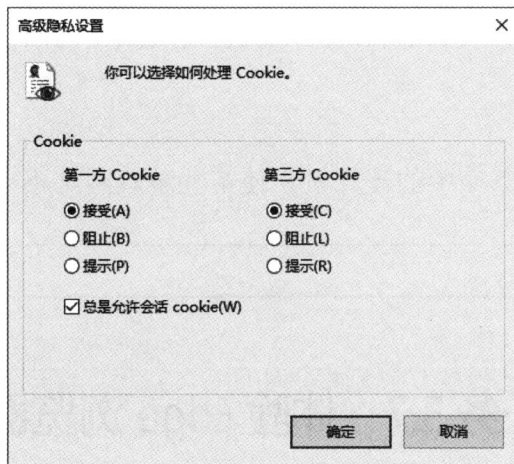

图 5-40 "高级隐私设置"对话框

"InPrivate"选区用于设置当用户使用 InPrivate 模式浏览时是否禁用工具栏和扩展栏。

另外,"Internet 选项"对话框中的"内容"选项卡用于设置证书、自动完成、源和网页快讯;"连接"选项卡用于设置和网络连接有关的选项,包括 Internet 连接设置、拨号和虚拟专用网络设置、局域网设置;"程序"选项卡用于设置浏览器打开链接的方式和浏览器的加载项等信息;"高级"选项卡用于设置浏览器的高级选项,如图 5-41 所示。这些选项对于浏览器的影响较大,建议不要随意更改。如果因更改设置导致浏览器异常,则可以单击"还原高级设置"按钮,将高级设置还原至系统默认状态。

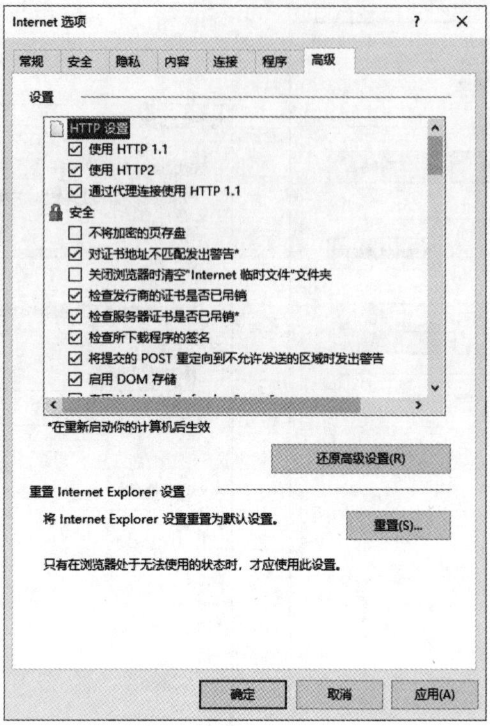

图 5-41　"高级"选项卡

试一试

（1）将学校的网站设置为受信任的站点。

（2）将你认为的对青少年成长不利的网站设置为受限制的站点，安全级别设置为"高"。

讨论与交流

请你帮助一位家长设置其家中的计算机，使某些游戏网站不能让儿童打开。

任务 5.7　体验 Edge 浏览器

问题与思考

* 你使用过微软公司的 Edge 浏览器吗？
* 当你浏览某个网页时，是否想在网页的某个位置上做笔记？

　　Edge 浏览器是微软公司旗下的一款浏览器，与 IE 浏览器同时集成在 Windows 10 系统内，用户可以根据个人喜好进行使用。Edge 浏览器采用了全新的渲染引擎，占用内存少，浏览速度大幅提升。

单击任务栏上的 Edge 浏览器图标，即可打开 Edge 浏览器，其界面如图 5-42 所示。Edge 浏览器界面比较简洁，包括标签页、主页键、预览标签页、"设置"按钮等。

图 5-42　Edge 浏览器界面

部分界面元素及按钮的含义如下。

- 显示标签页：将隐藏的网页全部或部分显示出来。
- 隐藏标签页：将打开的网页全部隐藏起来。
- 主页键：单击该按钮，打开默认的主页。
- 预览标签页：单击该下拉箭头，以缩略图的形式预览打开的标签页，如图 5-43 所示。
- "设置"按钮：对 Edge 浏览器的一些功能和选项进行设置。
- "备注"按钮：单击该按钮，可以在当前的页面上做笔记、书写、涂鸦等。
- "收藏夹"按钮：将当前打开的页面收藏起来，或者从已收藏的列表中选择要打开的网页。

图 5-43　以缩略图的形式预览标签页

5.7.1　阅读体验

Edge 浏览器提供了阅读视图模式，可以自动过滤广告、无关的文字内容和图片，使用户能够专注于阅读网页内容。不仅如此，Edge 浏览器还可以自动调整网页内容的字间距、行间距和字体大小等。

例如，在使用普通视图模式浏览网页时，标题栏中的一些标识和右侧的推荐内容会影响用户的注意力，如图 5-44 所示。

图 5-44　普通视图模式浏览网页

单击工具栏中的"阅读视图"按钮，切换到阅读视图模式会发现标题栏中的一些标识和右侧的推荐内容都被隐藏起来，只剩下了文章的内容，如图 5-45 所示。

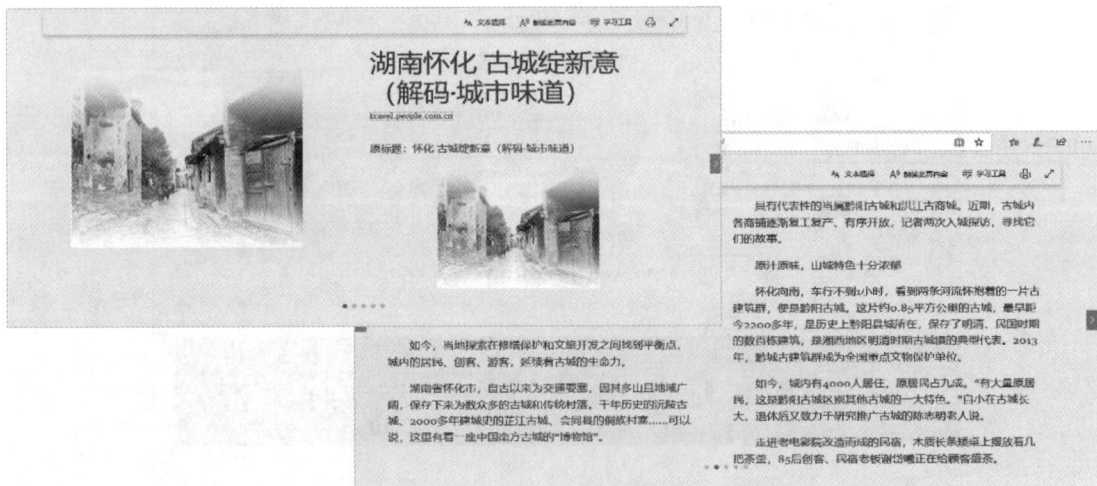

图 5-45　阅读视图模式浏览网页

5.7.2　设置主页

与 IE 浏览器功能相似，Edge 浏览器也可以通过设置主页来指定浏览器打开时的默认页面，单击工具栏右侧的"设置"按钮，在打开的菜单中单击"设置"命令，如图 5-46 所示。

图 5-46 单击"设置"命令

打开"设置"窗格，拖曳右侧的滚动条定位到"设置主页"区域，打开"设置您的主页"下方的下拉列表，单击"特定页"选项，在下方出现的文本框中输入主页的网址，并单击右侧的保存按钮即可，如图 5-47 所示。

图 5-47 在 Edge 浏览器中设置主页

5.7.3 Web 笔记

在使用 Edge 浏览器浏览网页时，可以直接在网页上做笔记。在当前浏览的网页中，单击工具栏右侧"备注"按钮，进入 Web 笔记模式，如图 5-48 所示。

图 5-48　Web 笔记模式

1. 添加标注

单击工具栏中的"圆珠笔"按钮或"荧光笔"按钮，设置圆珠笔或荧光笔的颜色、粗细，如图 5-49 所示。对页面上的重要内容进行标注，如图 5-50 所示。对于不需要的标注，用户可以使用橡皮擦工具擦掉。

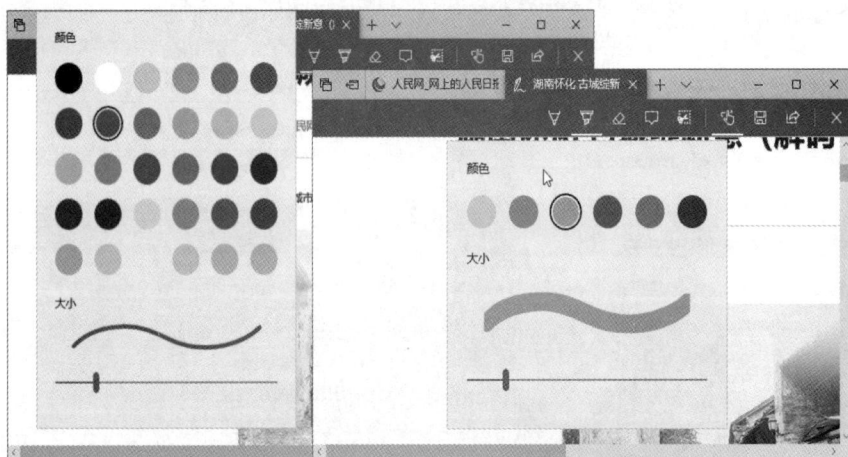

图 5-49　设置圆珠笔或荧光笔的颜色、粗细

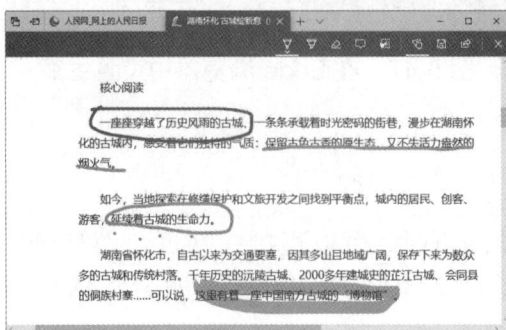

图 5-50　对重要内容进行标注

2．记录笔记

用户在浏览网页时，有时需要记录笔记等，这时可以在要做笔记的位置单击"添加笔记"按钮，在该位置添加一个标注文本框，标号为1，用户可以在该文本框中输入学习体会等，如图5-51所示。

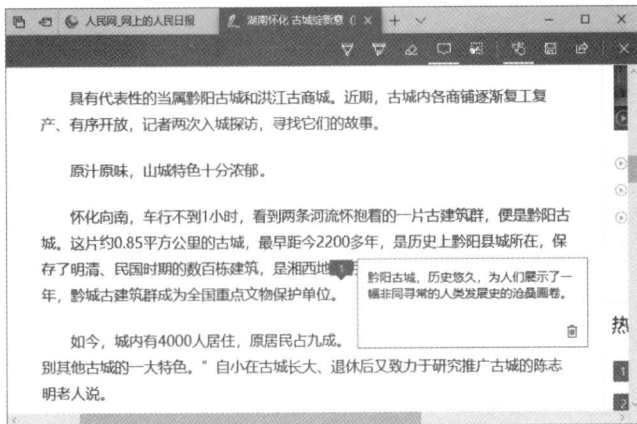

图 5-51　记录笔记

3．复制区域

用户在浏览网页时，可以把页面中的内容复制下来并粘贴到文档中或单独作为图片保存起来。方法是首先在添加备注状态下，单击工具栏中的"编辑"按钮，使整个页面变成复制区域，按下鼠标左键并拖曳鼠标指针，将要复制的内容框选在一个矩形块中，如图5-52所示，然后将复制的内容粘贴到其他文档中，或者单独作为图片保存起来。

图 5-52　将要复制的内容框选在一个矩形块中

4．保存 Web 笔记

对于做的标注、添加的 Web 笔记、对区域进行复制的网页，用户都可以将其保存下来，日后可以随时查阅。方法是在添加备注状态下，单击工具栏中的"保存"按钮，打开"收藏夹"窗格，将要保存的页面命名后保存起来，如图5-53所示，还可以保存在 OneNote、阅读列表中。

图 5-53　保存 Web 笔记

保存 Web 笔记后，用户下次可以从收藏夹打开保存的网页，查阅当时的标注、笔记等内容。

5.7.4　设置收藏

如果要将当前的网页保存起来，则单击网页地址栏右侧的"添加到收藏夹或阅读列表"按钮☆，打开"收藏夹"窗格，如图 5-54 所示。

网页默认保存在当前收藏夹中，用户还可以新建一个收藏夹用来保存网页，也可以将网页保存在阅读列表中，确定后单击"添加"按钮，保存当前的网页。保存后的网页可以通过单击"收藏夹"按钮来查看。

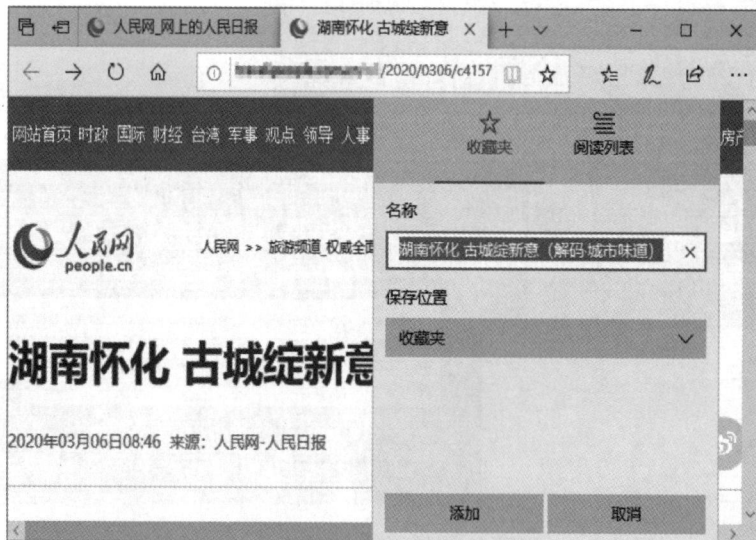

图 5-54　"收藏夹"窗格

讨论与交流

（1）在将打开的某个网页保存在收藏夹中时，保存的是该网页的内容还是地址？

（2）在网页上做笔记有什么好处？下次将如何打开做过笔记的网页？

总结评价

1．自查学习成果，填写表 5-4。已达成的打√，未达成的记录原因。如果你达成的学习成果未在表中列出，则请在"其他"栏中写出。

表 5-4　自查学习成果表

学 习 成 果	已 达 成	未达成原因
我了解了 Internet 的相关概念		
我会使用 IE 浏览器或 Edge 浏览器搜索并下载资料		
我会申请电子邮箱，并通过电子邮箱收发电子邮件		
我学会了网络购物		
我能在计算机上设置禁止打开某些网站		
我能设置浏览器的主页和收藏网页		
其他：		

2．对照本项目要求，回答以下问题。

（1）在学习本项目的过程中，你比较满意的是什么？

（2）在学习本项目的过程中，你在哪些方面存在不足？如何改进？

（3）联系实际，通过学习本项目能帮助你解决哪些实际问题？

习题 5

一、填空题

1．WWW 是 Internet 的一个重要资源，它为全世界 Internet 用户提供了一种获取信息、共享资源的全新途径，它的英文全称是_____。

2．在计算机网络中，通信双方必须共同遵守的规则或约定被称为_____。

3．Internet 上最基本的通信协议是_____。

4．IP 地址根据网络规模和应用的不同，分为_____类，常用的有_____类。

5．在 Internet 中，IP 地址是彼此之间用句点分隔的 4 个十进制数，每个十进制数的取值范围为_____。

6．一个完整的 URL 地址包括_____、域名或 IP 地址、资源存放路径、_____等内容。

7．根据 Internet 的域名代码规定，域名中的.com 表示_____网站。

8．在 Windows 10 系统中内嵌了两个浏览器，分别是_____和_____。

9．在电子邮箱地址中，用户名与电子邮件服务器名之间用_____分隔。

10．在 Edge 浏览器中浏览网页时，单击工具栏上的_____按钮，可以在网页上做笔记。

二、选择题

1．TCP/IP 协议的含义是（　　）。

　　A．局域网的传输协议　　　　　　B．拨号入网的传输协议

　　C．传输控制协议/网际协议　　　　D．OSI 协议集

2．根据 Internet 的域名代码规定，表示政府机构网站的顶级域名是（　　）。

　　A．.net　　　　B．.com　　　　C．.gov　　　　D．.org

3．有一个域名为 xuexi.edu.cn，根据域名代码的规定，此域名表示的机构是（　　）。

　　A．政府机构　　B．商业机构　　C．军事机构　　D．教育机构

4．在下列选项中，不能作为 Internet 的 IP 地址的是（　　）。

　　A．202.96.12.14　　　　　　　　B．202.196.72.140

　　C．112.256.23.8　　　　　　　　D．201.124.38.79

5．域名××.xuexi.edu.cn 中主机名是（　　）。

　　A．××　　　　B．edu　　　　C．cn　　　　D．xuexi

6．统一资源定位器（URL 地址）的一般语法格式是（　　）。

　　A．协议://域名或 IP 地址/路径/文件名

　　B．协议://路径/文件名

　　C．TCP/IP 协议

　　D．HTTP 协议

7．Intranet 属于一种（　　）。

　　A．企业内部网　　　　　　　　　B．广域网

　　C．计算机软件　　　　　　　　　D．国际性组织

8．WWW 是 Internet 上的一种（　　）。

　　A．浏览器　　B．协议　　　C．服务　　　D．协议集

9．正确的电子邮箱地址的格式是（　　）。

　　A．用户名+计算机名+机构名+最高域名

　　B．用户名+@+计算机名+机构名+最高域名

　　C．计算机名+机构名+最高域名+用户名

D．计算机名+@ +机构名+最高域名+用户名

10．在下列选项中，可以作为电子邮箱地址的是（　　　）。

A．×××26@163.com　　　　　　　B．×××26#yahoo

C．×××26.256.23.8　　　　　　　D．×××26&suho.com

11．电子邮箱地址的格式中没有（　　）。

A．用户名　　　　　　　　　　　B．电子邮件服务器名

C．用户密码　　　　　　　　　　D．@

12．以下关于电子邮件的说法中，错误的是（　　　）。

A．用户只要与 Internet 连接，就可以发送电子邮件

B．电子邮件可以在两个用户之间进行交换，也可以向多个用户发送同一封电子邮件，或者将收到的电子邮件转发给其他用户

C．收发电子邮件必须有相应的软件支持

D．用户可以通过发送电子邮件的方式在网上订阅电子杂志

13．IPv4 地址是（　　）位二进制数。

A．64　　　　　B．32　　　　　C．16　　　　　D．8

14．TCP/IP 协议设置子网掩码为 255.255.255.0，该网络属于（　　　）网络。

A．A 类　　　　B．B 类　　　　C．C 类　　　　D．D 类

15．WWW 信息服务是 Internet 中一种主要的服务形式，它基于（　　　）的工作方式。

A．单机　　　　　　　　　　　　B．浏览器/服务器

C．对称多处理机　　　　　　　　D．客户机/服务器

三、操作题

1．从网上搜索关于杭州亚运会跳水比赛的图片资料，下载 3～5 幅相关图片并保存到磁盘上。

2．从网上搜索一篇关于如何学习游泳的文本资料，保存到 Word 文档中。

3．通过百度搜索并下载有关中国航天的视频。

4．选择一个 ISP，申请一个免费的电子邮箱，并向另一位同学发送一封电子邮件。

5．使用 QQ 聊天工具给同学传送一组照片。

6．建立 QQ 空间，并上传自己的照片、撰写日志等。

7．使用 QQ 上的腾讯微云传输并存放文件。

8．使用 QQ 上的腾讯微云传输并存放自己的照片资料。

9．为你所在的学习小组组建一个群，使用 QQ 的群课堂功能进行网上学习交流。

10．为你所在的学习小组组建一个群，使用腾讯会议功能进行网上学习交流。

Windows 10 工具软件的使用

➢ 能够使用画图工具绘制较简单的图形
➢ 能够使用画图工具处理图片
➢ 能够使用画图 3D 绘制三维模型图
➢ 能够使用截图工具截取图形
➢ 能够使用 Windows Media Player 播放常见的影音文件

Windows 10 系统为用户提供了多种工具软件,包括画图工具、截图工具、多媒体播放软件等,为用户在使用计算机进行工作和学习时提供了便利。

任务 6.1 使用画图工具

问题与思考

• 你是否经常绘制较简单的图形?如果是,则你使用什么工具软件绘制?
• 你是否经常对图片进行修复?如果是,则你使用什么工具软件修复?

画图是一款 Windows 10 系统自带的图形图像处理软件。画图软件可以编辑或绘制较简单的图形,包括各种多边形、曲线、圆形等;可以处理图片、查看和编辑扫描的图片;可以将图片粘贴到其他文档中;可以在图形中插入文本,进行剪切、粘贴、旋转等操作;可以以电子邮件的形式发送图片;可以使用不同的文件格式保存图像文件。

打开画图软件的操作方法主要有以下两种。一种是单击"开始"→"Windows 附件"→"画图"命令,打开"画图"窗口,如图 6-1 所示;另一种是在 Windows 10 系统的"运行"对话框中,输入 mspaint 命令,如图 6-2 所示,单击"确定"按钮,即可打开如图 6-1 所示的"画图"窗口。

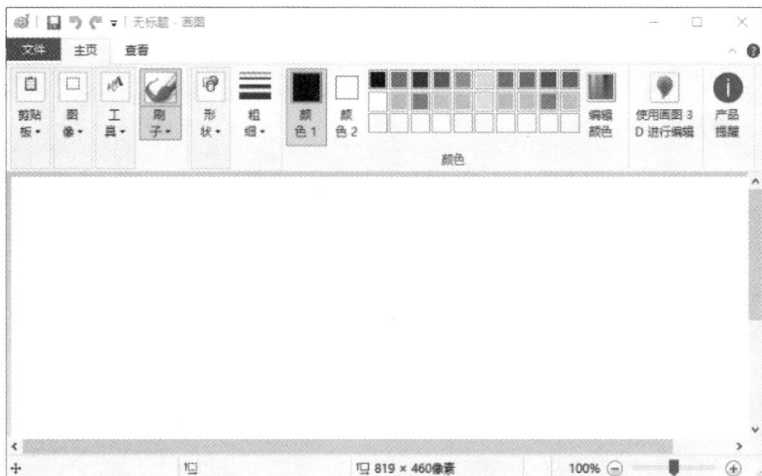

图 6-1　"画图"窗口

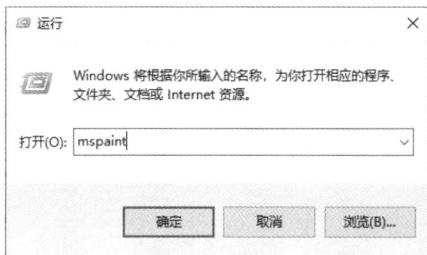

图 6-2　以命令方式打开画图软件

打开画图软件后，用户可以发挥自己的创造力，结合画图软件提供的各种绘图功能来绘制想要的图形。

ℹ️ 提示

位图图像（bitmap）亦被称为点阵图像或绘制图像，由像素（图片元素）的单个方块组成。这些方块可以进行不同的排列和染色以构成图样。当放大位图图像时，可以看见构成整个图像的无数个单方块。扩大位图图像尺寸的效果是增大单个像素，从而使线条和形状显得参差不齐。

6.1.1　绘制图形

画图是一款图形图像处理软件，可以对各种位图格式的图画进行编辑。用户可以绘制或编辑图画，在绘制或编辑完成后，可以用 BMP、JPG、GIF 等格式进行保存，还可以发送到桌面或其他文档中。下面介绍两种常见图形的绘制方法。

1．绘制直线

（1）打开画图软件，切换至"主页"选项卡，在"形状"组中选择"直线"工具，按住鼠标左键在画布（主窗口）上拖曳鼠标指针，绘制出一条直线。

（2）在"粗细"组中选择直线的粗细，如图 6-3 所示。

（3）在"颜色"组中单击"颜色 1"选项，并从右侧的颜色列表中选择一种颜色（默认为黑色），也可以单击"编辑颜色"按钮，从打开的"编辑颜色"对话框中选择一种颜色。至此已绘制出第一条直线，并设置了粗细和颜色。

（4）按照上述方法，绘制出其他直线，效果如图 6-4 所示。

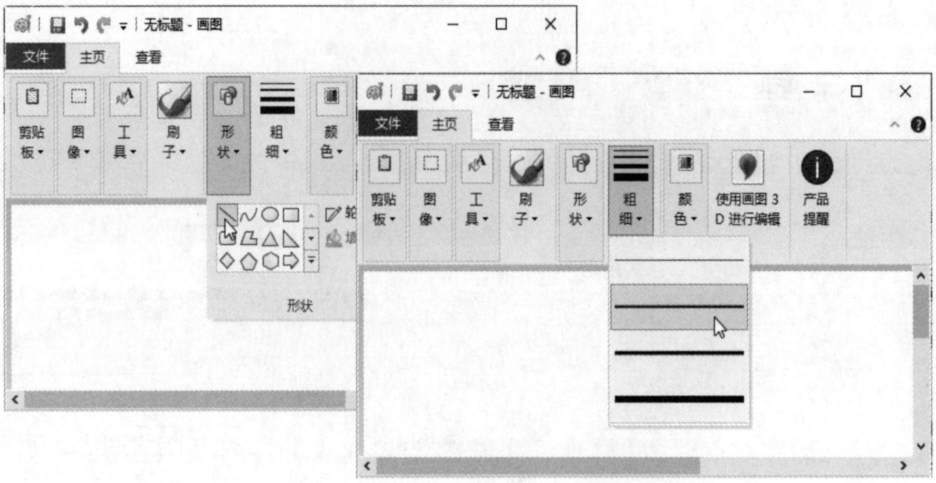

图 6-3　选择"直线"的粗细

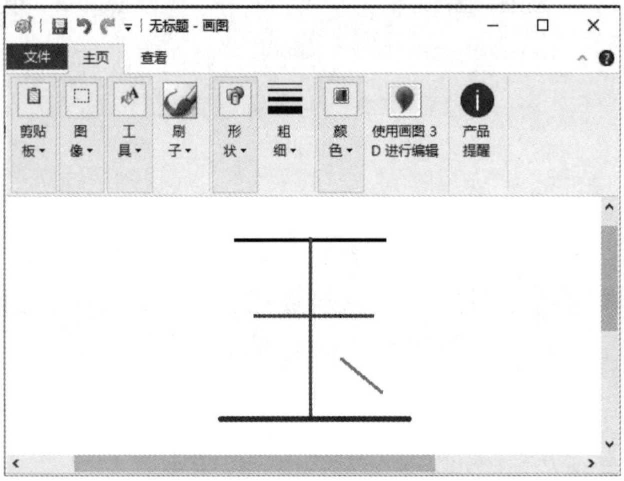

图 6-4　绘制直线图形效果

上述方法是先绘制出直线，再设置直线的粗细和颜色；另一种方法是先设置直线的粗细和颜色，再按住鼠标左键并拖曳鼠标指针在画布上绘制出直线。

提示

在绘制图形时，如果使用鼠标左键绘制图形，则使用的是"颜色1"的颜色；如果使用鼠标右键绘制图形，则使用的是"颜色2"的颜色。

2．绘制椭圆形和圆形

（1）切换至"主页"选项卡，在"形状"组中选择"椭圆形"工具。

（2）分别设置"颜色1"为红色，"颜色2"为绿色，在画布上绘制椭圆形。

（3）单击"形状"组中的"轮廓"下拉按钮，在弹出的下拉列表中选择一种轮廓方案，如"水彩"。

（4）单击"形状"组中的"填充"下拉按钮，在弹出的下拉列表中选择填充方案，并在画布中按住鼠标左键并拖曳鼠标指针，绘制不同效果的椭圆形，如图6-5所示。

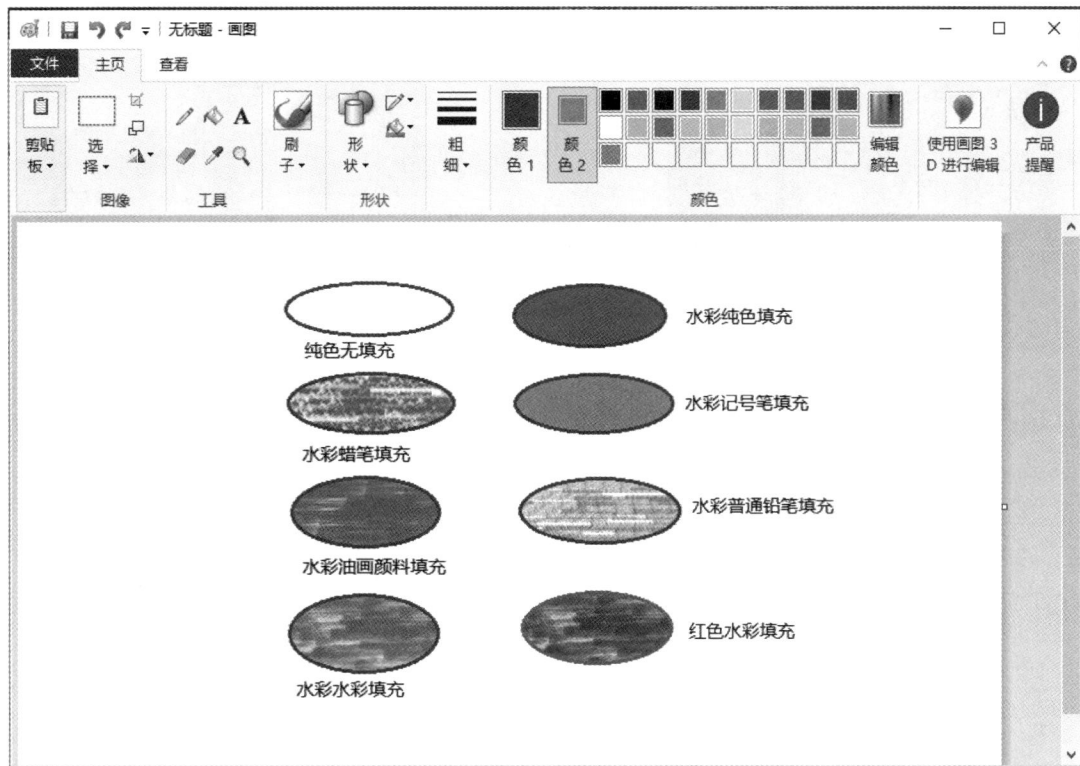

图 6-5　绘制不同效果的椭圆形

如果要绘制圆形，则可以选择"椭圆形"工具，按住 Shift 键和鼠标左键，拖曳鼠标指针即可绘制出圆形。利用同样的方法，选择"矩形"工具，按住 Shift 键和鼠标左键，拖曳鼠标指针即可绘制出正方形。

【任务 1】 使用 Windows 10 系统中的画图软件，绘制一幅小鸭戏水的图画。

任务分析：

画图软件作为 Windows 系统自带的工具软件，应用它可以满足大部分日常的图文修改或调整需求，并且简单便捷。本任务为绘制一幅小鸭戏水的图画，先要规划设计出什么样的图案，再规划需用到画图软件中的哪些形状工具、颜色填充等。如果要绘制出一幅个性化的图画，则需要发挥自己的聪明才智。

任务实施：

（1）打开画图软件，通过画布控点调整画布大小。

（2）在"主页"选项卡的"工具"组中选择小桶形状的颜色填充工具，单击"颜色"组中的"颜色 2"选项，在颜色列表中选择蓝色，并右击画布，把画布填充成蓝色。

（3）在"主页"选项卡的"形状"组中选择"椭圆形"工具，单击"颜色"组中的"颜色 1"选项，在颜色列表中选择黑色，在画布上先绘制两个椭圆形，分别作为小鸭的头和身体，如图 6-6 所示。

（4）选择小桶形状的颜色填充工具，单击"颜色 1"选项，在颜色列表中选择黄色，在两个椭圆形中分别单击，填充上黄色。

（5）选择"椭圆形"工具，并设置"颜色 1"为黑色，在头部分别绘制两个小椭圆形作为小鸭的眼睛，将其中较大的椭圆形填充上黑色，如图 6-7 所示。

图 6-6　绘制头和身体

图 6-7　绘制眼睛并填充颜色

（6）选择"直线"工具，绘制小鸭的嘴巴，填充上黄色，并使用"铅笔"工具绘制小鸭的翅膀和水波。

（7）单击"工具"组中的"文本"按钮，在小鸭下方单击后出现文本框，输入文字"小鸭戏水"，并设置字体和字号。至此，小鸭戏水这幅图画就基本完成了，如图 6-8 所示。

（8）单击快速访问工具栏中的"保存"按钮，将绘制的图画保存为文件"小鸭戏水.bmp"。

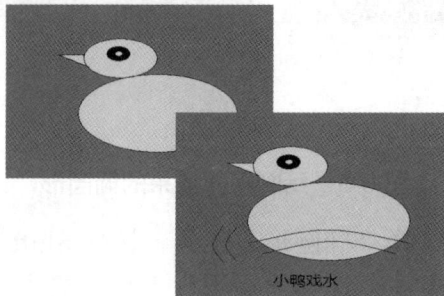

图 6-8　绘制完成的小鸭戏水图画

6.1.2　编辑图片

画图软件除了可以绘制一些简单的图形，还可以作为编辑器，对一些图片进行复制、移动等操作。在复制、移动图片之前必须先选取要复制或移动的区域。

【任务 2】在给定的图片中分别选取一个规则区域和一个不规则区域，并复制选定的区域。

任务分析：

本任务是利用画图软件对图片进行抠图，可以选取一个矩形区域和一个不规则区域，将抠下来的图片用在其他文档中。

任务实施：

（1）使用画图软件打开一幅图片。

（2）选取一个矩形区域。单击"主页"选项卡"图像"组中的"选择"下拉按钮，在弹出的下拉列表中单击"矩形选择"选项，在图片上按住鼠标左键并拖曳鼠标指针，选取图片中的"灯笼"区域，此时可以看到一个矩形选择框，如图 6-9 所示，释放鼠标左键即可选定所需的图片区域。

（3）选取一个不规则区域。单击"主页"选项卡"图像"组中的"选择"下拉按钮，在弹出的下拉列表中单击"自由图形选择"选项，在图片上按住鼠标左键并拖曳鼠标指针，在图片上画出一个闭合的"多个灯笼"区域，释放鼠标左键，出现一个矩形选择框。选中图片区域后即可复制或移动所选的图片区域。

（4）移动选定的图片区域。将鼠标指针指向所选的矩形区域或不规则区域，按住鼠标左键并拖曳鼠标指针即可移动选定的图片区域，如图 6-10 所示。

图 6-9　选取矩形区域

图 6-10　移动选定的图片区域

（5）复制图片。选定图片区域后，先单击"主页"选项卡"剪贴板"组中的"复制"按钮，再单击"粘贴"按钮，选定的图片区域被复制到"画图"窗口中，并将复制的图片移动到需要的位置。也可以将图片复制到其他文档中，如复制到 Word 文档中。

提示

按住 Ctrl 键，拖曳选定的图片区域，即可复制图片；按住 Shift 键再拖曳选定的图片区域，即可在移动轨迹上复制图片。

（6）裁剪图片。在图片中选定所需的图片区域后，单击"主页"选项卡"图像"组中的"裁剪"按钮，即可在选定的图片区域中重新建立一幅图片，如图 6-11 所示，将新的图片保存起来后可以单独使用。

图 6-11　裁剪图片

图片的裁剪功能相当于选定图片区域后，依次执行"复制"、"新建"与"粘贴"命令。

提示

如果要把整个屏幕复制下来，则先按 PrtScr 键，再进行粘贴即可；如果要截取当前屏幕的一部分，则先按 PrtScr 键，单击"主页"选项卡"剪贴板"组中的"粘贴"按钮，将当前屏幕作为图片复制到"画图"窗口中，并在图片中选定所需的图片区域，再单击"主页"选项卡"图像"组中的"裁剪"按钮，新建一个图片文件，保存该文件即可。

6.1.3　调整图片

调整图片包括对图片进行翻转、旋转、调整大小、倾斜、反色、设置属性等操作。

1．翻转和旋转

翻转是指图形围绕着翻转轴做 180°的空间运动，包括垂直翻转和水平翻转，其中垂直翻转是指将一张图片以水平线为对称轴翻转 180°，也就是从上往下翻转，而水平翻转则以轴为镜像进行左右翻转；旋转是指将图片按一定的角度进行旋转。

操作方法为选定要进行翻转或旋转的区域或整幅图片，并单击"主页"选项卡"图像"组中的"旋转"下拉按钮，根据需要进行翻转或旋转操作，如图 6-12 所示。

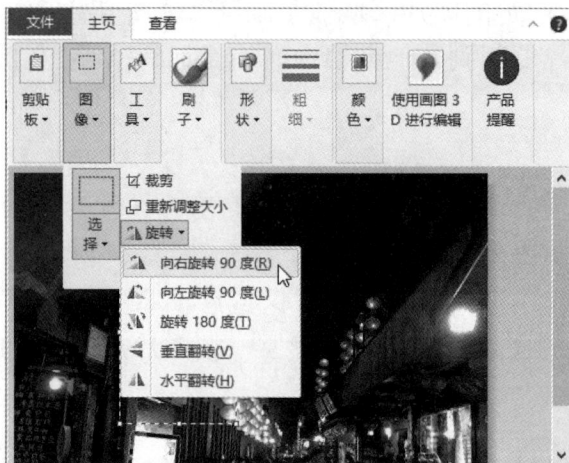

图 6-12　翻转或旋转图片

2．调整大小和倾斜角度

调整大小和倾斜角度是指在一定方向上对图片进行变形操作。调整大小操作分为水平方向调整大小和垂直方向调整大小，倾斜角度操作分为水平方向倾斜和垂直方向倾斜。

选择要调整大小或倾斜角度的图片区域，单击"主页"选项卡"图像"组中的"重新调整大小"按钮，打开"调整大小和扭曲"对话框，根据需要进行设置。例如，将图片的大小扩大至原来的 120%，并且在水平方向倾斜 50°，效果如图 6-13 所示。

调整图片大小可以按图片的百分比或像素进行，如果对图片像素大小有要求，则可以选中"像素"单选按钮。如果取消勾选"保持纵横比"复选框，则在调整时只会调整水平方向或垂直方向的数值比例，而另一个方向的数值比例保持不变。

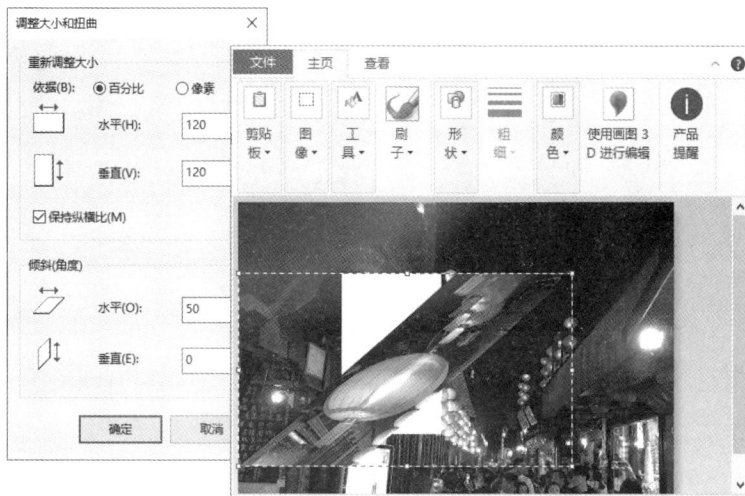

图 6-13　将图片扩大至原来的 120%并水平倾斜 50°后的效果

3．反色

反色是指对当前选定的图片区域进行颜色反转处理。颜色反转有黑色和白色反转、暗灰和亮灰反转、红色和青色反转、黄色和蓝色反转、绿色和淡紫色反转。

右击要进行反色设置的图片区域或整幅图片，在弹出的快捷菜单中单击"反色"命令，效果对比如图 6-14 所示。

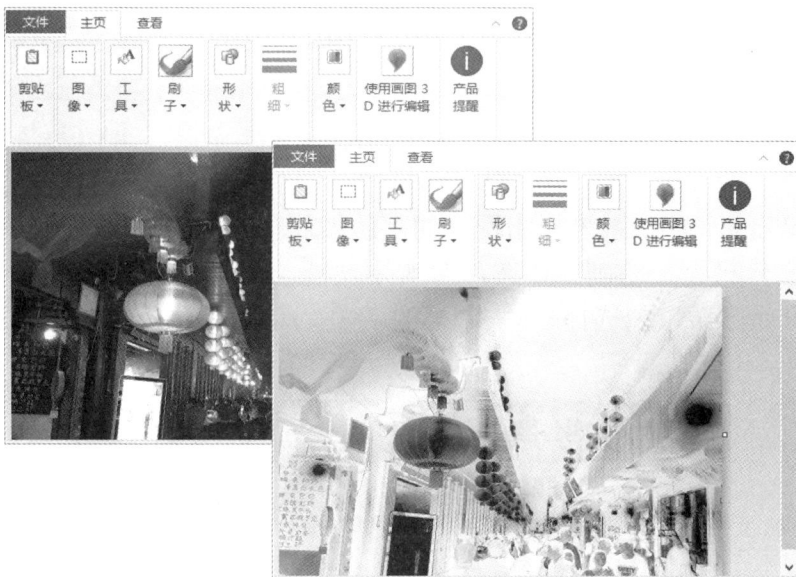

图 6-14　图片反色前后的效果对比

4．设置属性

设置属性是指设置图片的单位、宽度和高度、颜色等。

打开要设置属性的图片，选择"文件"选项卡，在弹出的下拉菜单中单击"属性"命令，打开"映像属性"对话框，如图 6-15 所示。在该对话框中可以设置图片的单位、宽度和高度等，还可以将彩色图片转换为黑白图片，但不可以将黑白图片转换为彩色图片。

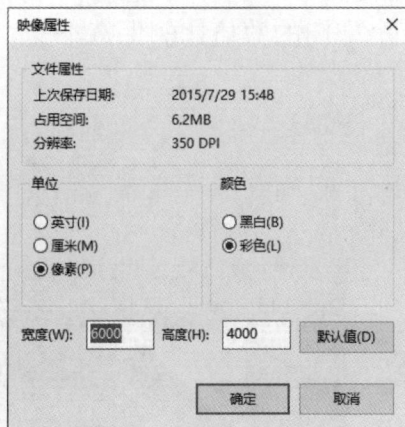

图 6-15　"映像属性"对话框

提示

（1）显示标尺和网格线。在查看图片时，特别是在需要了解图片部分区域的大致尺寸时，利用标尺和网格线功能可以方便用户更好地了解画图功能。在操作时，可以在"查看"选项卡的"显示或隐藏"组中勾选"标尺"复选框和"网格线"复选框。

（2）放大镜功能。有时因图片局部文字或者图像太小而导致图片看不清楚，这时用户可以利用放大镜功能，放大图片的某一部分。

（3）全屏方式看图。Windows 10 系统中的画图软件还提供了全屏功能，可以在整个屏幕中以全屏方式查看图片，方法是在"查看"选项卡的"显示"组中单击"全屏"按钮，即可全屏查看图片。

6.1.4　绘制 3D 图形

画图 3D 是 Windows 10 系统画图程序的高级编辑软件，其在原有软件功能的基础上增加了抠图、建立三维模型、绘制立体图形等实用功能。打开画图 3D 软件的方法是单击"开始"按钮，从"开始"菜单中选择画图 3D 软件将其启动，打开"画图 3D"窗口，如图 6-16所示。

图 6-16　"画图 3D"窗口

1. 抠图

使用画图 3D 软件可以很方便地从现有图片中抠出想要的图片。

（1）使用画图 3D 软件打开要抠图的图片，如图 6-17 所示。也可以右击要抠图的图片，在弹出的快捷菜单中单击"使用画图 3D 进行编辑"命令。

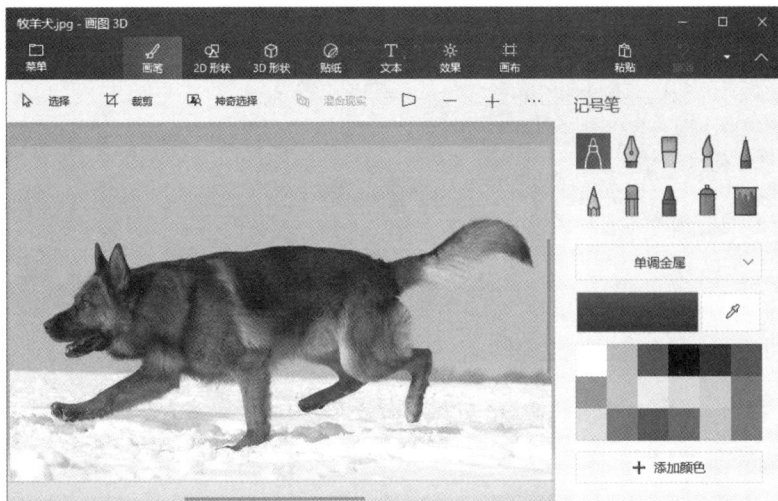

图 6-17　使用画图 3D 软件打开图片

（2）单击窗口工具栏中的"神奇选择"按钮，这时在图片的周围出现 8 个控点，可以拖曳这些控点，把要抠出来的"牧羊犬"框起来。此时，窗口右侧的窗格出现"神奇选择"剪切区域向导。

（3）单击右侧窗格中的"下一步"按钮，能看到所要抠出的图片已经被自动框选，图片框选区域如图 6-18 所示。该图的下方还有一些不需要的部分，这时可以单击"删除"按钮，并在所框选的图片中按住鼠标左键划去不需要的部分，只留下需要的部分。

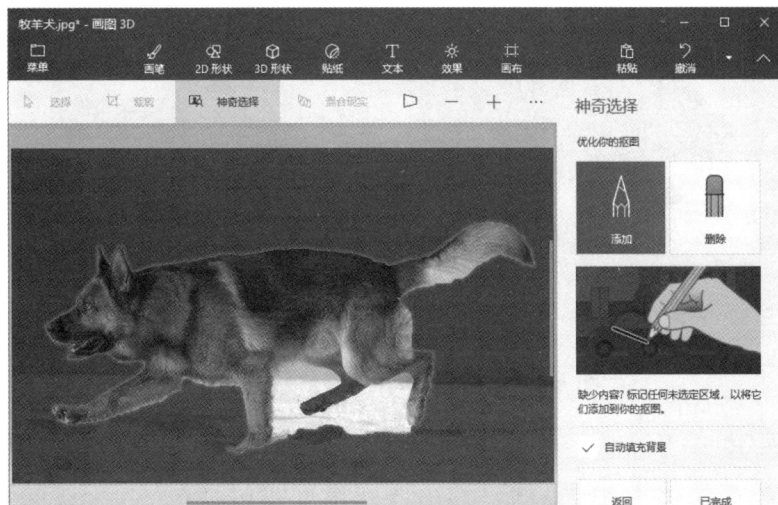

图 6-18　图片框选区域

如果删除了所需要的部分，则可以单击"添加"按钮，在图片中按住鼠标左键划出需要的部分。

（4）用户在框选出满意的图片后，单击"已完成"按钮选中框选的图片，如图 6-19 所示。

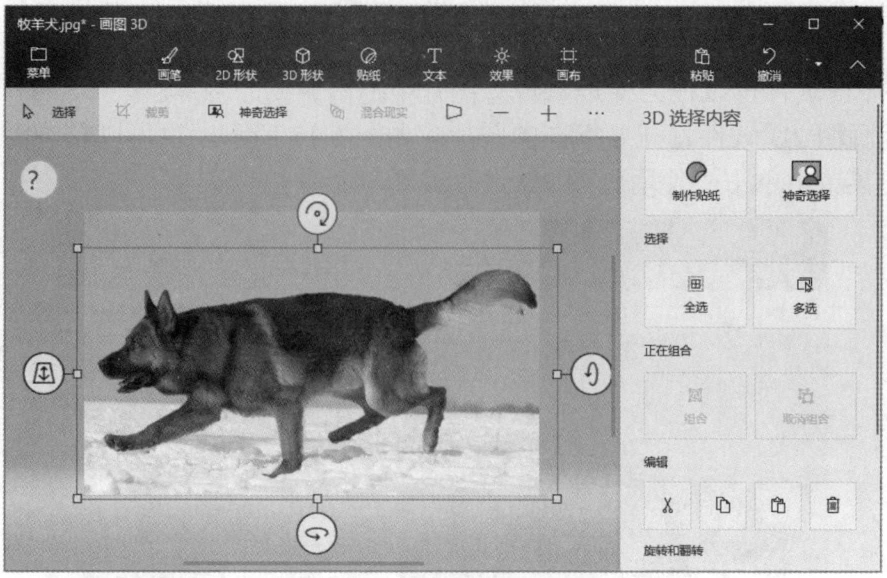

图 6-19　选中框选的图片

（5）先单击右侧窗格"选择"选区中的"全选"按钮，原图片中抠图后剩余的部分就会被选中，再单击"编辑"选区中的"删除"按钮，图片中被框选的部分就会独立出来，至此图片中的"牧羊犬"已被完全抠出来了，如图 6-20 所示。

（6）保存。抠出来的图片可以保存为图像、3D 模型或视频等格式。

图 6-20　从图片中抠出"牧羊犬"

2. 绘制 3D 模型

画图 3D 软件给出了很多 3D 模型，利用这些模型可以简单绘制 3D 图形。

（1）打开画图 3D 软件并新建一个项目，首先单击菜单栏中的"画布"按钮，调整画布大小，然后单击菜单栏中的"3D 形状"按钮，在右侧窗格中单击"3D 模型"选区中的"男士"按钮，在画布中按住鼠标左键拖曳出 3D 人物模型，调整其大小和角度，如图 6-21 所示。

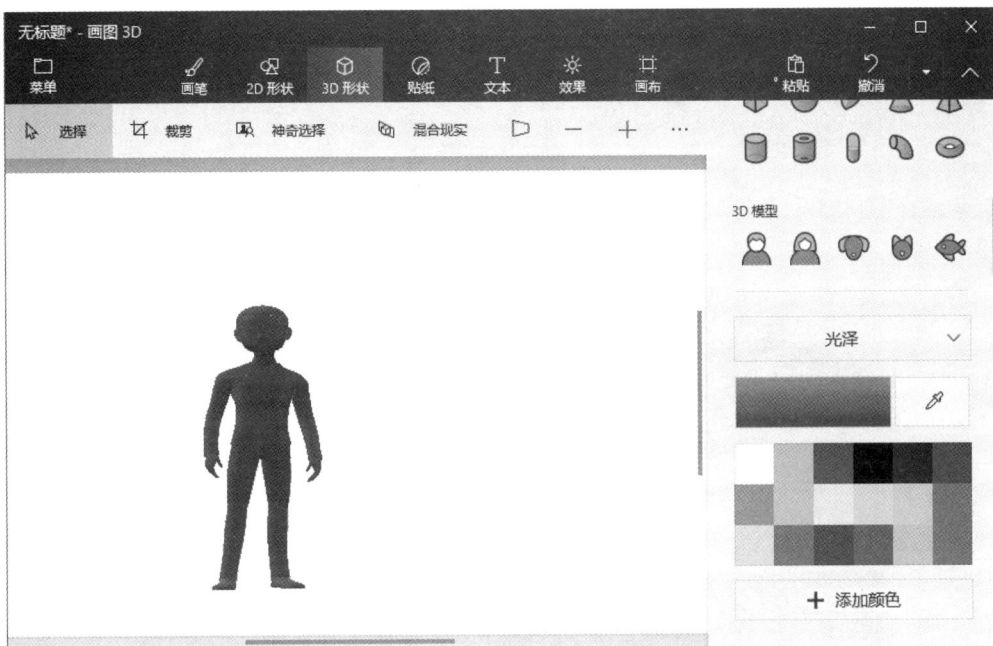

图 6-21　添加 3D 人物模型

（2）单击菜单栏中的"贴纸"按钮，在右侧窗格中选择需要的贴纸。例如，首先分别将"舌头"贴纸和"眼镜"贴纸拖曳到人物面部，然后在画布的右上角绘制"云朵"图案并进行适当旋转，如图 6-22 所示。

（3）将贴纸中的"树篱"纹理拖曳到画布中，调整其大小和位置，如图 6-23 所示。

（4）单击菜单栏中的"3D 形状"按钮，在右侧窗格中单击"3D 模型"选区中的"狗"按钮，在画布中按住鼠标左键拖曳出狗的 3D 模型，调整其大小、角度和颜色，如图 6-24 所示。

图 6-22　添加贴纸并绘制图案

图 6-23　添加"树篱"纹理

图 6-24　添加狗的 3D 模型

（5）单击菜单栏中的"效果"按钮，从右侧窗格中选择一种滤镜效果进行渲染，如淡紫色，效果如图 6-25 所示。

图 6-25　添加滤镜效果

（6）将图画以 3D 模型格式保存起来。

在绘制的 3D 模型中可以添加说明性文字、2D 形状，还可以绘制其他图形。

试一试

（1）分别绘制两条不同颜色和粗细的光滑曲线。

（2）设置前景色和背景色为不同的颜色，并分别使用前景色和背景色绘制三角形和六边形。

（3）绘制矩形并填充不同的颜色；按住 Shift 键，绘制大小不一的正方形。

（4）绘制一个多边形，并在该多边形中添加文字"这是一个多边形"。

（5）使用画图软件，分别绘制一个圆形和一个椭圆形，并分别填充红色和蓝色为前景色。

（6）在（5）绘制的圆形和椭圆形底部分别添加文字"圆形"和"椭圆形"。

（7）找一张图片，使用画图软件进行修饰或裁剪。

（8）使用画图软件获取屏幕上的一个窗口，作为图像保存起来。

（9）绘制一个含有 3D 图形的场景，并添加说明性文字。

讨论与交流

（1）使用画图软件如何调整图片大小和像素？

_____

_____

（2）使用画图软件如何绘制正方形、圆形和圆角正方形？如何将图形倾斜 45°？

_____

_____

（3）如何使用 Windows 系统中的画图 3D 软件绘制一幅 3D 飞机模型图？

_____

_____

知识拓展

ACDSee 15 应用简介

ACDSee 是目前流行的数字图像处理软件，它被广泛应用于图片的获取、管理、浏览、优化，是一款功能强大的图片编辑软件，该软件可以帮助用户轻松处理数码影像，拥有去除红眼、图片修复、锐化、曝光调整、旋转、镜像等功能，还可以对图片文件进行批量处理，对常见的视频文件进行处理。下面以经典的 ACDSee 15 为例介绍该软件的常见用法。

1. 浏览图片

启动 ACDSee 15 软件的主界面，如图 6-26 所示。

图 6-26　ACDSee 15 软件的主界面

　　ACDSee 15 软件主界面除了主菜单，还有"管理"、"查看"、"编辑"和"Online"4 个选项卡。在左侧"文件夹"窗格的列表框中选择指定的文件夹后，中间的窗口就会显示该文件夹中所有图片的缩略图，右侧"属性"窗格会显示图片的属性。鼠标指针在浏览区中指向图片时，图片将被放大显示。单击图片，在"文件夹"窗格下方的"预览"窗格中可以预览该图片，双击图片便可以进行详细浏览。

　　1）浏览相关图片

　　在主界面中选择"查看"选项卡，可以选择图片的浏览方式。在"查看"选项卡中，除了可以使用"胶片"方式浏览图片，如图 6-27 所示，还可以选择全屏显示图片、查看图片属性等。

图 6-27　使用"胶片"方式浏览图片

2）播放幻灯片

在使用 ACDSee 15 软件来浏览图片时，可以设置以幻灯片的方式来自动播放图片。切换到"管理"选项卡，单击"幻灯放映"菜单中的"幻灯放映"选项，或者在"查看"选项卡中单击"工具"菜单中的"幻灯放映"选项，即以幻灯片的方式自动播放当前文件夹中的图片。

2. 对图片进行编辑

ACDSee 15 不仅可以浏览图片，还具有较强的图片编辑功能。除了具有亮度、对比度调整等常用的编辑功能，还具有自动曝光、色彩平衡、消除红眼、锐化、调整大小、裁剪、旋转、翻转、特效等功能。

1）调节图片曝光度

切换到"编辑"选项卡，在左侧窗格中出现"编辑模式菜单"面板，单击"曝光/光线"列表框中的"曝光"选项，打开"曝光"面板，可以调节当前图片的"曝光"、"对比度"和"填充光线"等值，如图6-28所示。单击"完成"按钮，保存并返回"编辑模式菜单"面板。

图 6-28　"曝光"面板

2）消除红眼

如果数码相机没有开启消除红眼功能，则拍出来的人物可能有"红眼"现象。这时可以利用 ACDSee 15"编辑模式菜单"面板中的"红眼消除"选项来消除红眼。单击图片中的红眼，出现一个轮廓，通过鼠标滚轮可以调整轮廓的大小，直到红眼消除，并通过"调暗"值来调整眼睛的明暗度，单击"完成"按钮结束操作。图6-29给出了消除红眼前后的效果。

3）调整图片大小和裁剪图片

如果想改变图片的大小，则可以通过"编辑模式菜单"面板"几何形状"列表框中的"调整大小"选项来进行调整，包括调整像素、百分比或分辨率等。

如果需要对原图片进行裁剪，则可以使用 ACDSee 15 中的图片裁剪功能。单击"编辑模式菜单"面板"几何形状"列表框中的"裁剪"选项，使用鼠标指针拖曳并调整控制框及控制点，可以得到相应的效果，如图6-30所示，最后单击"完成"按钮结束操作。

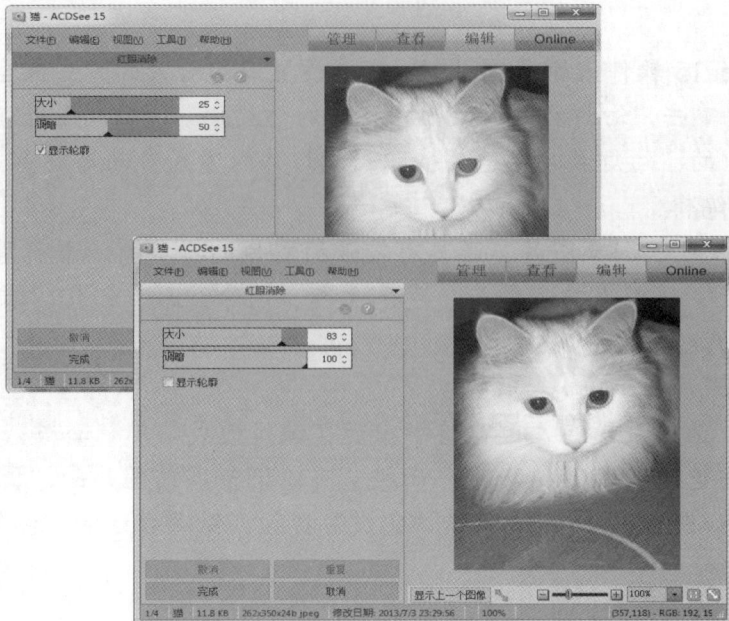

图 6-29　消除红眼前后的效果

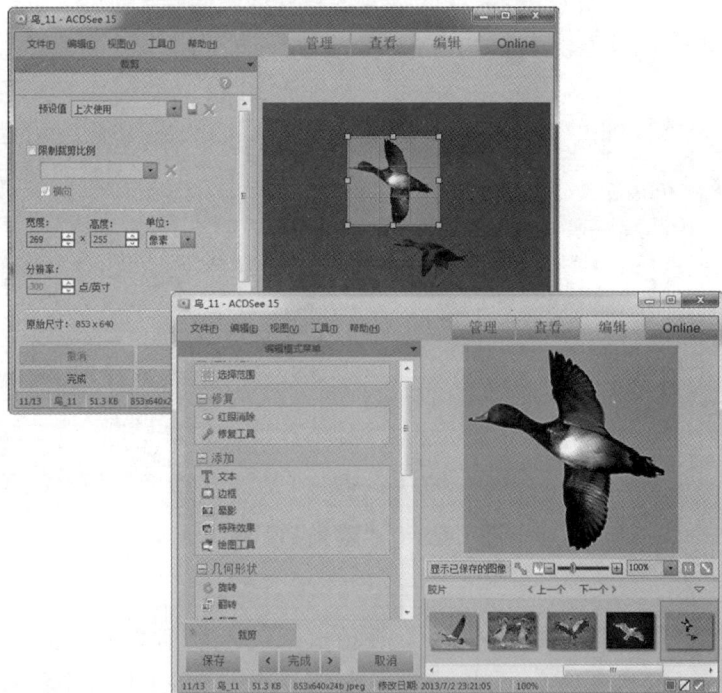

图 6-30　裁剪图片

4）调整图片色彩

单击"编辑模式菜单"面板"颜色"列表框中的"色彩平衡"选项，在打开的"色彩平衡"面板中可以调整图片的饱和度、色度、亮度及红、绿、蓝等颜色值。

3. 文件批量重命名

在管理文件时，如果要使一组文件具有按统一规则命名的文件名，则在"管理"选项卡中选择要批量重命名的多个文件，单击"批量"→"重命名"命令，打开"批量重命名"对话框，在"模板"文本框中输入文件名，在"开始于"列表框中选择起始序号（如"1"），单击

"开始重命名"按钮，所选文件的文件名将全部被更改为重新指定的名字。

ACDSee 15 还有其他图片编辑功能。例如，通过"批量"下拉列表中的"转换文件格式"选项，可以对文件格式进行转换，学生可以自行学习，灵活运用。

任务 6.2　使用截图工具

问题与思考

- 你是否经常需要截取画面的一部分内容？
- 你知道的截图工具软件有哪些？

你是否遇到过在浏览网页时需要把当前网页中的一个图片或一部分内容截取下来，发给其他用户或粘贴到文档中的情况？或者需要把当前的聊天窗口内容进行截图并发给好友？截图工具软件有很多，除了下载安装一些截图工具软件，还可以使用 Windows 自带的截图工具。截图工具是 Windows 系统自带的一款用于截取屏幕图像的软件，使用该软件能够将屏幕中显示的内容截取为图片，并可以将截取下来的图片保存为文件或复制到其他程序中。打开截图工具的常用方法如下。

（1）单击"开始"→"Windows 附件"→"截图工具"命令，即可打开"截图工具"窗口，如图 6-31 所示。

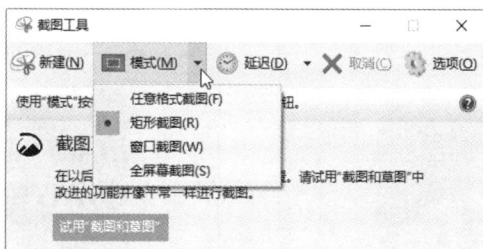

图 6-31　"截图工具"窗口

（2）在"运行"对话框中输入"SnippingTool"并按 Enter 键，也可以打开"截图工具"窗口。

在截图工具的"模式"下拉列表中，可以选择截图的模式，分别有"任意格式截图"、"矩形截图"、"窗口截图"和"全屏幕截图"。默认模式为"矩形截图"，如果需要其他模式，则操作前需要先进行模式选择。

6.2.1　截取矩形区域

截取矩形区域，也就是将屏幕中任意矩形部分截取为图片，用户可以自行控制截图的范围，具体操作方法如下。

（1）打开要截图的页面，调整好要截取的页面屏幕区域位置。

（2）首先打开"截图工具"窗口，单击"模式"下拉按钮，在弹出的"模式"下拉列表中单击"矩形截图"选项，然后长按鼠标左键并拖曳鼠标指针在页面中绘制矩形，选择要截取的区域，如图 6-32 所示。

图 6-32　选择要截取的区域

（3）释放鼠标左键，即可将选择区域截取为图片，并显示在"截图工具"窗口中，截取的图片如图 6-33 所示。

（4）单击"文件"→"另存为"命令，可以将图片另存为 JPEG、GIF 等格式的文件。

截取图片后，利用工具栏中的"笔"和"荧光笔"工具可以在图片上添加标注，如图 6-34 所示，利用"橡皮擦"工具可以擦去错误的标注。

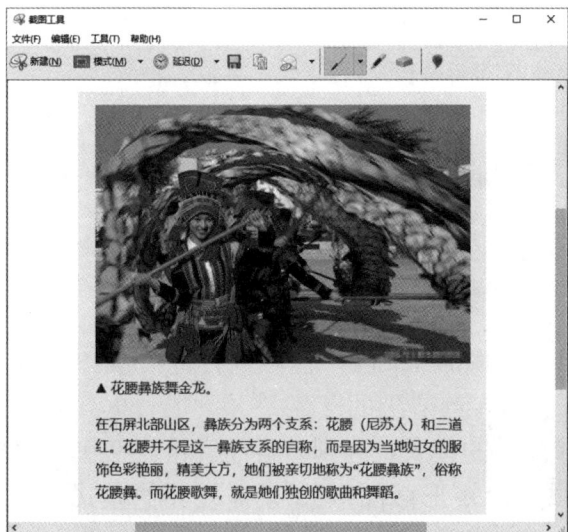

图 6-33　截取的图片

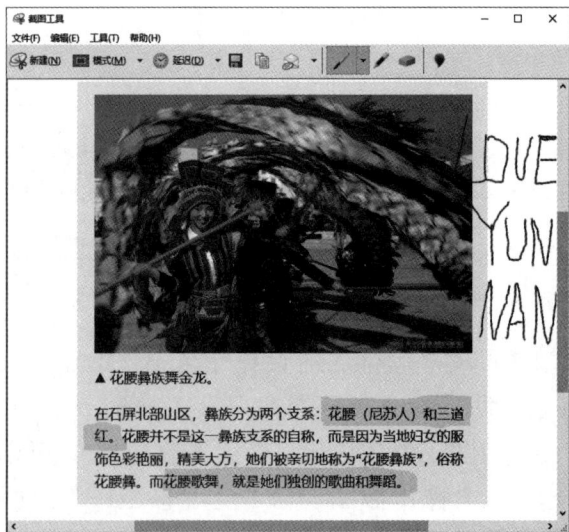

图 6-34　添加标注

单击"使用画图 3D 编辑"按钮，可以启动画图 3D 软件对截取的图片进行编辑。

6.2.2　截取窗口区域

截取窗口区域是指将当前页面以窗口形式截取为完整的图片。当截取窗口区域时，要使所截取的窗口在屏幕中显示出来，具体操作方法如下。

单击"模式"下拉按钮，在弹出的"模式"下拉列表中单击"窗口截图"选项，单击"新建"按钮，屏幕出现红色框线，调整所要截取的窗口至红色框线范围内，单击鼠标，即可将所选窗口截取为完整的图片，如图 6-35 所示。

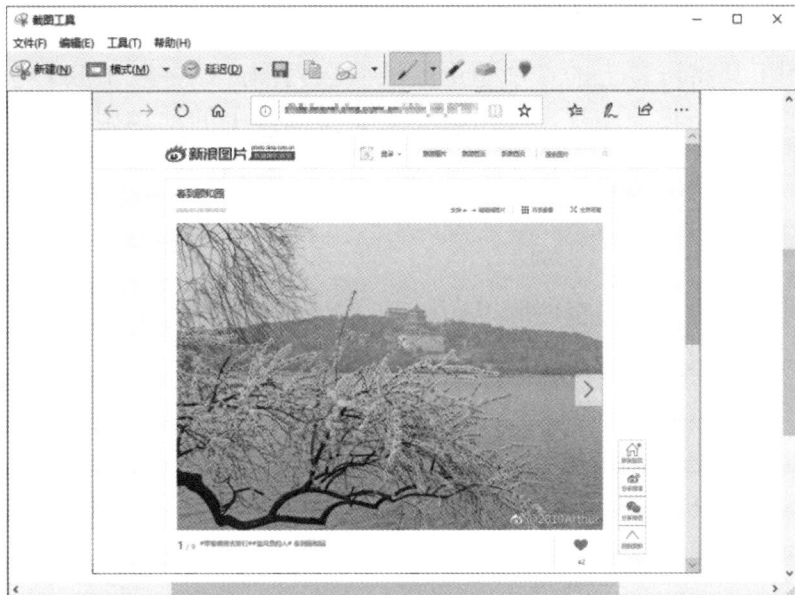

图 6-35　将所选窗口截取为完整的图片

图片截取完成后，除了保存图片，还可以复制截取的图片，并将其粘贴到其他文档中，如 Word 文档。

6.2.3　截取全屏

截取全屏是指将整个屏幕作为图像，截取为一张图片，具体操作方法是在"模式"下拉列表中单击"全屏幕截图"选项，在截取时将整个屏幕作为图片显示在"截图工具"窗口中。

6.2.4　截取任意形状

截取任意形状是指在屏幕中可以选择任意形状、任意范围的区域，并将所选区域截取为图片，如图 6-36 所示，具体操作方法如下。

在"模式"下拉列表中单击"任意格式截图"选项，单击"新建"按钮，长按鼠标左键并拖曳鼠标指针绘制线条框，绘制完成后，释放鼠标左键，即可将线条框内的区域截取为图片，并显示在"截图工具"窗口中。

图 6-36　截取任意形状

提示

如果经常使用截图工具，则可以把截图工具固定到任务栏上，这样使用起来会更加方便。

试一试

（1）使用截图工具将屏幕上的一个矩形区域截取为图片，并以 JPEG 格式保存图片。

（2）打开一张含有动物的图片，使用截图工具将图片上的动物截取下来。

（3）在屏幕上打开多个页面窗口，截取其中的一个窗口。

讨论与交流

（1）将当前网页中的一段文字使用 Windows 系统的截图工具截取下来，截取下来的部分是图片格式还是文本格式？

_____

_____

（2）小明在浏览 AI 机器人网页时，想把其中的一幅机器人图片截取下来，由于该机器人形状不规则，因此该如何截取呢？

_____

_____

知识拓展

常用屏幕截图工具简介

1. 使用 PrtScr 键截屏

在截取屏幕图像时，除了使用 Windows 10 系统中的截图工具，还可以使用键盘上的 PrtScr 键（该键在不同键盘上的标注可能不一样）。当需要截屏时，轻按 PrtScr 键，即可完成对当前整个屏幕图像的截取。连续多次按键以最后一次按键为准。打开画图等类型的工具软件，新建一个空白页面后，执行粘贴操作，即可看到当前屏幕图像的截取效果，或者直接在打开的 Word 文档或 WPS 文档中执行粘贴操作。

2. 使用聊天工具截图

在平时上网时，很多人都习惯使用微信或 QQ 与他人交流。在使用微信或 QQ 会话时，如果要截取屏幕图像，则单击会话工具栏中的"截图"按钮或"屏幕截图"按钮，长按鼠标左键，在要截取的屏幕图像上绘制矩形区域，释放鼠标左键，在截取区域下出现工具条，单击"完成"按钮即可将截取的屏幕图像显示在微信或 QQ 的会话区中，如图 6-37 所示，最后单击"发送"按钮即可将图片发给对方。

使用微信或 QQ 截取的屏幕图像可以进行复制、粘贴等操作，也可以复制到其他文档中，还可以作为图像文件保存到磁盘上。具体方法是右击截取的屏幕图像，在弹出的快捷菜单中选择相应的操作命令即可。

图 6-37　使用 QQ 截图

3. 使用 SnagIt 获取屏幕信息

SnagIt 是一款屏幕、文本和视频捕获、编辑及转换软件，可以捕获视频、文本、图像，SnagIt 软件界面如图 6-38 所示。在使用该软件捕获视频时可以将视频保存为 AVI 格式；在捕获图像时可以将其保存为 BMP、PCX、TIF、GIF、PNG 或 JPEG 等格式。使用 JPEG 格式可以指定所需的压缩级（1%～99%），也可以在一定的区域内捕获文本，还可以选择是否包括光标、添加水印等。另外，SnagIt 还具有自动缩放、颜色减少、单色转换、抖动及转换为灰度级等功能。

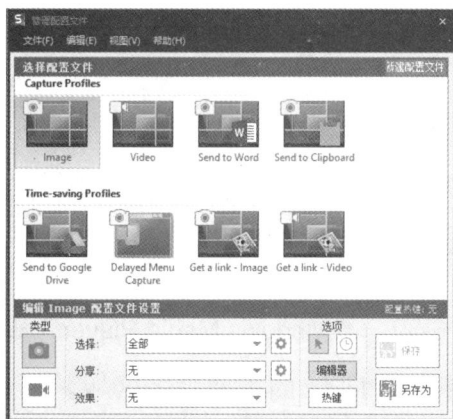

图 6-38　SnagIt 软件界面

此外，SnagIt 在保存屏幕捕获的图像之前，可以用其自带的编辑器对图像进行编辑，还可以将捕获的图像嵌入 Word、Excel、PowerPoint 等办公软件编辑的文档中。

任务 6.3　使用 Windows Media Player

问题与思考

- 你在计算机上播放音频、视频时，经常使用什么多媒体播放软件？

- 你对 Windows Media Player 了解多少？

Windows Media Player（简称 WMP）是 Windows 系统中自带的一款多媒体播放软件，可以播放影音文件，如 MP3、WMA、WAV 等格式的音频文件，以及 AVI、WMV、MPEG、DVD 等格式的视频文件。Windows Media Player 支持用户指定媒体数据库收藏影音文件，支持播放列表、从 CD 抓取音轨复制到硬盘中、刻录 CD，支持与便携式音乐设备同步音乐，支持换肤，支持 MMS 与 RTSP 的流媒体，支持外部安装插件增强功能。

6.3.1 认识"Windows Media Player"窗口

启动 Windows Media Player，单击"开始"→"Windows 附件"→"Windows Media Player"命令，打开"Windows Media Player"窗口，如图 6-39 所示。

图 6-39 "Windows Media Player"窗口

下面简要介绍 Windows Media Player 的主要功能区域。

- 导航窗格。用于快速在 Windows 媒体库中切换显示媒体类别和访问其他共享媒体内容。
- 细节窗格。用于显示当前影音文件的详细信息，用户可以直接将影音文件从细节窗格中拖曳到播放列表窗格中进行播放。
- 播放列表窗格。包含"播放"、"刻录"和"同步"3 个选项卡，用户可以在播放列表窗格中对影音文件进行播放、分级、删除、刻录 CD，以及同步传输媒体时显示对应的影音文件列表或向列表中添加影音文件等操作。
- 播放控件区域。播放控件区域位于 Windows Media Player 的底部，该区域提供常规的播放控件按钮、播放模式快速切换按钮并显示播放状态。

用户可以切换 Windows Media Player 的外观模式，从 Windows Media Player 的完整播放模式切换到简洁播放模式，如图 6-40 所示。单击播放器右下角的"切换到正在播放"按钮，即可切换到简洁播放模式。

在播放影音文件时，可以将鼠标指针悬停在任务栏的 Windows Media Player 图标上，即可通过缩略图轻松实现播放、暂停或迅速跳转等基本控制功能，如图 6-41 所示。

图 6-40　简洁播放模式

图 6-41　通过缩略图实现基本控制功能

6.3.2　播放影音文件

如果用户的计算机中保存了音频文件、视频文件，则可以使用 Windows Media Player 进行播放。

1．播放音频文件

如果计算机中已经安装了多媒体硬件设备，则可以使用 Windows Media Player 来播放音频文件。音频文件包括 MP3、MIDI 等格式的文件。

【任务 3】使用 Windows Media Player 播放一首 MP3 音乐。

任务分析：

使用 Windows Media Player 播放一首音乐，可以熟悉播放面板的使用。例如，创建播放列表、库的管理、播放器外观模式的选择、歌词与字幕设置等。

任务实施：

（1）启动 Windows Media Player，单击"文件"→"打开"命令，从"打开"对话框中选择要播放的音频文件，可以一次选择多个要播放的文件。

（2）单击"打开"按钮，Windows Media Player 开始播放所选择的曲目，在右侧的播放列表窗格中列出了曲目名单，如图 6-42 所示。

在播放的过程中，可以利用播放控件区域的控制按钮来控制音乐的播放、暂停、音量等。

如果要播放媒体库中的音频文件，则先打开"Windows Media Player"窗口，使用导航窗格浏览或在搜索框中输入要查找的音频文件名，选中要播放的文件，单击"播放"按钮即可。

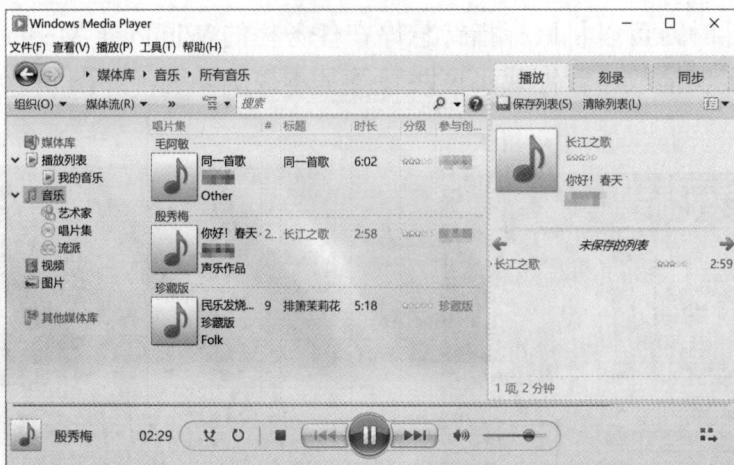

图 6-42　曲目名单

如果要播放 CD，则直接将 CD 放入光驱，系统会自动启动 Windows Media Player，并开始播放音乐。

提示

在通常情况下，用户计算机中可能安装了很多媒体播放器，在播放影音文件时，默认打开的不一定是 Windows Media Player。如果要选择指定的播放器来播放，则右击影音文件，在弹出的快捷菜单中单击"打开方式"命令，在弹出的子菜单中选择要使用的媒体播放器。

2．播放视频文件

打开"Windows Media Player"窗口，切换到媒体库模式，单击左侧导航窗格中的"视频"选项，便可看到媒体库中所有的视频文件，双击要播放的视频即可进行播放，如图 6-43 所示。

图 6-43　媒体库模式下选择要播放的视频

如果要播放计算机或光盘上的视频文件，则在媒体库模式下，单击"文件"→"打开"命令，在打开的"打开"对话框中选择要播放的视频文件。

Windows Media Player 除了可以播放 CD、MP3 等格式的音乐，还可以用来观看 VCD 和 DVD，但 VCD 的视频保真度不如 DVD 高。

使用 Windows Media Player 播放 VCD 的方法比较简单，将 VCD 插入 CD-ROM 驱动器中，如果 Windows Media Player 正在运行且未播放其他内容，则会自动开始播放 VCD。如果 Windows Media Player 正在运行且播放其他内容，则可以通过单击"播放"→"DVD、VCD或 CD 音频"命令播放 VCD。

提示

如果 Windows Media Player 不能自动播放 VCD，则说明 Windows 系统版本不支持自动播放 VCD，需要手动播放 VCD。在"Windows Media Player"窗口中单击"文件"→"打开"命令，在"打开"对话框中定位到 VCD 驱动器，双击该驱动器的 MPEGAV 文件夹，在"媒体文件(所有类型)"下拉列表中单击"所有文件(*.*)"选项，并选择一个扩展名为 dat 的文件，此时 Windows Media Player 开始播放视频。

6.3.3　管理媒体库

在使用 Windows Media Player 时，Windows 系统的媒体库会自动监视并自动添加位于系统预设用户目录的影音文件。由于大部分用户都将影音文件存放在自定义的文件夹中，所以可以将其添加到媒体库中。

1. 向媒体库中添加影音文件

下面以音乐文件为例，将 music 文件夹中的音乐文件添加到媒体库中。

（1）打开 Windows Media Player，单击"文件"→"管理库"→"音乐"命令，打开"音乐库位置"对话框，单击"添加"按钮，在打开的"将文件夹加入到'音乐'中"对话框中选择需要的文件夹，并单击"加入文件夹"按钮，如图 6-44 所示。

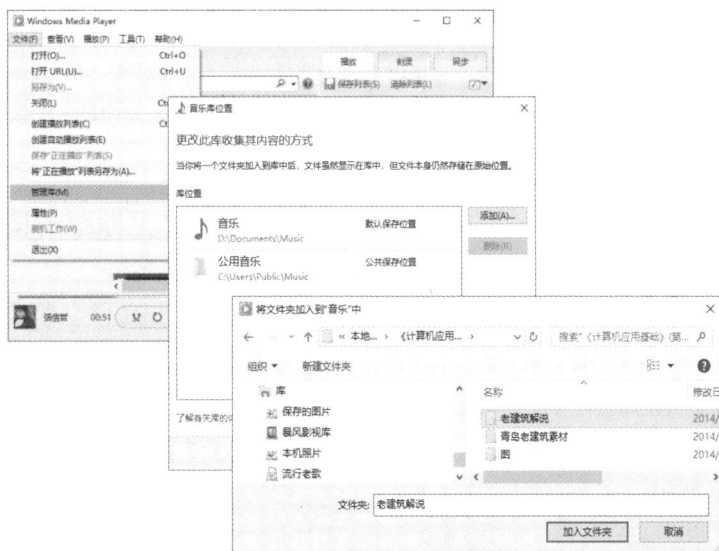

图 6-44　选择需要的文件夹

（2）返回"音乐库位置"对话框，可以看到添加的 music 文件夹，单击"确定"按钮，返回"Windows Media Player"窗口，即可看到添加的音乐文件。

![提示图标] **提示**

要想删除媒体库中的影音文件（如删除音乐文件），可以在"Windows Media Player"窗口中单击"媒体库"→"音乐"→"所有音乐"命令，进入所有音乐界面，找到想要删除的音乐文件，选中后右击鼠标，在弹出的快捷菜单中单击"删除"命令，即可从媒体库中删除文件。

2．创建播放列表

下面以音乐文件为例，介绍创建播放列表的具体操作方法。

（1）打开 Windows Media Player，单击"媒体库"→"音乐"→"所有音乐"命令，打开所有音乐界面。

（2）右击要添加到播放列表中的音乐文件，在弹出的快捷菜单中单击"添加到"→"播放列表"命令，创建播放列表，如图 6-45 所示，使用同样的方法可以将多个音乐文件添加到播放列表中。

图 6-45　创建播放列表

（3）单击左侧窗格中的"未保存的列表"文本框，出现"无标题的播放列表"，输入播放列表的名称，如输入 My-Music1，即可为播放列表命名。

创建好播放列表之后，还可以继续向播放列表中添加音乐文件。具体方法是先单击"媒体库"→"音乐"→"所有音乐"命令，打开所有音乐界面，再在细节窗格中右击要添加到播放列表中的音乐文件，在弹出的快捷菜单中单击"添加到"→"My-Music1"命令，在 My-Music1 播放列表中可以看到添加的音乐文件。用同样的方法还可以从已创建播放列表中删除某个音乐文件。

6.3.4　复制与刻录 CD 音乐文件

如果用户想随时播放 CD 上的音乐文件，则可以将 CD 上的音乐文件复制到硬盘中，通过 Windows Media Player 选择喜欢的歌曲播放。

1. 复制CD上的音乐文件

复制CD上音乐文件的操作步骤如下。

（1）打开Windows Media Player，将CD放入CD-ROM驱动器。

（2）从细节窗格中选择要复制的音乐文件，也可以对全部音乐文件进行复制。如果要对翻录进行设置，则单击任务栏上的"翻录设置"按钮，可以设置翻录音频质量、音乐的保存位置等。

（3）单击"翻录CD"按钮开始复制。如果要停止复制，则单击"停止复制"按钮。

在默认情况下，选中的音乐文件将被复制到媒体库的"我的音乐"文件夹中，以后可以直接播放这些音乐文件。

2. 刻录CD

用户可以利用Windows Media Player将媒体库中的曲目刻录成CD，制作自己的CD。在刻录CD前，必须确保当前使用的计算机上的光驱能进行CD刻录。刻录CD的操作步骤如下。

（1）打开Windows Media Player，如果播放器处于播放模式，则单击右上角的"切换到媒体库"按钮，切换到媒体库模式。

（2）先选择媒体库中要刻录的音乐文件，再将空白的光盘放入CD-ROM驱动器。

（3）在播放列表窗格上方选择"刻录"选项卡，将选中的音乐文件从细节窗格拖曳到刻录列表中。

（4）单击"开始刻录"按钮，即可开始刻录CD。刻录完成后光盘将自动弹出。

试一试

（1）打开Windows Media Player，将要播放的音乐文件添加到播放列表中，并创建一个名为"我喜爱的音乐"的播放列表。

（2）向媒体库中添加视频文件，播放一个视频文件。

（3）选择喜欢的歌曲，使用Windows Media Player刻录成CD。

讨论与交流

（1）如何在Windows Media Player中创建自己的播放列表？

_____

_____

（2）你能设置几种Windows Media Player的外观模式？

_____

_____

知识拓展

常用的媒体播放器简介

1. QQ影音播放器

QQ影音播放器是由腾讯推出的一款支持大部分影音文件格式的播放器软件，如图6-46

所示。它支持海量的文件格式且占用资源小，给用户带来更好、更流畅的视听享受。其清爽的界面风格让用户在影音娱乐的专属空间里拥有极佳的使用体验。

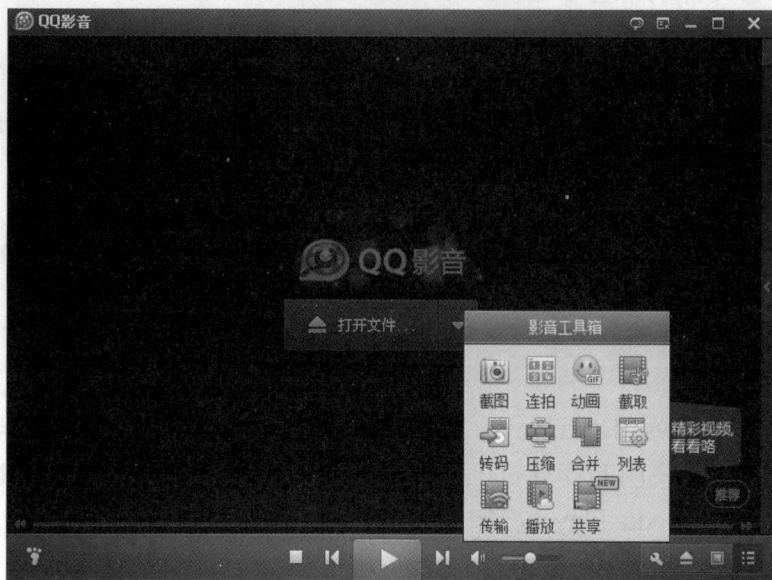

图 6-46　QQ 影音播放器

2. 暴风影音播放器

暴风影音播放器致力于为用户带来更好的播放体验和视觉效果，新版暴风影音播放器优化了解码方案，新增了"左眼"等特色功能，让用户浏览的视频更加清晰，并且支持的视频格式更加多样，包括 MPEG4、FLV 和 WMV 等格式，如图 6-47 所示。该播放器兼容大多数的视频格式和音频格式，在广大用户中拥有很高的知名度。

图 6-47　暴风影音播放器

总结评价

1. 自查学习成果，填写表 6-1。已达成的打 √，未达成的记录原因。如果你达成的学习成果未在表中列出，则请在"其他"栏中写出。

表 6-1　自查学习成果表

学　习　成　果	已　达　成	未达成原因
我了解图片的基本格式		
我会使用画图软件绘制基本的图形		
我会使用画图软件对图片进行基本的处理		
我能使用画图 3D 软件绘制三维模型		
我会使用截图工具截取一个区域图形		
我能使用 Windows Media Player 播放影音文件		
其他:		

2．对照本项目要求，回答以下问题。

（1）在学习本项目的过程中，你比较满意的是什么？

_____

（2）在学习本项目的过程中，你在哪些方面存在不足？如何改进？

_____

（3）联系实际，通过学习本项目能帮助你解决哪些实际问题？

_____

_____

习题 6

一、填空题

1．Windows 10 系统提供了一款图形图像处理软件，通过它可以绘制一些简单的图形，还可以处理图片，这个软件是_____。

2．在 Windows 10 系统"运行"对话框中，输入_____命令，并单击"确定"按钮，即可打开"画图"窗口。

3．使用画图软件选取一个矩形区域，可以在"主页"选项卡_____组中选择"矩形"工具进行绘制。

4．在画图软件中，绘制一个圆形，应单击_____按钮，按住_____键进行绘制。

5．按住_____键，拖曳选定的图片区域，即可复制图片；按住_____键，拖曳选定的图片区域，即可在移动轨迹上复制图片。

6．使用 Windows 10 系统提供的画图软件调整图片的大小和倾斜角度，调整大小操作分为_____、_____，倾斜角度操作分为_____、_____。

7．使用画图软件翻转/旋转图片，可以进行_____、_____、_____、或_____。

    8．画图 3D 软件在 Windows 画图软件原有的基础上，新增了_____、_____、_____等实用功能。

    9．使用画图 3D 软件可以快速绘制二维图形、三维立体模型，方法是分别单击工具栏上的_____按钮和_____按钮，选择相应的形状或立体模型进行绘制即可。

    10．使用画图 3D 软件绘制好的 3D 立体图形，可以保存为_____、_____、或_____。

    11．使用 Windows 10 系统的截图工具，可以截取屏幕的_____区域、_____区域、_____区域及_____区域。

    12．Windows Media Player 是 Windows 系统自带的一个多媒体播放软件，可以播放_____文件和_____文件。

    13．使用 Windows Media Player 对 CD 进行的操作包括从 CD 上复制音乐文件、_____等。

二、选择题

    1．在画图软件中，绘制一个圆形，需要按住（   ）键进行绘制。

    A．Ctrl   B．Shift   C．Alt   D．Tab

    2．使用画图软件，（   ）。

    A．可以将黑白图片转换成彩色图片

    B．可以将彩色图片转换成黑白图片

    C．既可以将黑白图片转换成彩色图片，又可以将彩色图片转换成黑白图片

    D．以上都不对

    3．如果要获取当前屏幕的一个窗口图像，则可以使用的工具软件是（   ）。

    A．截图工具   B．Windows Media Player

    C．画图   D．画图 3D

    4．使用画图软件创建的文件，不能保存的文件类型为（   ）。

    A．PNG   B．BMP   C．MPEG   D．JPEG

    5．下列关于画图 3D 软件说法错误的是（   ）。

    A．使用画图 3D 软件可以绘制二维图形

    B．使用画图 3D 软件可以在绘制的图形中添加文字

    C．使用画图 3D 软件可以绘制和组合立体图形

    D．使用画图 3D 软件绘制的图形都可以保存为视频文件

    6．下列不是 Windows Media Player 所实现的功能的是（   ）。

    A．播放 MP3   B．播放 VCD

    C．刻录 CD   D．录制电影

三、操作题

    1．使用画图软件打开一幅图片，分别对图片进行水平翻转、垂直翻转和按一定角度旋转的操作。

    2．使用画图软件分别对图片进行拉伸比例和倾斜角度的操作。

    3．使用画图软件使图片呈反色显示，并将反色前后的两幅图片进行对比。

4．使用画图软件分别绘制水平线、正方形、圆形和圆角正方形并以形状命名，保存到 D 盘的根目录中。

5．使用画图 3D 软件绘制一个奥运五环标记。

6．使用截图工具在当前屏幕上截取一个圆形区域。

7．使用 Windows Media Player 为自己喜爱的歌曲创建一个播放列表，并进行播放。

Windows 10 软硬件管理

项目要求

➢ 能够安装常用的计算机应用软件
➢ 能够设置文档等应用默认的关联程序
➢ 学会安装计算机硬件设备驱动程序
➢ 能够更新或卸载计算机硬件设备驱动程序

如果要使计算机胜任不同的工作，则往往需要在计算机中安装不同的应用软件、硬件设备及其驱动程序等。例如，在一台计算机中安装了 Windows 10 系统，如果需要对文本进行文字处理，这时就需要安装文字处理办公软件。

任务 7.1　应用软件的安装与管理

问题与思考

• 在计算机上安装应用软件有哪些不同方式？
• 如果某个应用软件不再使用，则是否可以像删除文档一样直接删除或卸载它？

7.1.1　安装应用软件

Windows 系统下的应用软件有很多，常见的应用软件种类包括办公软件、图像处理软件、解压缩软件、媒体播放软件、即时通信软件、安全杀毒软件、系统工具软件、网络游戏软件等。每款应用软件的安装方式都不完全相同，但基本上都有选择安装路径、阅读许可协议、定义安装选项及选择安装组件等环节。

1. 直接运行程序安装

很多应用软件都是通过直接运行程序来进行安装的，如 setup 安装程序，也有一些应用软件，特别是从网上下载的软件，其程序名往往就是该应用软件名，或者是应用软件名加版本号。下面以安装媒体播放器"暴风影音 5"为例，介绍安装应用软件的一般安装方法。

【任务 1】在计算机上安装"暴风影音 5"，以便播放影音文件。

任务分析：

（1）从暴风影音官网或专业下载软件网站上下载"暴风影音 5"安装文件。

（2）确定安装目录。通常安装在非系统启动盘上。

任务实施：

（1）从暴风影音官网上下载"暴风影音 5"安装文件，解压缩后的文件名为"暴风影音5.exe"，双击该安装文件，打开"开始安装"对话框，根据安装向导进行安装，如图 7-1 所示。

（2）单击"开始安装"按钮，打开"自定义安装设置"对话框，如图 7-2 所示，选择安装路径和安装选项。

图 7-1 "开始安装"对话框　　　　　图 7-2 "自定义安装设置"对话框

（3）单击"下一步"按钮，选择要安装的组件，如图 7-3 所示，单击"下一步"按钮开始安装。

（4）安装完成后，可以立即进行体验，欣赏电影或播放影音文件，如图 7-4 所示。

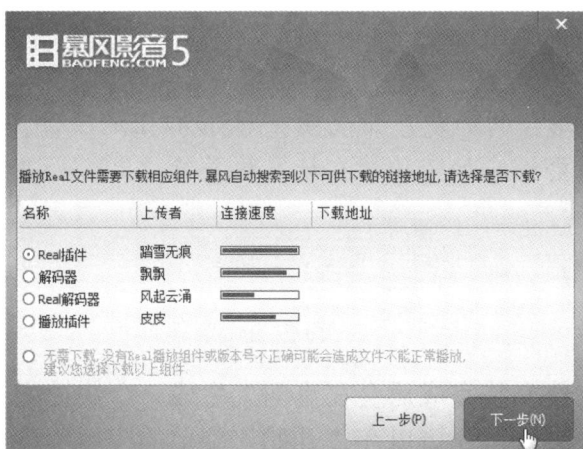

图 7-3 选择要安装的组件　　　　　　　图 7-4 播放影音文件

至此，"暴风影音 5"安装完成。通过单击"开始"→"所有程序"命令，可以查看安装

的"暴风影音 5"有关程序，包括"暴风看电影"程序、"暴风新闻"程序等。

提示

用户常用的专业下载软件网站有天空下载、西西软件园、华军软件园、软吧下载、腾讯软件中心等。

2．解压缩后安装

有些应用软件的所有应用程序都包含在一个压缩文件中，需要解压缩后才能使用。常用的压缩/解压缩应用软件为 WinRAR，常见的压缩文件后缀名有 rar 和 zip。解压缩后可以直接运行其中的应用程序或进行应用程序的安装，WinRAR 解压缩软件窗口如图 7-5 所示。

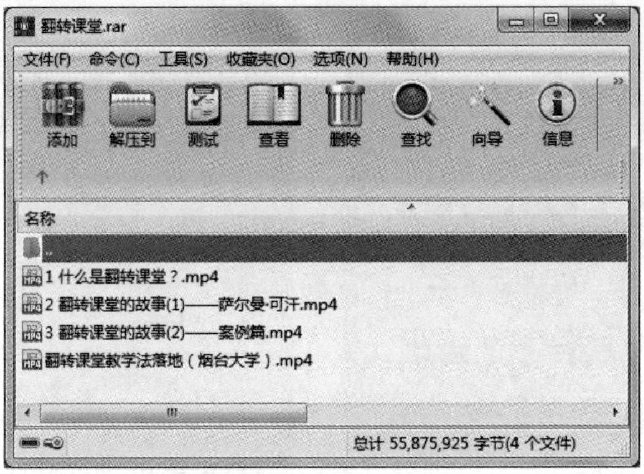

图 7-5　WinRAR 解压缩软件窗口

另外，可以直接运行该应用软件的安装文件对其进行安装，如 Microsoft Office 2016、硬件驱动程序、特定的工具软件等。

应用软件的安装步骤基本相同，但个别应用软件可能有安装顺序的问题，有些特殊应用软件不能用常规的方法安装。例如，有的应用软件需要先安装辅助软件。如果应用软件安装包中有说明书，则需要按照说明书上正确的方法安装。

提示

加密狗是一种插在计算机并行口上的软硬件结合的加密产品或插在 USB 口上的硬件。如果某应用软件自带加密狗，则运行该应用软件需要将其加密狗插在计算机并行口上，如果没有加密狗，则软件无法登录运行。

7.1.2　运行应用软件

运行应用软件的方法比较简单，很多应用软件安装完成后会在桌面上生成一个快捷方式图标，在运行时直接双击该快捷方式图标即可；另外，还可以在"开始"菜单的应用程序列表中，单击要运行的应用软件。

如果安装和使用的应用程序版本过于陈旧，则在 Windows 10 系统中可能出现不兼容的问题，这时需要根据程序对应的操作系统版本来选择一种兼容模式，具体操作方法如下。

（1）右击应用软件的快捷方式图标，在弹出的快捷菜单中单击"属性"命令，打开应用软件对应的"属性"对话框。

（2）选择"兼容性"选项卡，勾选"以兼容模式运行这个程序"复选框，并从下拉列表中选择合适的操作系统版本，如图7-6所示。

（3）单击"确定"按钮，再次尝试运行该应用软件。

提示

如果当前 Windows 10 系统的用户账户控制处于默认级别，则为了避免应用软件无法与其兼容，建议勾选"兼容性"选项卡中的"以管理员身份运行此程序"复选框，单击"更改所有用户的设置"按钮，使上述设置对所有用户账户都有效。

出于对安全方面的考虑，当用户执行的操作超出当前标准系统管理员的权限范围时，会弹出"用户账户控制"对话框，要求提升权限，这时就应该以管理员身份运行应用软件。具体操作方法是右击应用软件或其快捷方式图标，在弹出的快捷菜单中单击"以管理员身份运行"命令，如图7-7所示。

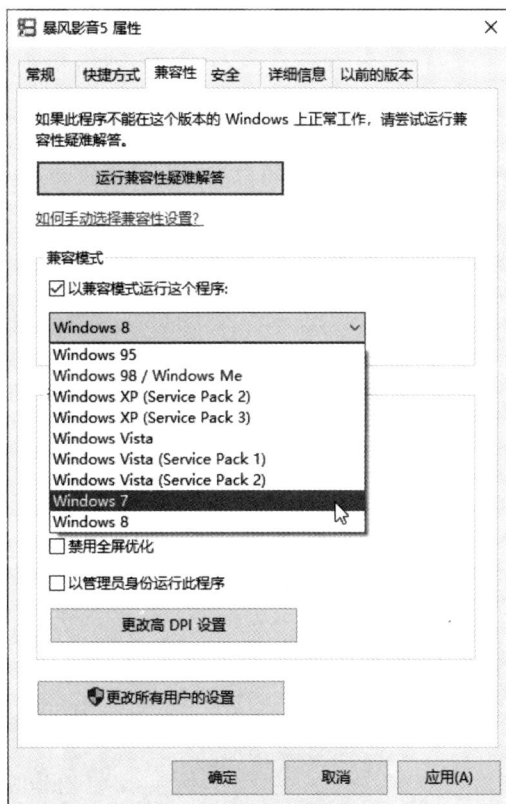

图7-6　设置应用软件的兼容性　　　　图7-7　单击"以管理员身份运行"命令

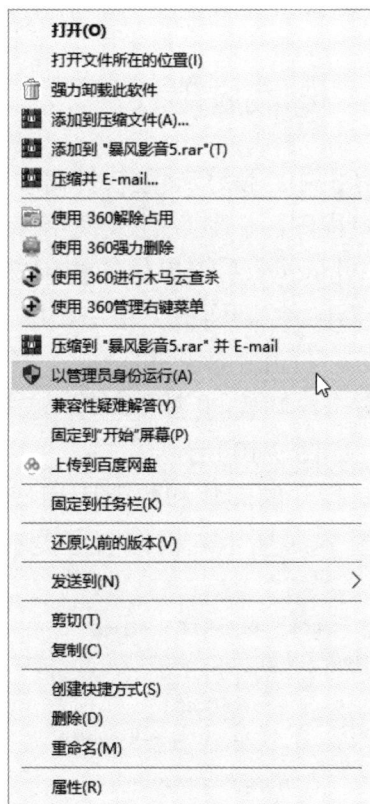

如果想在任务栏中以管理员身份运行应用软件，则需要先按住 Shift 键，再右击任务栏中相应的应用软件图标，才能在弹出的快捷菜单中单击"以管理员身份运行"命令；也可以先按住 Ctrl+Shift 组合键，再单击任务栏上的应用软件图标，同样可以以管理员身份运行应用软件。

除了使用管理员身份运行应用软件，还可以通过其他用户身份来运行应用软件，具体操作方法是按住 Shift 键，右击应用软件或其快捷方式图标，在弹出的快捷菜单中单击"以其他用户身份运行"命令，如图 7-8 所示，打开"Windows 安全中心"对话框，如图 7-9 所示，输入用户名和密码后单击"确定"按钮。

图 7-8　单击"以其他用户身份运行"命令　　　　图 7-9　"Windows 安全中心"对话框

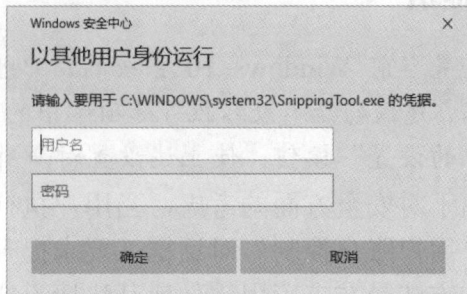

7.1.3　卸载应用软件

在计算机中，除了绿色软件可以直接通过删除的方式卸载，其他应用软件通常要运行其自带的卸载程序、工具软件或使用 Windows 系统提供的控制面板来卸载。

使用 Windows 系统提供的控制面板来卸载应用软件，具体操作方法如下。

（1）打开"控制面板"窗口，单击"查看方式"→"大图标"（或"小图标"）→"程序和功能"选项，打开"程序和功能"窗口。

（2）右击要卸载的应用软件，如"QQ 影音"应用软件，在弹出的快捷菜单中单击"卸载/更改"命令，如图 7-10 所示。

（3）在打开的卸载和更改应用程序对话框中单击"是"按钮，打开该应用软件的卸载对话框，如图 7-11 所示，根据向导提示进行卸载即可。

图 7-10　右击要卸载或更改的应用软件　　　　　图 7-11　卸载对话框

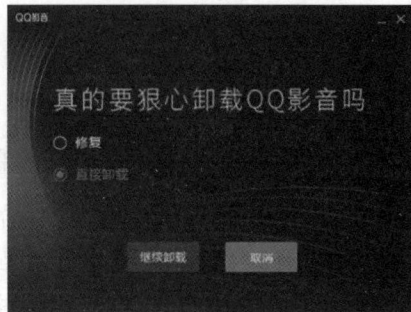

试一试

（1）尝试从网络上下载"QQ 音乐"播放器，并安装到计算机上。

（2）卸载计算机上一个不再使用的应用软件。

讨论与交流

（1）在计算机上安装了应用软件后，如果要卸载，则为什么不建议通过直接删除的方法删除应用软件？

_____

_____

（2）当从网络上下载应用软件时，应注意哪些事项？

_____

_____

知识拓展

绿色软件简介

绿色软件是指一类小型应用软件，多数为免费应用软件，最大特点是应用软件无须安装便可使用，不恶意捆绑应用软件、无广告、可存放于移动式存储媒体中，移除后也不会将任何记录（注册表消息等）留在计算机上。通俗点讲，绿色软件是指不用安装，下载后可以直接使用的应用软件。绿色软件不会在注册表中留下注册表键值，所以相对一般的软件来说，绿色软件对系统几乎没有影响，是一种很好的应用软件类型。

绿色软件一般有如下特征：①不对注册表进行任何操作（或只进行非常少的、一般能理解的操作，典型的是开机启动。少数软件也会进行一些临时操作，一般在程序结束前会自动清除写入的信息）；②不对系统敏感区进行操作，一般包括系统启动分区、安装目录（Windows 目录）、程序目录（Program Files）、账户专用文件夹等；③不对自身所在目录外的目录进行任何操作；④程序运行本身不对除本身所在目录外的任何文件产生影响；⑤只要把程序所在目录和对应的快捷方式删除就能完成卸载过程，计算机中不留任何垃圾；⑥不需要安装，随意复制即可使用（重装操作系统也可以）。

请到正规的网站下载安全的绿色软件，以防计算机系统感染病毒。

任务 7.2　默认应用程序设置

问题与思考

• 在浏览图片文件时，为什么有时是使用"Windows 照片查看器"程序打开的，而有时是使用"画图"程序打开的？如何设置默认打开方式？

• 如何设置.docx 类型的文件通过 WPS Office 2019 打开?

当系统中安装了多个功能相似的应用程序后(例如,查看图片可以使用"照片"、"Windows 照片查看器"、"画图"和"画图 3D"等程序),应该合理设置默认应用程序,以后在打开某一文件时,就无须选择打开方式,系统将使用指定的默认应用程序打开,以避免应用程序之间产生冲突。

7.2.1 设置默认应用程序

通过 Windows 10 系统的"默认应用"功能,可对应用软件所关联的默认应用程序进行灵活管理。

【任务 2】 设置在 Windows 10 系统中打开图片的默认应用程序为"照片"。

任务分析:

设置图片的默认应用程序就是打开图片的应用程序,每种类型的文件关联的应用程序不同,即使同种类型的文件,也可以设置不同的默认应用程序。

任务实施:

(1)右击"开始"按钮,在弹出的快捷菜单中单击"设置"命令,在打开的"Windows 设置"窗口中单击"应用"→"默认应用"选项,在右侧"默认应用"窗格中设置默认应用程序,如图 7-12 所示。

图 7-12　"默认应用"窗格

(2)默认应用程序包括电子邮件、地图、音乐播放器、照片查看器、视频播放器和 Web 浏览器等,单击"Windows 照片查看器"选项,打开"选择应用"列表,如图 7-13 所示,列表中给出了当前计算机中查看照片所能使用的应用程序。

(3)选择要设置的应用程序"照片",设置完成后,"照片查看器"图标由"Windows 照片查看器"变为"照片",如图 7-14 所示。

图 7-13 "选择应用"列表   图 7-14 将"照片"设置为默认应用程序

（4）设置完成后，当再次查看或编辑图片时，将自动使用"照片"程序打开该图片。

7.2.2 按文件类型设置应用程序

在打开某种类型的文件时，有时希望使用特定应用程序来打开。例如，如果 Windows 10 系统默认使用 Windows Media Player 来播放 MP4 视频文件，但很多用户通常使用暴风影音来播放该类型的文件，这就需要按 MP4 文件类型来设置关联应用，具体操作如下：

（1）在"默认应用"窗格中，单击下方的"按文件类型指定默认应用"链接，打开"按文件类型指定默认应用"设置窗口，系统识别文件类型需要花一些时间，等所有文件类型加载完成后，所有的文件类型与其指定的默认应用程序显示在窗口中，如图 7-15 所示。

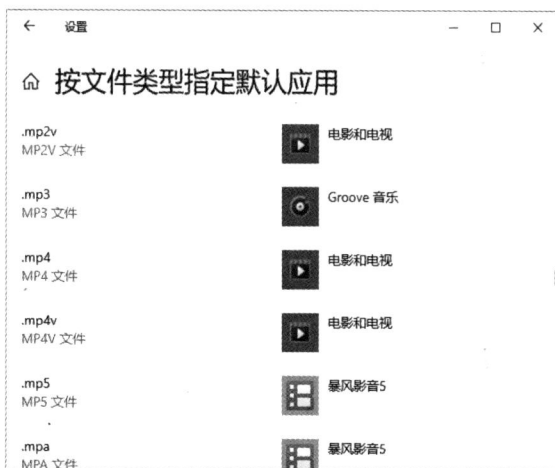

图 7-15 所有的文件类型与其指定的默认应用程序

（2）如果用户希望每次打开 MP4 文件时，都使用"暴风影音 5"进行播放，则需要从左侧文件类型列表中找到"MP4 文件"选项，单击右侧对应的"电影和电视"图标，打开如图 7-16 所示的"选择应用"列表，单击"暴风影音 5"选项，则"MP4 文件"类型关联的默认应用程序被指定为"暴风影音 5"。

图 7-16　"选择应用"列表

（3）设置完成后，每当打开 MP4 文件时，将默认使用"暴风影音 5"进行播放。

提示

设置某种文件类型打开时的默认应用程序，有一种简便方法是在文件夹窗口中右击某个文件，在弹出的快捷菜单中单击"属性"命令，从打开的文件"属性"对话框中单击"更改"按钮，并选择默认应用程序。

7.2.3　启用或关闭 Windows 功能

在 Windows 10 系统中，当有些服务功能暂时不需要时，可以将其关闭；当需要时，可以将关闭的功能再次打开。这就需要启用或关闭 Windows 功能。

（1）打开"控制面板"窗口，单击"查看方式"→"大图标"（或"小图标"）→"程序和功能"选项，在左侧窗格中单击"启用或关闭 Windows 功能"链接，打开"Windows 功能"对话框，如图 7-17 所示。

图 7-17　"Windows 功能"对话框

（2）如果要启用某项功能，则勾选该功能前的复选框；反之，如果要关闭某项功能，则取消勾选该功能前的复选框，操作完成后单击"确定"按钮。

对于不熟悉的功能不要随便关闭，否则可能导致系统无法正常运行。

试一试

（1）设置"电影和电视"为 Windows 10 系统默认的视频播放器。

（2）设置打开 BMP 文件的默认应用程序为"画图"。

讨论与交流

当 Windows 系统升级后，计算机的默认应用程序设置可能会被重置或更改，在打开某些文件类型时可能会遇到问题，此时应该如何设置默认应用程序？

_____

_____

任务 7.3　设备的使用与管理

问题与思考

- 在添加计算机硬件设备后，如何将它连接到计算机上并使其正常运行？
- 如何安装扫描仪及其驱动程序？

驱动程序是指操作系统与硬件设备之间通信的特殊程序，相当于软硬件的接口，操作系统只有通过这个接口，才能控制硬件设备的工作，假如计算机中的硬件设备没有正确安装驱动程序，便不能正常工作。因此，驱动程序可以说是硬件设备与操作系统之间的桥梁。

7.3.1　了解硬件设备

计算机硬件是指计算机系统中由电子、机械和光电元件等组成的各种物理装置的总称。这些物理装置按系统结构的要求构成一个有机整体，为计算机软件运行提供物质基础。简而言之，计算机硬件的功能是输入并存储程序和数据，以及通过执行程序把数据加工成可以利用的形式。在用户需要的情况下，以用户要求的方式进行数据的输出。

从外观上来看，计算机由主机箱和外部设备组成。主机箱内主要包括 CPU、内存、主板、硬盘驱动器、光盘驱动器、各种扩展卡、连接线、电源等；外部设备包括鼠标、键盘、显示器等。

1. 即插即用设备

即插即用设备是指当硬件设备连接到计算机后，不用对它进行配置即可使用的设备。即插即用主要是配合使用物理设备和软件（设备驱动程序），在每个设备和它的驱动程序之间建立通信信道。

系统支持即插即用设备的特征如下。

（1）自动和动态识别已安装的设备，包括在操作系统初始安装时对即插即用设备的自动识别，以及在运行时对即插即用设备改变的识别。

（2）分配硬件资源。即插即用设备的驱动程序不能实现资源的分配，只有在操作系统识别出该设备之后才分配对应的资源。即插即用管理器能够接收即插即用设备发出的资源请求，并根据请求分配相应的硬件资源，当操作系统中加入的硬件资源已经被其他设备占用时，即插即用管理器可以对已分配的硬件资源进行重新分配。

（3）加载相应的驱动程序。当操作系统中加入新设备时，即插即用管理器能够判断出相应的驱动程序并实现驱动程序的自动加载。

（4）与电源管理的交互。即插即用设备与电源管理的一个共同关键特性是事件的动态处理，包括设备的插入和拔出、唤醒或使设备进入睡眠状态。

2．非即插即用设备

有些硬件设备连接计算机后，不能立即使用，需要安装相应的驱动程序才能使用，这样的设备属于非即插即用设备，如打印机、扫描仪、游戏控制器等。由于制造商更倾向于即插即用设备，所以非即插即用设备的生产变得越来越少。非即插即用设备一般是较早期的设备。

7.3.2　硬件设备的使用与管理

在计算机的使用过程中，根据工作内容的不同，需要添加或删除各种各样的硬件设备，安装硬件设备的驱动程序。硬件设备的驱动程序在操作系统中占据十分重要的地位，一般当操作系统安装完成后，首要的便是安装硬件设备的驱动程序。不过，在大多数情况下，用户并不需要安装所有硬件设备的驱动程序。例如，硬盘、显示器、光驱、键盘、鼠标等就不需要安装驱动程序，而外置的扫描仪、摄像头等就可能需要安装驱动程序，并且硬件设备有新的驱动程序也需要及时更新。另外，不同版本的操作系统对硬件设备的支持也是不同的，一般情况下，版本越高所支持的硬件设备也越多。例如，Windows 10 系统就可以自动查找和安装大部分硬件设备的驱动程序。

Windows 10 系统相比以往版本的 Windows 系统在驱动程序方面有了很大改进，不仅给操作系统带来了稳定的运行状态，还在驱动程序的安装方式上降低了用户操作的复杂性。

1．安装打印机

打印机的使用比较普及和方便，通过 Windows 10 系统中的"设备和打印机"功能，用户能直观地了解当前与计算机连接的打印机等硬件设备，并能方便地管理这些设备。打开"控制面板"窗口，单击"查看方式"→"大图标"（或"小图标"）→"设备和打印机"选项，在打开的"设备和打印机"窗口中可以看到当前与计算机连接的硬件设备，并以实际物理外观的图标形式呈现，如图 7-18 所示。

打印机按照接口类型可以分为并口打印机、网络打印机和 USB 接口打印机。下面以在计算机中连接 USB 接口打印机为例，简要介绍添加打印机的方法。

首先准备好打印机自带的光盘安装驱动程序，或者从官网中下载该型号打印机的驱动程序，将 USB 接口打印机数据线分别与计算机和打印机连接，接通打印机电源，运行打印机驱动程序，然后按照向导的提示安装驱动程序。如果找不到安装驱动程序或安装驱动程序与打印机不匹配，则系统提示用户指定安装驱动程序，并自动完成安装。

图 7-18　"设备和打印机"窗口

2. 查看硬件设备的信息

如果要查看计算机硬件设备的状态信息，则可以使用设备管理器。设备管理器提供计算机硬件设备的图形视图，通过它可以安装和更新硬件设备驱动程序、配置硬件设备等。

（1）右击"此电脑"图标，在弹出的快捷菜单中单击"属性"命令，打开"系统"设置窗口，如图 7-19 所示。在该窗口中可以查看计算机系统的基本信息。

图 7-19　"系统"设置窗口

（2）单击右侧窗格"相关设置"选区中的"设备管理器"链接，打开"设备管理器"窗口，如图 7-20 所示。

（3）在该窗口中展开要查看的设备，选中要查看的具体项目，单击工具栏中的"属性"按钮，打开该设备的属性对话框，如图 7-21 所示。在"驱动程序"选项卡中可以查看驱动程序的详细信息、更新驱动程序等。

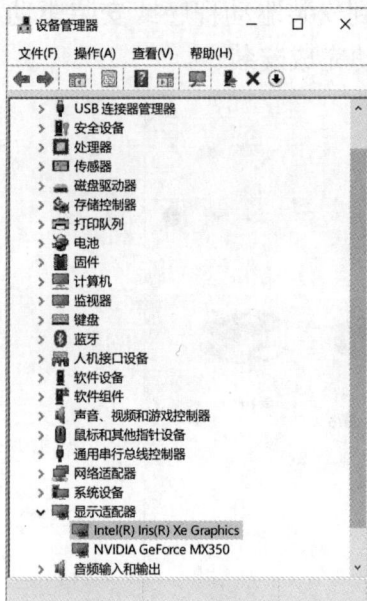

图 7-20 "设备管理器"窗口

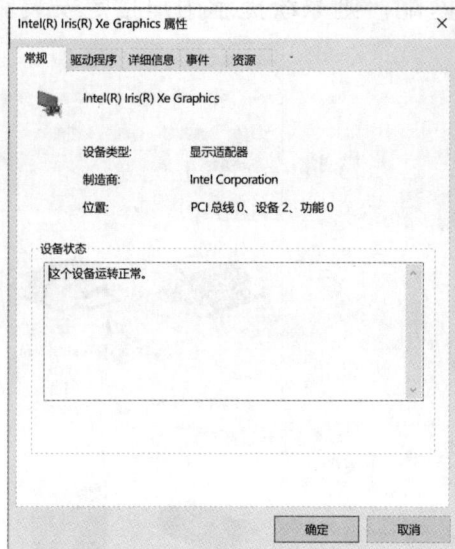

图 7-21 设备属性对话框

3．更新硬件设备的驱动程序

如果驱动程序出现问题，则可能导致硬件设备无法正常使用，为使硬件设备更好地发挥作用，有时需要对硬件设备的驱动程序进行升级。升级驱动程序的目的是解决老版本中存在的缺陷和漏洞，有时厂家也会定期发布新的硬件设备驱动程序，以更好地发挥硬件设备的性能。因此，在必要时，可以对硬件设备的驱动程序进行升级。在"设备管理器"窗口中打开要升级驱动程序的硬件设备属性对话框（见图 7-20），在"驱动程序"选项卡中单击"更新驱动程序"按钮，如图 7-22 所示。

在弹出的"更新驱动程序"对话框中给出了搜索驱动程序的方式，可以让 Windows 在计算上自动搜索更新硬件设备的驱动程序，还可以手动安装硬件设备的驱动程序，如图 7-23 所示。

图 7-22 "驱动程序"选项卡

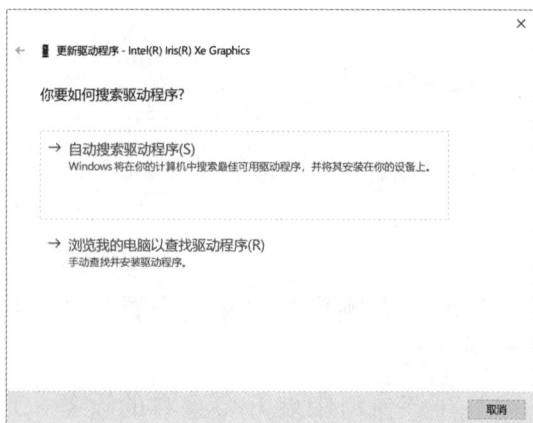

图 7-23 "更新驱动程序"对话框

如果要手动安装硬件设备的驱动程序，则单击"浏览我的电脑以查找驱动程序"选项，在打开的对话框中选择驱动程序所在的文件夹，并按照向导的提示进行安装即可。

提示

某些专业网站提供了计算机及其硬件设备的驱动程序，在需要时可以从这些网站上下载并安装使用。

4．禁用和启用硬件设备

如果某个硬件设备不再使用，或者该硬件设备因发生故障而导致操作系统出现问题，则可以禁用它。具体的操作方法是在"设备管理器"窗口列表中，右击要禁用的硬件设备选项，在弹出的快捷菜单中单击"禁用设备"命令，如图 7-24 所示。

单击"禁用设备"命令后，系统会给出提示信息，询问用户是否确实要禁用此设备，如图 7-25 所示。

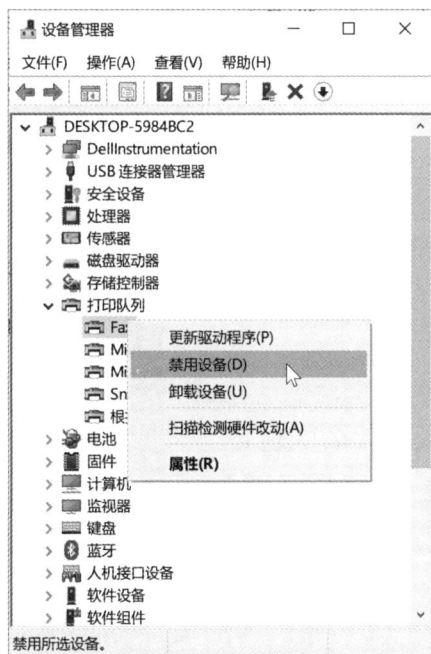

图 7-24　单击"禁用设备"命令　　　　　　图 7-25　禁用设备提示信息

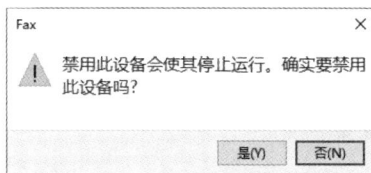

如果禁用了该设备，则该设备的图标上会出现一个叹号"!"。要想再次启用该设备，只需在"设备管理器"窗口中右击该设备，在弹出的快捷菜单中单击"启用设备"命令即可。

5．卸载硬件设备

如果不再使用某个硬件设备，或者准备更新某个硬件设备的驱动程序，则可以卸载该硬件设备的驱动程序。一种方法是在"设备管理器"窗口列表中，右击要卸载的硬件设备，在弹出的快捷菜单中单击"卸载设备"命令，打开"卸载设备"对话框，如图 7-26 所示，勾选"删除此设备的驱动程序软件"复选框，单击"卸载"按钮。

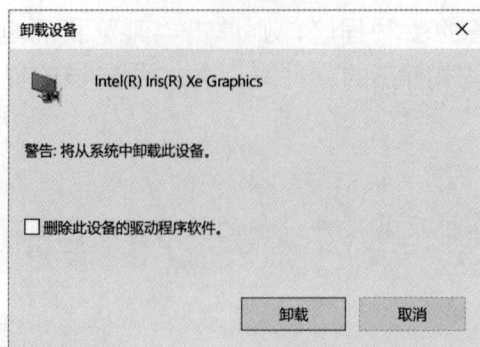

图 7-26 "卸载设备"对话框

另一种方法是右击要卸载的硬件设备，在弹出的快捷菜单中单击"卸载设备"命令，并按照提示信息操作。

ℹ 提示

如果要暂停使用某个硬件设备，则可以选择禁用该设备。禁用只是暂时停用，而卸载是将驱动程序从计算机中删除。

🖱 试一试

（1）检查你所使用的计算机是否已经安装声卡，尝试分别禁用和启用该硬件设备。
（2）在计算机上安装一台打印机，并安装其驱动程序。

🔄 讨论与交流

对于安装在计算机中的硬件设备来说，禁用与卸载有什么区别？

_____

_____

知识拓展

安装网卡

现在大部分硬件设备属于即插即用设备，在台式计算机中安装网卡比较简单，但也应该注意以下事项。

首先，检查网卡是否已经被正确插入计算机插槽中。如果网卡没有被紧密地插入插槽中，或者网卡和插槽位置有明显偏离，或者网卡金手指上有严重的氧化层，那么会导致网卡无法被计算机正确识别，这样就无法安装网卡。

其次，如果计算机中还插有其他类型的插卡，那么应尽量让网卡与这些插卡之间保持一定的距离，不能靠得太近，否则网卡在工作时可能会受到来自其他插卡的信号干扰，特别是在计算机频繁与网络交换大容量数据时，网卡受到外界干扰的现象就更明显，这样很容易导致网络传输效率不高。

最后，检查一下网卡的驱动程序版本是否与所安装的网卡一致。如果驱动程序的版本不正确或安装驱动程序的系统环境不正确，则网卡不能正常使用。因此，在安装网卡的驱动程序时，应尽量选用原装的驱动程序，若没有原装的驱动程序，则可以到网上下载对应型号的最新驱动程序，而且还要确保驱动程序适用于网卡所在的计算机操作系统。如果计算机操作系统中已经安装了旧版本的驱动程序，则一定要先通过系统设备管理器中的设备卸载功能，将之前的驱动程序卸载，再安装新的驱动程序。

总结评价

1. 自查学习成果，填写表 7-1。已达成的打√，未达成的记录原因。如果你达成的学习成果未在表中列出，则请在"其他"栏中写出。

表 7-1 自查学习成果表

学 习 成 果	已 达 成	未达成原因
我会在计算机上安装应用软件		
我会设置默认应用程序		
我会安装计算机硬件设备的驱动程序		
我会卸载或更新计算机硬件设备的驱动程序		
其他：		

2. 对照本项目要求，回答以下问题。

（1）在学习本项目的过程中，你比较满意的是什么？

_____

_____

（2）在学习本项目的过程中，你在哪些方面存在不足？如何改进？

_____

_____

（3）联系实际，通过学习本项目能帮助你解决哪些实际问题？

_____

_____

习题 7

一、填空题

1. 在计算机中安装应用软件的基本环节是选择安装路径、阅读许可协议、_____、_____等。

2. 当运行某应用程序时，要求提升当前用户的管理权限，这时应该右击应用程序或其快捷方式图标，在弹出的快捷菜单中单击_____命令。

3. 有些应用程序在安装之前需要进行解压缩，常见的压缩文件后缀名为_____、

_____等。

4．通过控制面板管理已安装的应用程序，可以对该应用程序进行_____或_____操作。

5．_____是指某类应用程序所对应的管理程序。

6．要启用或关闭 Windows 功能，需要在"程序和功能"窗口中单击_____链接进行设置。

7．如果要查看当前计算机中已安装的 Windows 系统的基本信息，则可以右击"此电脑"图标，在弹出的快捷菜单中单击_____命令来查看，或者在"控制面板"窗口中单击_____按钮来查看。

8．如果要查看当前计算机中已安装的硬件设备配置信息，则可以打开_____窗口来查看。

9．如果计算机中安装的某个硬件设备不再使用，则可以_____或_____该设备。

10．_____是操作系统与硬件设备之间通信的特殊程序，操作系统只有通过这个接口，才能控制硬件设备的工作。

二、操作题

1．在教师的指导下卸载计算机中已安装的办公软件，重新安装办公软件 WPS Office 2019。

2．从网上下载最新版本的腾讯会议软件并进行安装。

3．从网上下载迅雷工具软件并进行安装。

4．如果有扫描仪设备，则将其连接到计算机上。

项目 8

计算机系统管理与维护

项目要求

- ➤ 能够使用任务管理器对运行的应用程序或进程进行管理
- ➤ 能够清理磁盘、整理磁盘碎片、对磁盘进行格式化等
- ➤ 了解加密的作用，并能对文件与文件夹进行基本的加密和解密
- ➤ 能够对用户账户进行管理等
- ➤ 能够创建 Windows 10 系统的还原点
- ➤ 能够创建系统映像等
- ➤ 能够进行文件备份与还原
- ➤ 能够对系统性能进行设置

为提高 Windows 系统的运行效率，确保计算机系统的正常运行，需要定期对计算机系统进行维护，Windows 10 系统提供了最基本的管理和维护工具，包括任务管理、磁盘管理、用户账户管理、系统性能的优化及系统工具的使用等，以便系统能够正常稳定地运行。

任务 8.1　任务管理器的使用

问题与思考

- 在使用计算机的过程中，你是否遇到过因运行某个应用程序而出现"死机"现象？遇到这种情况应怎样处理？
- 如何终止某个应用程序的运行？

任务管理器为用户提供了正在计算机上运行的进程的相关信息。使用任务管理器可以监视计算机的性能，查看正在运行的应用程序状态，以及终止已停止响应的应用程序。

启动任务管理器的具体方法为右击任务栏空白处，在弹出的快捷菜单中单击"任务管理

器"命令或按 Ctrl+Alt+Del 组合键,在打开的界面中单击"任务管理器"选项,打开"任务管理器"窗口,如图 8-1 所示。

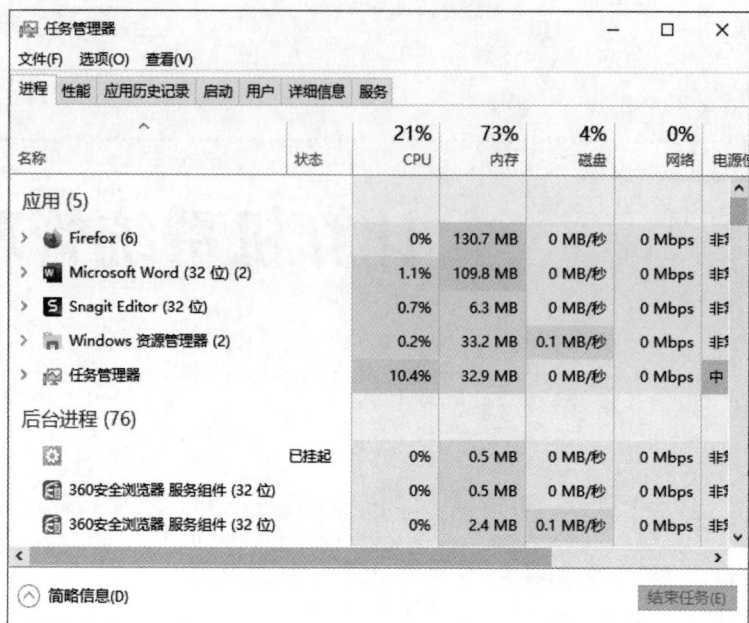

图 8-1   "任务管理器"窗口

"任务管理器"窗口包含菜单栏、选项卡和相关的命令按钮,其中在"进程"选项卡中包括"应用"、"后台进程"和"Windows 进程"3 个部分,右侧显示每个应用程序或进程的运行状态和占用系统资源的情况。

8.1.1   终止应用程序

在计算机系统运行过程中,如果某个应用程序出错,长时间处于无响应的状态,则这时用户可以在"任务管理器"窗口的"进程"选项卡中终止该应用程序的运行。例如,用户在使用计算机的过程中,有时会遇到在执行某个应用程序时计算机运行速度变慢,或者计算机出现"死机"现象的情况,这时用户可以查看计算机的运行状态,终止影响计算机运行速度的应用程序,使计算机运行变得流畅,具体方法是在任务管理器中终止该应用程序的运行。

鼠标右击任务栏空白处,在弹出的快捷菜单中单击"任务管理器"命令,打开"任务管理器"窗口,在"进程"选项卡中可以看到当前计算机中运行的 5 个应用程序及每个应用程序占用系统资源的情况,其中 Firefox 浏览器打开了 6 个页面,Windows 资源管理器打开了两个窗口,单击右向箭头可以展开查看详细的信息。如果要终止某个应用程序的运行,则选中该应用程序,单击窗口右下角的"结束任务"按钮,即可终止该应用程序的运行。

用同样的方法,可以终止后台进程的运行,但对于 Windows 进程,用户尽量不要随意终止它的运行,以免影响计算机系统的正常运行。

8.1.2   查看系统资源使用信息

传统的程序本身是一组指令的集合,是一个静态的概念,无法描述程序在内存中的执行情况，即无法从程序的字面上看出它何时执行，何时停顿，也无法看出它与其他执行程序的关系，因此，程序这个静态概念已不能如实反映程序并发执行过程的特征。为了深刻描述程序动态执行过程的性质，引入了"进程（Process）"的概念。

所谓进程，从狭义上讲，就是正在运行的程序的实例；从广义上讲，进程是一个具有一定独立功能的程序关于某个数据集合的一次运行活动，它是操作系统动态执行的基本单元。进程的状态反映进程执行过程的变化，这些状态随着进程的执行和外界条件的变化而转换。

"任务管理器"窗口包括"进程"、"性能"、"应用历史记录"、"启动"、"用户"、"详细信息"和"服务"选项卡。

（1）在"进程"选项卡中可以查看计算机中运行的应用程序的进程信息。进程在这里分为打开的应用程序和后台运行的进程。每个进程都显示了相关的 CPU、内存、磁盘、网络的使用信息。

（2）在"性能"选项卡中以折线图的形式显示了 CPU、内存、磁盘和 Wi-Fi 的使用率，如图 8-2 所示。

（3）在"应用历史记录"选项卡中可以查看当前计算机中应用累计使用的计算机资源情况，如图 8-3 所示。

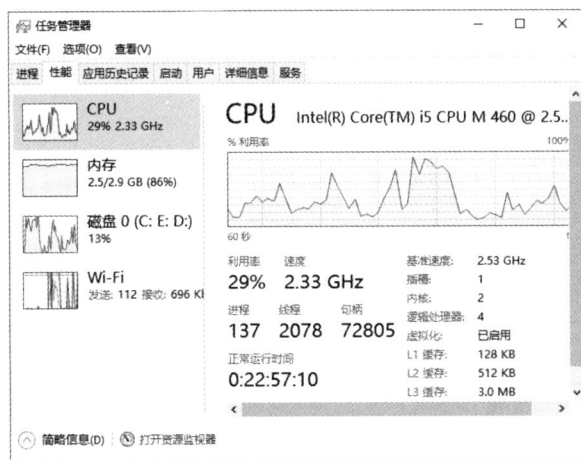

图 8-2　"性能"选项卡　　　图 8-3　"应用历史记录"选项卡

（4）在"启动"选项卡中可以查看系统开机后各个启动项的运行状态，如图 8-4 所示。如果不想某个应用程序在开机后自动启动，则可以在选中该程序后单击"禁用"按钮禁止该程序的自动运行。

（5）在"用户"选项卡中可以查看每个用户使用系统资源的情况，可以断开某个用户账户的连接或某个任务的运行。

（6）在"详细信息"选项卡中显示了当前运行进程的详细信息，包括名称、PID、状态、用户名、CPU、内存，以及 UAC 虚拟化，如图 8-5 所示。

（7）在"服务"选项卡中显示了当前计算机上的服务及这些服务的运行状态。计算机中的服务是指一种在后台运行的计算机程序或进程，用于对其他程序，尤其是低层（接近硬件）程序提供支持服务。

图 8-4 "启动"选项卡

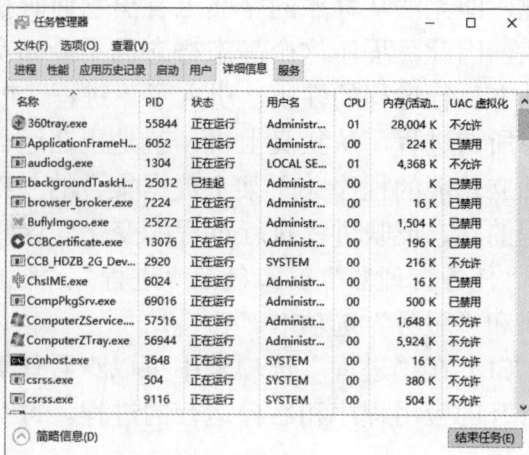

图 8-5 "详细信息"选项卡

试一试

（1）打开"任务管理器"窗口，选择一个正在运行的应用程序，并终止该应用程序的运行。

（2）在"性能"选项卡中查看 CPU、内存、磁盘和网络的运行情况。

（3）禁止你认为不需要在计算机开机时启动的应用程序。

讨论与交流

（1）使用任务管理器能够对进程进行管理，你能说说进程的含义吗？

_____

_____

（2）使用任务管理器能够对计算机做哪些操作处理？

_____

_____

知识拓展

Windows 资源监视器和性能监视器

Windows 资源监视器是一个 MMC 管理单元，通过它用户可以了解进程和服务是如何使用系统资源的，如图 8-6 所示。除了实时监视资源使用情况，Windows 资源监视器还可以帮助用户分析没有响应的进程，确定哪些应用程序正在使用文件，以及控制进程和服务。它主要用来监控 CPU、内存、磁盘、网络的实时使用状况。例如，某个进程或服务占用了多少 CPU、内存、磁盘空间，消耗了多少网络资源，以及外网和内网的详细 IP 地址端口。

Windows 性能监视器的作用是可以实时监视应用程序和硬件性能，并通过收集日志数据供以后分析使用，如图 8-7 所示。如果计算机近期频繁出现故障，或者某一类功能出现故障，则可以打开 Windows 性能监视器查看计算机的性能状况。

打开 Windows 资源监视器或 Windows 性能监视器的具体方法是单击"开始"→"Windows

管理工具"→"资源监视器"命令或"性能监视器"命令。

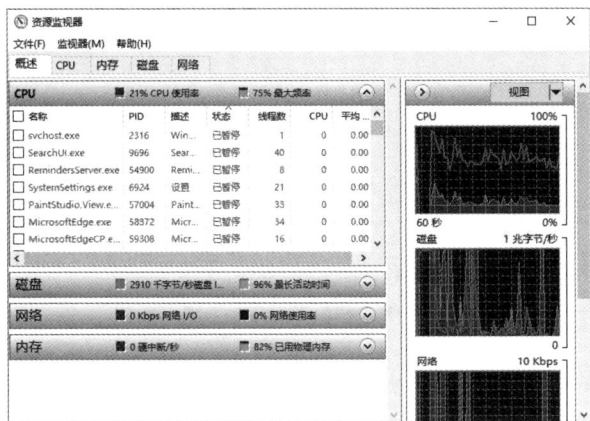

图 8-6 Windows 资源监视器

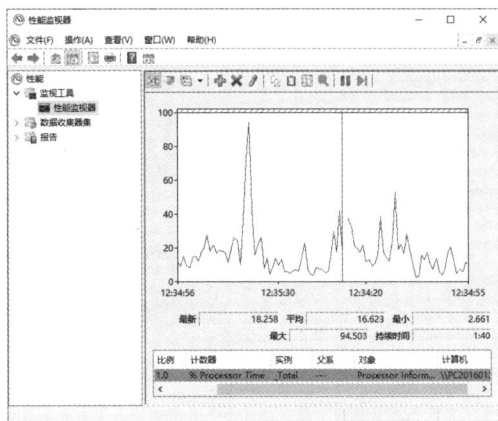

图 8-7 Windows 性能监视器

任务 8.2 磁盘管理

问题与思考

- 计算机运行一段时间后会产生磁盘"垃圾",如何清理这些"垃圾"?为什么要清理这些"垃圾"?
- 如何对计算机磁盘进行分区?分区后如何进行磁盘格式化?

磁盘管理是对计算机磁盘进行管理和维护的一系列操作,磁盘管理方法包括清理磁盘、优化磁盘、安装磁盘分区、扩展或缩小分区、更改磁盘驱动器号等,其好坏直接影响计算机性能和稳定性。Windows 系统的磁盘管理通过磁盘图形化管理工具进行。

8.2.1 磁盘错误检查

通过检查磁盘错误可以查找并修复文件系统中可能存在的错误,以及扫描并恢复磁盘的坏扇区,从而确保磁盘的正常运行,帮助用户解决计算机中可能存在的问题。

(1)双击桌面上的"此电脑"图标,打开"此电脑"窗口,右击要检查错误的磁盘(如 D盘),在弹出的快捷菜单中单击"属性"命令,打开"本地磁盘(D:)属性"对话框,选择"工具"选项卡,如图 8-8 所示。

(2)单击"检查"按钮,弹出"错误检查"对话框,如图 8-9 所示,根据提示确定是否需要进行错误检查。

(3)单击"扫描驱动器"选项,开始检查磁盘,并显示检查的进程。

检查结束后,会提示"已成功扫描你的驱动器"信息,如图 8-10 所示。单击"显示详细信息"链接,打开"事件查看器"窗口,可以看到详细的检查信息,如图 8-11 所示。

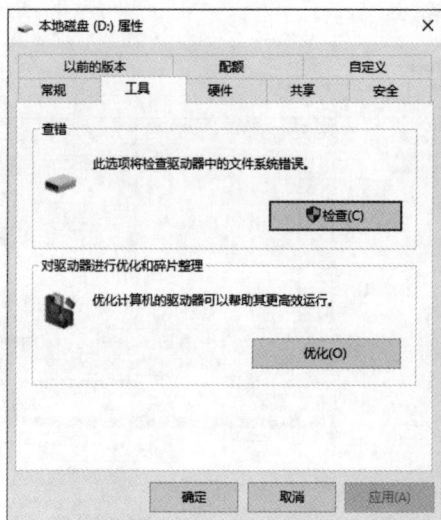

图 8-8　"工具"选项卡

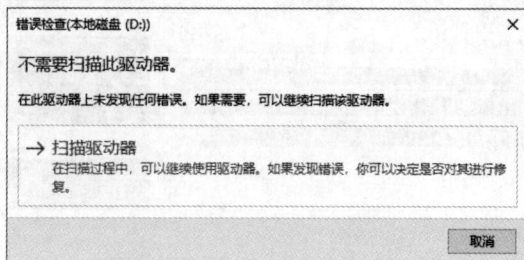

图 8-9　"错误检查"对话框

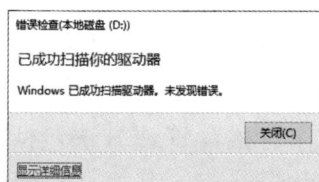

图 8-10　检查结束提示信息

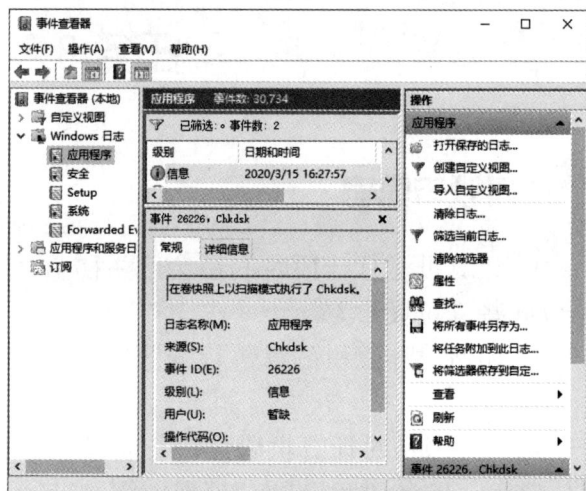

图 8-11　"事件查看器"窗口

8.2.2　磁盘清理

在计算机使用过程中会产生一些临时文件，这些文件会占用一定的磁盘空间并影响系统的运行速度。因此，在计算机使用过程中应定期对磁盘进行清理。

【任务 1】 计算机系统运行较慢，可能是系统中垃圾文件太多，需要对 C 盘进行清理。

任务分析：

磁盘清理是指清除计算机磁盘上的垃圾文件、临时文件、无用文件等，以释放磁盘空间，提供存储空间并提高计算机系统的运行效率。

任务实施：

（1）双击桌面上的"此电脑"图标，打开"此电脑"窗口，右击要清理的 C 盘，在弹出的快捷菜单中单击"属性"命令，打开"本地磁盘(C:)属性"对话框，选择"常规"选项卡，如图 8-12 所示。

（2）单击"磁盘清理"按钮，弹出"磁盘清理"对话框，系统先计算可以在当前磁盘中释放的空间，如图 8-13 所示。

（3）计算完成后弹出"(C:)的磁盘清理"对话框，在"要删除的文件"列表框中选择要清理的文件类型，如图 8-14 所示。

图 8-12　"常规"选项卡

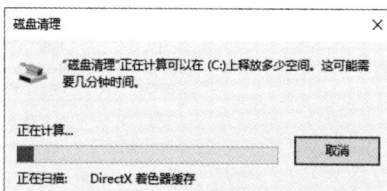

图 8-13　"磁盘清理"对话框

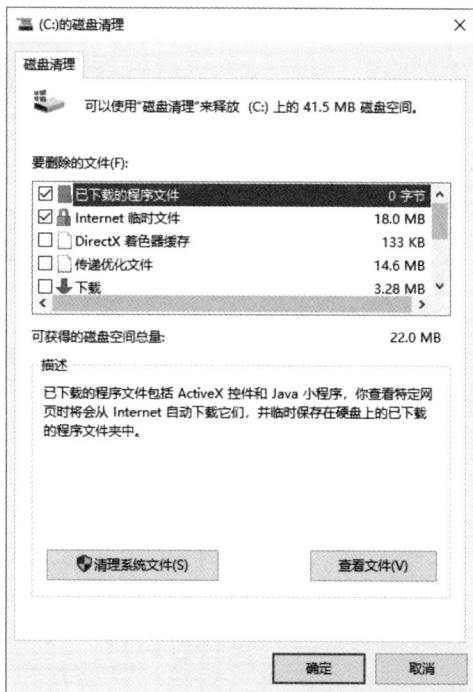

图 8-14　选择要清理的文件类型

（4）单击"确定"按钮，在弹出的删除文件提示框中单击"删除文件"按钮，系统将自动清理所选的文件，清理完成后自动关闭对话框。

8.2.3　优化磁盘

在计算机使用过程中，由于反复写入和删除文件，磁盘中的空闲扇区会分散到整个磁盘中，形成磁盘碎片，从而使文件不能存储在连续的扇区里。这样，在读写文件时就需要到不同的地方读取，增加了磁头的来回移动频率，降低了磁盘的访问速度。当计算机使用一段时间后，需要定期对磁盘进行碎片整理，释放磁盘空间，提高计算机的整体性能和运行速度。

（1）双击桌面上的"此电脑"图标，在打开的窗口中右击 C 盘，在弹出的快捷菜单中单击"属性"命令，打开"本地磁盘(C:)属性"对话框，选择"工具"选项卡。

（2）单击"优化"按钮，打开"优化驱动器"窗口，在"状态"列表框中选择要优化的磁盘，如图 8-15 所示。

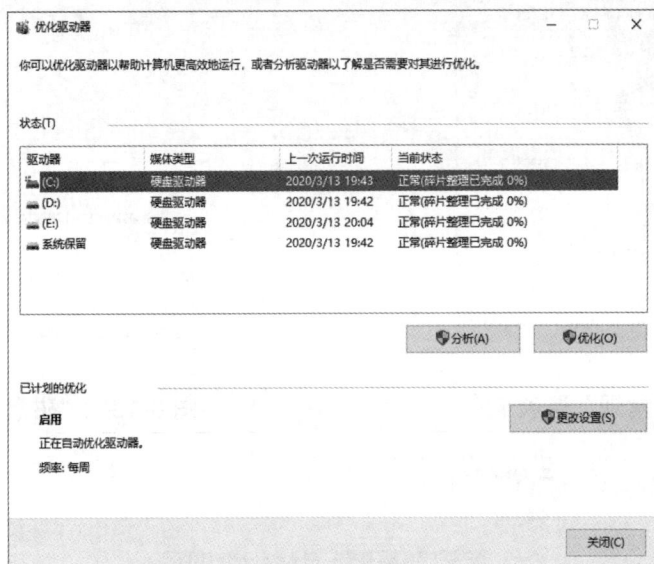

图 8-15　选择要优化的磁盘

（3）单击"分析"按钮，系统开始对所选的磁盘进行碎片分析，分析结束后显示磁盘碎片整理的比例；单击"优化"按钮，系统开始对所选的磁盘进行碎片整理，整理结束后单击"关闭"按钮即可。

如果希望更改驱动器的优化计划和频率，则单击"更改设置"按钮，打开"优化驱动器"对话框，根据选项设置优化计划和频率。

提示

磁盘碎片分析结束后，如果碎片的比例比较低，则不会影响系统的性能，可以不进行碎片整理。只有当磁盘碎片比例比较高时，才需要对磁盘进行碎片整理。

8.2.4　压缩磁盘空间

利用压缩磁盘空间的方式，对格式为 NTFS 的磁盘驱动器进行压缩，以获得更多的磁盘空间。如果磁盘使用的是 NTFS 文件系统，且需要更多的磁盘空间，则可以按照下面的方法对磁盘进行压缩。

（1）打开"文件资源管理器"窗口，选择一个磁盘（如 E 盘），打开"本地磁盘(E:)属性"对话框，选择"常规"选项卡，如图 8-16 所示。

（2）勾选"压缩此驱动器以节约磁盘空间"复选框，单击"应用"按钮或"确定"按钮，打开"确认属性更改"对话框，如图 8-17 所示。

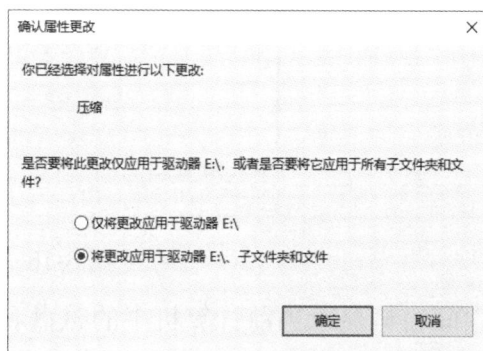

图 8-16　"常规"选项卡　　　　　图 8-17　"确认属性更改"对话框

（3）选中"将更改应用于驱动器 E:\、子文件夹和文件"单选按钮，单击"确定"按钮开始压缩磁盘驱动器。

如果压缩的磁盘驱动器中文件数量较多，则压缩过程可能需要一段时间。压缩完成后可以在该磁盘驱动器的属性对话框中查看增加的磁盘空间。

提示

NTFS 是 Windows 系统的新型标准文件系统。NTFS 文件系统取代了文件分配表（FAT）文件系统，对 FAT 文件系统做了若干改进，提供长文件名、数据保护和恢复功能，并通过目录和文件许可保证文件的安全性。NTFS 文件系统支持大硬盘和在多个硬盘上存储文件（称为卷），并提供内置安全性特征等。

8.2.5　磁盘分区管理

1. 认识磁盘管理工具

使用磁盘管理工具对磁盘进行管理，不仅可以查看磁盘的状态，了解磁盘的使用情况及分区格式，还可以对磁盘进行管理。例如，创建磁盘分区或卷，将卷格式化为 NTFS、FAT32 或 FAT 文件系统等。使用磁盘管理工具的操作步骤如下。

（1）右击桌面上的"此电脑"图标，在弹出的快捷菜单中单击"管理"命令，打开"计算机管理"窗口，如图 8-18 所示。

（2）在左侧窗格中单击"磁盘管理"选项，右侧窗格会显示当前磁盘的相关信息。

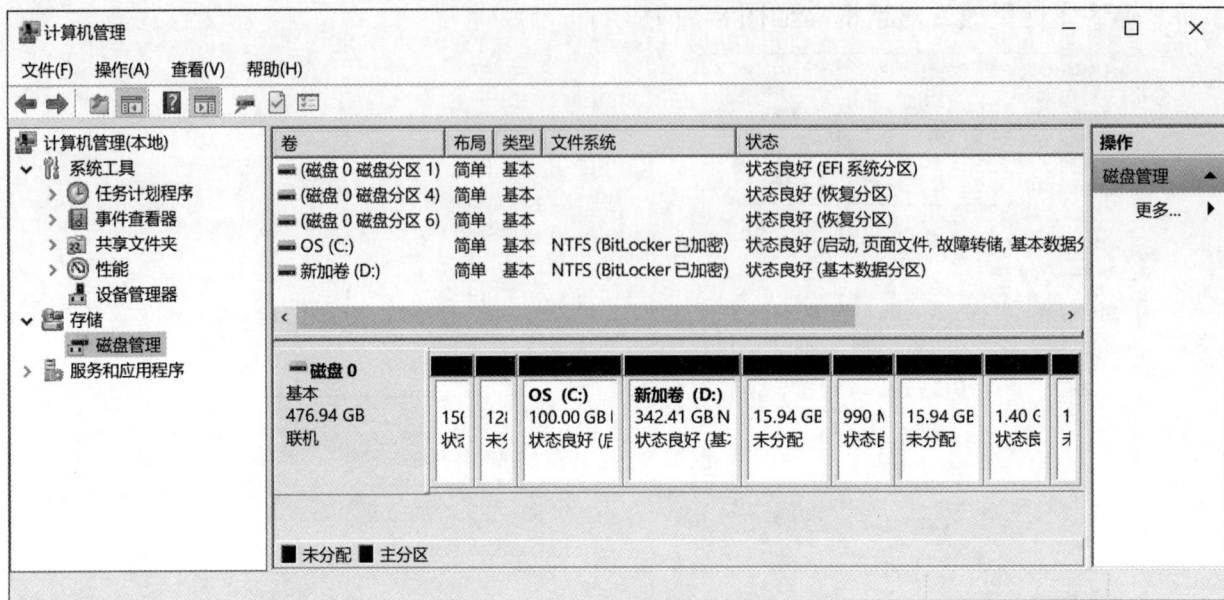

图 8-18　"计算机管理"窗口

中间窗格显示当前计算机中的磁盘和它的分区与分卷情况，通过"查看"菜单可以改变"计算机管理"窗口的显示内容和外观。

在 Windows 10 系统中，几乎所有的磁盘管理操作都能够通过计算机的磁盘管理工具来完成，并且大多工具都是基于图形用户界面的，用户可以进行创建、格式化、删除磁盘分区、更改驱动器号等磁盘管理操作。

2．创建磁盘分区

在传统的磁盘管理中，将一个硬盘分为两大类分区：主分区和扩展分区。主分区是能够安装操作系统、能够进行计算机启动的分区，这样的分区可以直接格式化并安装系统，也可以直接存放文件。对于新购置的计算机或在计算机中添加新的磁盘，在使用之前，通常先对磁盘进行空间分配，即创建磁盘分区，将一个磁盘分成几个逻辑磁盘，便于对磁盘进行管理。对于原来已有的磁盘，格式化后一般也要进行磁盘分区管理。

【任务 2】在"计算机管理"窗口中，有的磁盘分区没有被分配，根据用户要求把它分为 1～2 个磁盘分区，并进行分区格式化。

任务分析：

磁盘分区是使用分区编辑器在磁盘上划分的几个逻辑部分，磁盘一旦被划分成数个分区，不同类的目录与文件可以存储进不同的分区中。分区越多，也就有更多不同的区域存放不同类型的文件，更方便文件的管理；但太多的分区也不便于文件的管理。在分区之前，应规划好每个分区的空间大小。

任务实施：

（1）打开"计算机管理"窗口，右击第 2 个"15.94GB 未分配"的磁盘空间图示，在弹出的快捷菜单中单击"新建简单卷"命令，打开"新建简单卷向导"对话框，如图 8-19 所示。

（2）单击"下一页"按钮，设置卷的大小，可以使用全部未分配的空间，也可以指定空间大小，在本任务中采用默认指定的空间大小，如图 8-20 所示。

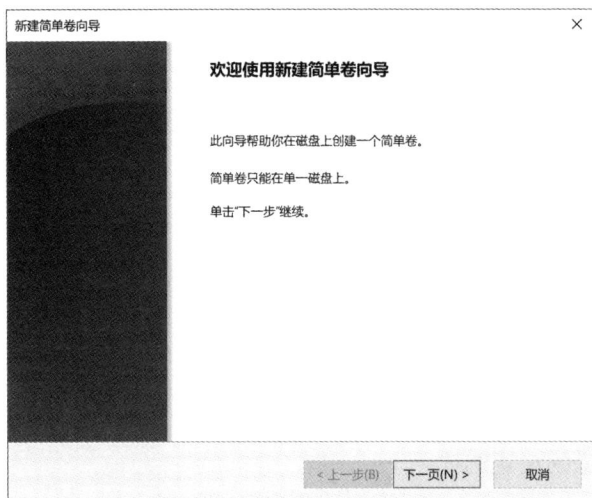

图 8-19　"新建简单卷向导"对话框

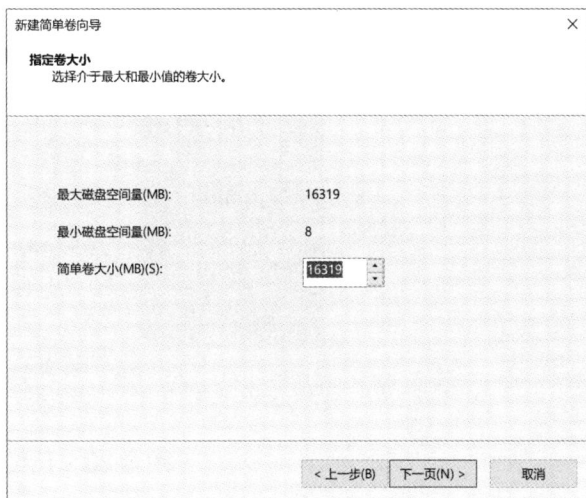

图 8-20　采用默认指定的空间大小

（3）单击"下一页"按钮，在弹出的对话框中选中"分配以下驱动器号"单选按钮，一般选择默认驱动器号，如图 8-21 所示。

（4）单击"下一页"按钮，在弹出的对话框中选中"按下列设置格式化这个卷"单选按钮，在"文件系统"下拉列表中单击"NTFS"选项，在"分配单元大小"下拉列表中单击"默认值"选项，将"卷标"设置为"新加卷"，并勾选"执行快速格式化"复选框，如图 8-22 所示。

图 8-21　分配驱动器号

图 8-22　格式化分区

（5）单击"下一页"按钮，在"已选择下列设置"列表框中列出已经选择的设置选项，如图 8-23 所示。

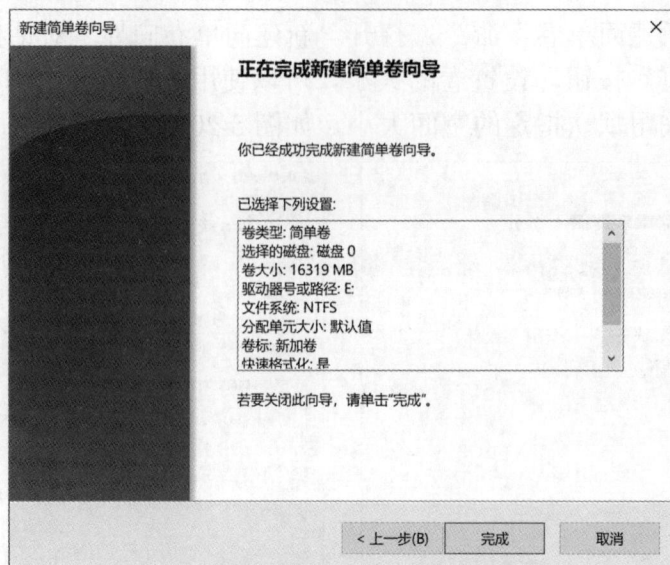

图 8-23　已经选择的设置选项

（6）单击"完成"按钮，开始创建新的分区并对该分区执行快速格式化。格式化完成后，新建的磁盘分区"新加卷(E:)"出现在磁盘卷列表和图形视图中，如图 8-24 所示。

使用同样的方法，可以对未分配的其他磁盘空间进行分区，并设置磁盘分区大小。

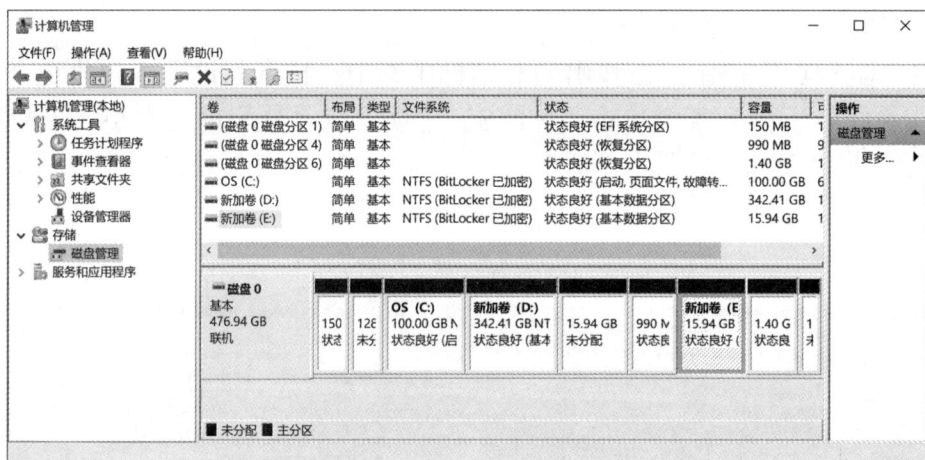

图 8-24　新建的磁盘分区

3．扩大磁盘分区

扩大磁盘分区就是扩展现有的卷，如果当前使用的一个磁盘分区空间不足，需要扩大磁盘分区，则可以通过扩展卷来实现。前提是在同一磁盘上必须有未分配的磁盘空间，且要扩展的卷必须使用 NTFS 文件系统格式。

【任务 3】在"计算机管理"窗口的磁盘卷列表中，有一个未分配的 15.94GB 磁盘空间，要求使用该未分配的磁盘空间来扩充磁盘卷（D:）的磁盘空间。

任务分析：

将现有卷扩展到磁盘驱动器上的可用未分配（空闲）空间，为该卷添加空间。要想扩展卷，磁盘的空闲空间必须是没有卷的未分配空间的；空闲空间必须紧跟在要扩展的卷后面，要扩展的卷和要添加的空闲空间之间不能有任何卷。

任务实施:

(1) 在"计算机管理"窗口中,右击要扩展的磁盘卷(D:),并在弹出的快捷菜单中单击"扩展卷"命令,出现扩展卷向导,单击"下一步"按钮,打开"扩展卷向导"对话框,如图 8-25 所示。

(2) 在"选择空间量"数值框中设置要扩展的空间容量。例如,使用全部未分配的空间。单击"下一页"按钮,提示已经完成扩展卷的设置。

(3) 如果不需要改动设置,则直接单击"完成"按钮,系统自动扩展磁盘卷(D:),增加了磁盘空间,扩展后的磁盘分区如图 8-26 所示。

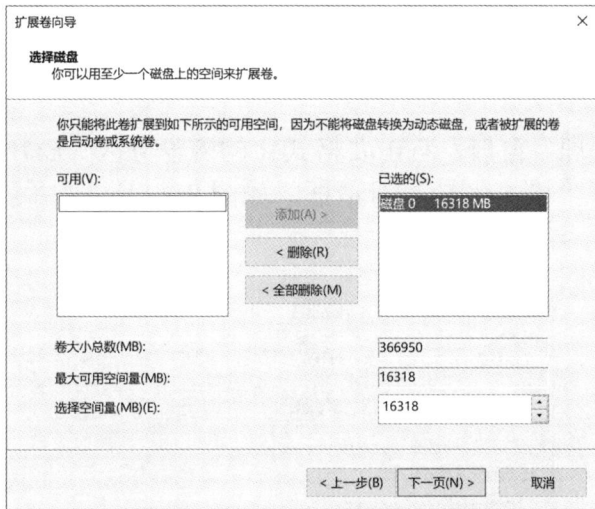

图 8-25 "扩展卷向导"对话框

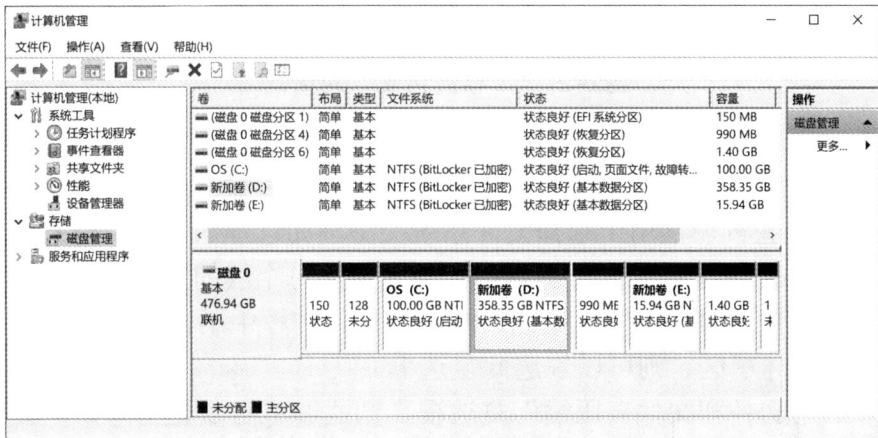

图 8-26 扩展后的磁盘分区

4．格式化磁盘分区

磁盘格式化是指对磁盘的存储区域进行划分,使计算机能够准确无误地在磁盘上存储或读取数据。通过格式化磁盘可以发现并标识出磁盘中的坏扇区,以避免在这些坏扇区上记录数据。由于格式化会删除磁盘上原有的数据,因此在格式化磁盘前要确定磁盘上的数据文件是否需要保留,以免误删。

硬盘格式化可分为高级格式化和低级格式化,高级格式化又被称为逻辑格式化,它是指根据用户选定的文件系统（如 FAT、FAT32、NTFS 等），在硬盘的特定区域中写入特定数据，以实现初始化磁盘或磁盘分区、清除原磁盘或磁盘分区中所有文件的操作；低级格式化是指在高级格式化前对硬盘进行分区和物理格式化。本任务所介绍的格式化是指高级格式化，为硬盘选择一种文件系统 NTFS 或 exFAT。

【任务 4】对"计算机管理"窗口磁盘卷列表中的磁盘分区（E:）进行格式化（E:是非系统分区）。

任务分析：

高级格式化包括对主引导记录中分区表相应区域的重写，根据用户选定的文件系统，在分区中划出一片存放文件分配表、目录表等并用于文件管理的磁盘空间，以便用户使用该分区管理文件。对于计算机中新增加的硬盘，在首次使用前通常也要进行格式化。

任务实施：

（1）打开"计算机管理"窗口，右击要格式化的磁盘分区（E:），在弹出的快捷菜单中单击"格式化"命令，打开"格式化 E:"对话框，如图 8-27 所示。

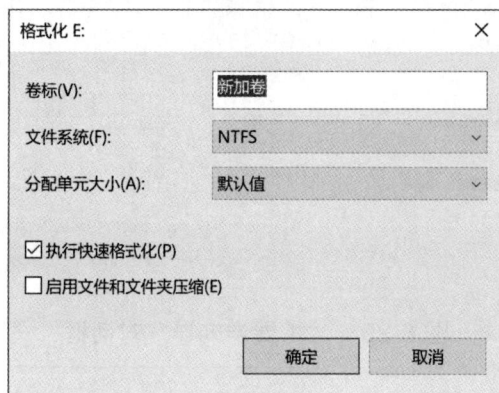

图 8-27　"格式化 E:"对话框

（2）设置格式化选项，各选项的含义介绍如下。

- 卷标：文本框用于输入磁盘分区的卷标，用来标识磁盘分区的用途。
- 文件系统：下拉列表框用于选择文件系统类型，如选择 NTFS 文件系统。
- 分配单元大小：下拉列表框用于选择存储文件的每个簇的大小，一般选择默认值。

如果勾选"执行快速格式化"复选框，则在格式化过程中不检查磁盘错误，格式化速度较快。如果磁盘没有坏扇区，则可以勾选此复选框。

如果勾选"启用文件和文件夹压缩"复选框，则能够节省磁盘空间，但会使系统运行速度变慢。

（3）单击"确定"按钮，根据系统给出的提示信息，确定是否要继续进行格式化操作。

磁盘格式化后，原来所存储的文件等信息全部被清除，因此格式化前一定要慎重。

ⓘ 提示

exFAT（Extended File Allocation Table File System，扩展 FAT，也被称作 FAT64，扩展文件分配表）是 Microsoft 在 Windows 系统中引入的一种适合于闪存的文件系统，用来解决 FAT32 等文件系统不支持 4GB 及更大文件的问题。

5．更改驱动器号和路径

通过"计算机管理"窗口还可以更改磁盘分区的驱动器号和路径，但前提是该磁盘分区不是系统或启动分区。驱动器路径是指在其他磁盘分区中指定一个空白文件夹，用于访问该分区。更改驱动器号和路径的操作方法如下。

（1）在"计算机管理"窗口中，右击要更改驱动器号和路径的磁盘分区，如磁盘分区（E:），在弹出的快捷菜单中单击"更改驱动器号和路径"命令，打开"更改 E: (新加卷) 的驱动器号和路径"对话框，如图 8-28 所示。

（2）单击"更改"按钮，打开"更改驱动器号和路径"对话框，从"分配以下驱动器号"下拉列表中选择新的驱动器号，如新驱动器号 T:，如图 8-29 所示。

（3）单击"确定"按钮，弹出提示对话框，提示某些依赖该驱动器号的程序可能无法正常运行，单击"是"按钮，即可将该驱动器号由 E:改为 T:。

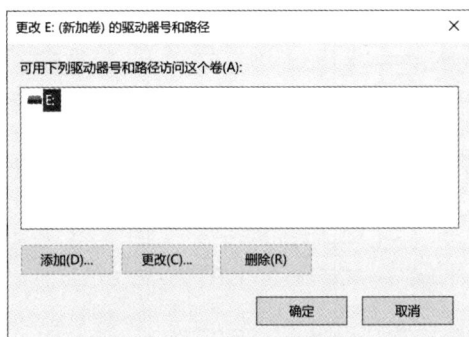

图 8-28　"更改 E:(新加卷) 的驱动器号和路径"
对话框

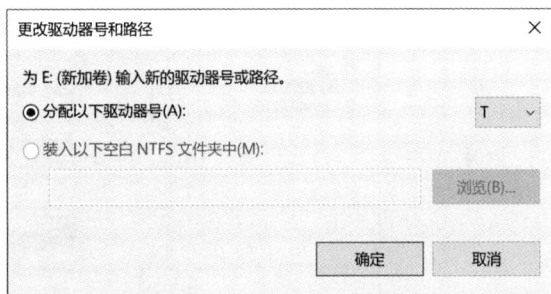

图 8-29　选择新的驱动器号

（4）如果要添加驱动器路径，则右击该分区，在弹出的快捷菜单中单击"更改驱动器号和路径"命令，在弹出的如图 8-28 所示的对话框中单击"添加"按钮，打开如图 8-29 所示的对话框。

（5）单击"浏览"按钮，在打开的"浏览驱动器路径"对话框中选择一个空白文件夹（如My-mp3），如图 8-30 所示。

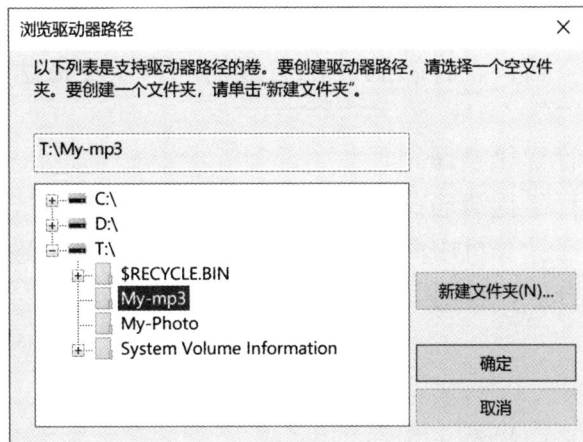

图 8-30　"浏览驱动器路径"对话框

如果没有空白文件夹，则可以单击"新建文件夹"按钮新建一个文件夹。

（6）单击"确定"按钮，完成路径的添加，即可使用该文件夹（如 My-mp3）直接访问所选的驱动器。

6. 删除磁盘分区

如果计算机硬盘中有不再使用的磁盘分区，或者需要重新对硬盘进行分区，则可以将原来的磁盘分区删除，并重新建立分区来分配磁盘空间。

（1）打开"计算机管理"窗口，右击要删除的磁盘分区，如"新加卷 (E:)"，在弹出的快捷菜单中单击"删除卷"命令，如图 8-31 所示。

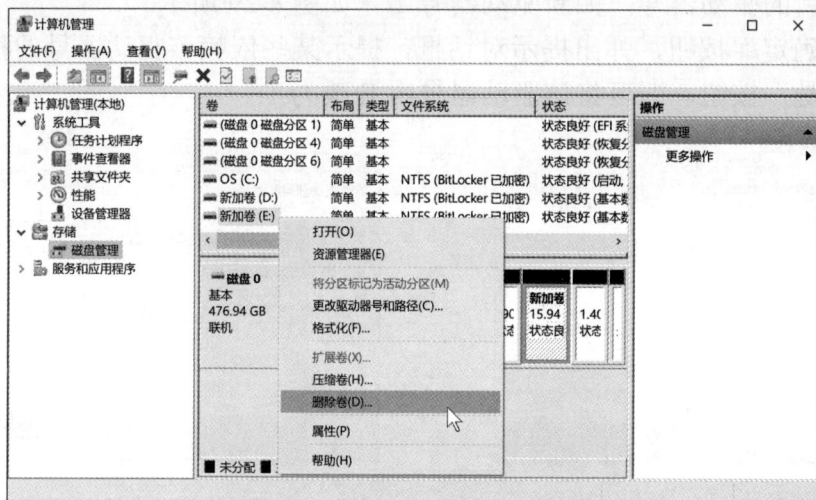

图 8-31　单击"删除卷"命令

（2）打开"删除 简单卷"对话框，单击"是"按钮，将该磁盘分区删除。

磁盘分区被删除后，释放的磁盘空间与其他未分配的磁盘空间将合并成一个新的未分配的磁盘空间，被删除的磁盘分区中的所有信息同时被删除。

试一试

（1）打开"计算机管理"窗口，分别查看"文件"、"操作"和"查看"菜单的组成。

（2）在"计算机管理"窗口查看磁盘 0 的分区情况，以及磁盘分区（C:）的文件系统格式、状态、容量、可用空间等。

（3）对计算机磁盘进行优化整理。

（4）对计算机磁盘进行磁盘清理。

（5）如果有条件，则在计算机中添加一块硬盘，创建 2～3 个磁盘分区。

（6）先格式化新建的分区，再对其中一个分区指定驱动器号。

讨论与交流

（1）磁盘碎片是怎样形成的？

（2）磁盘分区对于磁盘管理来说有什么好处？

磁盘管理中常见的基本概念

1. 文件系统

文件系统是指在操作系统中命名、存储、组织文件的综合结构。Windows 10 系统支持的文件系统有 NTFS、ReFS、FAT、FAT32、exFAT 等。在安装 Windows 系统、格式化磁盘分区或安装新的硬盘时，都必须选择一种文件系统。

2. 基本磁盘

基本磁盘是指包含主分区、扩展分区或逻辑驱动器的物理磁盘。在使用基本磁盘时，每个磁盘只能创建 4 个主分区，或者 3 个主分区与 1 个带有多个逻辑驱动器的扩展分区。基本磁盘上的分区和逻辑驱动器被称为基本卷。基本卷包括基本磁盘上扩展分区内的分区和逻辑驱动器。只能在基本磁盘上创建基本卷。

3. 硬盘分区

硬盘分区是指将硬盘的整体存储空间划分成多个独立的区域，分别用来安装操作系统、应用程序和存储数据文件等。在创建分区时，就已经设置好了硬盘的各项物理参数，指定了硬盘主引导记录和引导记录备份的存放位置。而文件系统和其他操作系统管理硬盘所需要的信息则是通过高级格式化命令来实现的。

4. 卷

卷是指硬盘上的存储区域，它是磁盘的一个标识，但并不唯一。一个硬盘可以包括多个卷，一卷也可以跨越许多磁盘，其中，基本卷是驻留在基本磁盘上的主磁盘分区或逻辑驱动器；启动卷是包含 Windows 系统及其支持文件的卷；动态卷是驻留在动态磁盘上的卷。

任务 8.3　文件与文件夹的加密和解密

问题与思考

- 如果你的计算机在网络中被共享或者你与其他人共用一台计算机，那么你是否担心文件资料被其他人利用？
- 如何给计算机中的文件或文件夹进行加密？

为了增强数据的安全性，Windows 系统提供了一种文件加密技术，用于加密 NTFS 文件系统中存储的文件或文件夹。对于已经加密的文件，如果其他用户试图进行打开、复制、移动或重新命名等操作，则系统将会提示拒绝访问。

8.3.1　文件与文件夹的加密

通过设置文件或文件夹的属性来对文件或文件夹进行加密。加密文件或文件夹的操作步骤如下。

（1）右击要加密的文件或文件夹，在弹出的快捷菜单中单击"属性"命令。

（2）在"属性"对话框"常规"选项卡中，单击"高级"按钮，打开"高级属性"对话框，如图 8-32 所示。

（3）先勾选"加密内容以便保护数据"复选框，单击"确定"按钮，返回"属性"对话框，再单击"确定"按钮，打开"确认属性更改"对话框，如图 8-33 所示。

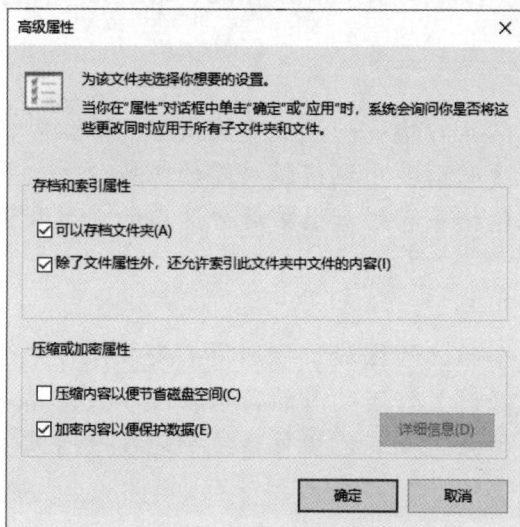

图 8-32　"高级属性"对话框　　　　图 8-33　"确认属性更改"对话框

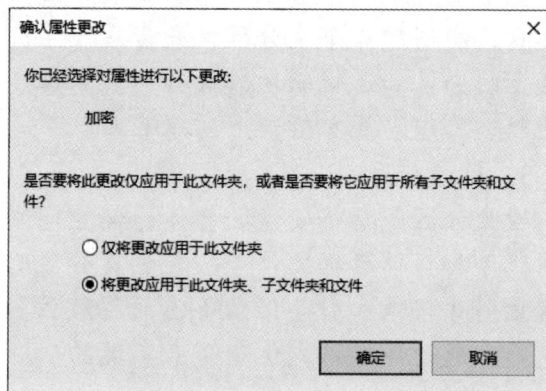

（4）确认在加密文件夹时，是否同时加密文件夹内的所有文件和子文件夹。例如，选中"将更改应用于此文件夹、子文件夹和文件"单选按钮，单击"确定"按钮。用户可以像使用其他文件或文件夹一样来使用自己的加密文件或文件夹。

提示

在使用加密文件或文件夹时，还要注意以下几点。
- 只有 NTFS 文件系统格式的卷上的文件或文件夹才能被加密。
- 被压缩的文件或文件夹不可以被加密，如果加密一个压缩文件或文件夹，则该文件或文件夹将会被解压缩。
- 如果将加密的文件复制或移动到非 NTFS 文件系统格式的卷上，则该文件将会被解密。
- 如果将非加密文件移动到加密文件夹中，则这些文件将在新文件夹中被自动加密，但反向操作不能自动解密文件。

8.3.2　文件与文件夹的解密

解密文件或文件夹的具体操作方法为打开需要解密的文件或文件夹的"高级属性"对话

框，取消勾选"加密内容以便保护数据"复选框，系统将自动对加密文件或文件夹进行解密。在解密文件夹时，系统将询问是否要同时将文件夹内的所有文件和子文件夹进行解密。如果仅解密文件夹，则在文件夹中的加密文件和子文件夹仍保持加密，但在已解密的文件夹内创建的新文件和子文件夹将不会被自动加密。

试一试

（1）选择一个文件夹，该文件夹中包含子文件夹，请对其中的一个子文件夹进行加密。

（2）将一个未加密的文件复制到加密的子文件夹中，观察文件名图标的变化。

（3）对上述加密的文件夹进行解密。

讨论与交流

（1）将一个未加密的文件复制到加密的文件夹中，复制后的文件是否被自动加密？

_____

_____

（2）将一个加密的文件复制到未加密的文件夹中，复制后的文件是否被自动解密？

_____

_____

任务 8.4   用户账户管理

问题与思考

- 当与他人共用一台计算机时，是否可以给自己单独设立一个用户账户来操作计算机？
- 如何对计算机中的用户账户进行管理？

在一个单位或家庭中，有时多人使用一台计算机，计算机上的所有信息都是公开的，没有任何保密性。为了增强计算机的安全性，Windows 10 系统允许在一台计算机上创建多个用户账户，给每个用户分配一些权限，每个用户都可以独立地使用和管理自己的账户。下面介绍在本地计算机中创建和管理用户账户的方法。

8.4.1   创建用户账户

创建用户账户，可以赋予该用户一定的计算机管理权限。例如，建立和使用自己的文件、文件夹，无法安装软件或硬件但可以访问已经安装在计算机上的应用程序等，这不会影响其他用户和本地计算机的安全。

【任务 5】为使用当前计算机的用户创建一个本地账户。例如，创建一个用户账户 david。

任务分析：

为了解决多个用户共用一台计算机与安全相关的问题，Windows 系统引入了用户账户的管理应用，可以为每个用户分配一个账户，用户使用自己的账户和密码登录系统。操作系统在用户首次登录时，为每个用户创建了对应的个人文件夹、桌面及个性化内容，并根据系统管理员配置的权限，允许或拒绝用户提出的操作请求。

任务实施：

（1）以管理员的身份登录计算机后，单击"菜单"列表中的"设置"选项，打开"Windows 设置"窗口，单击"账户"图标，打开"账户"设置窗口，单击"家庭和其他用户"选项，如图 8-34 所示。

（2）单击"将其他人添加到这台电脑"选项，弹出"此人将如何登录？"对话框，默认要求通过电子邮箱地址来创建账户，如图 8-35 所示。

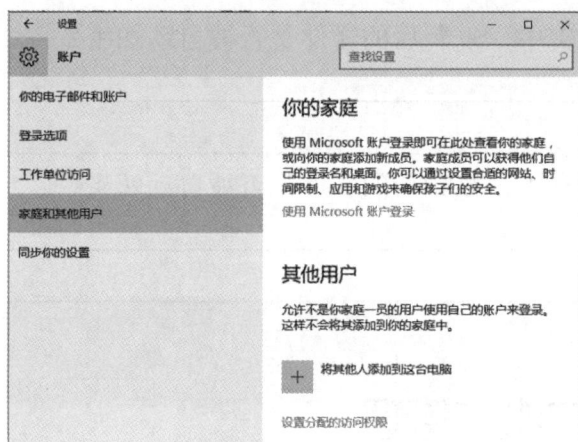

图 8-34　单击"家庭和其他用户"选项　　　　图 8-35　　"此人将如何登录？"对话框

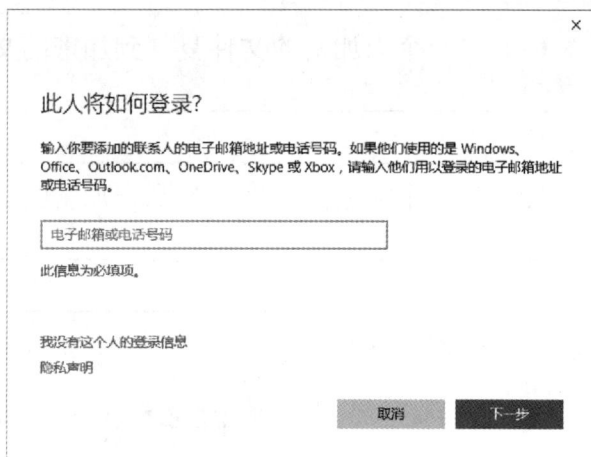

（3）单击"我没有这个人的登录信息"链接，打开"让我们来创建你的账户"对话框，输入用户的 Microsoft 账户信息，如图 8-36 所示。

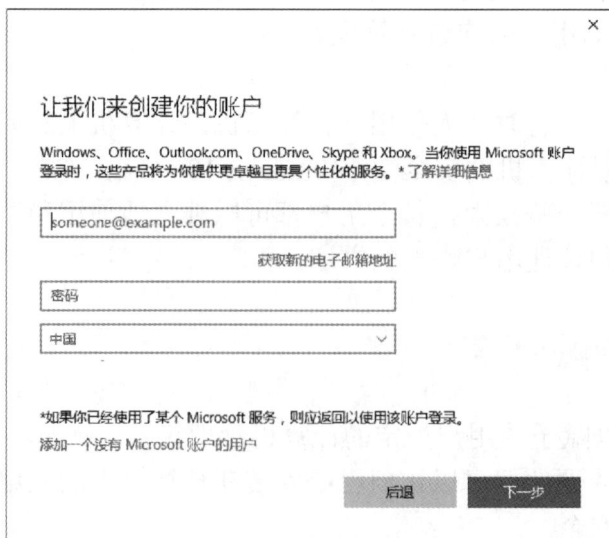

图 8-36　　"让我们来创建你的账户"对话框

（4）如果没有用户的电子邮箱地址，则直接单击"添加一个没有 Microsoft 账户的用户"链接，打开"为这台电脑创建一个账户"对话框，如图 8-37 所示。

图 8-37 "为这台电脑创建一个账户"对话框

（5）输入新用户账户名称、密码及密码提示，单击"下一步"按钮，返回"账户"设置窗口，可以看到创建的用户账户 david 出现在该窗口中，如图 8-38 所示。

至此，已经创建了一个新的本地用户账户，用户账户名称为 david。这样就可以使用该用户账户来登录计算机了。

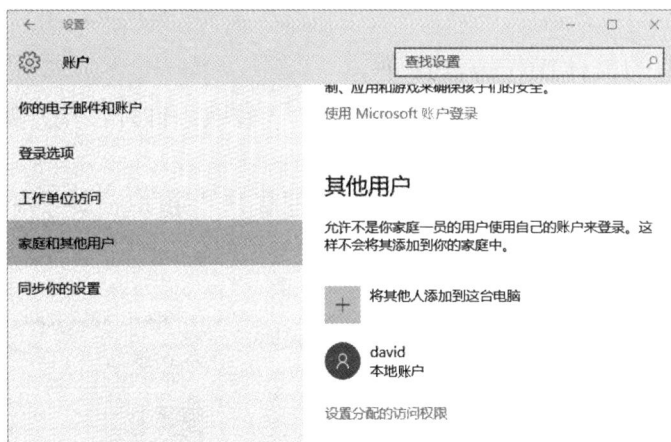

图 8-38 创建账户后的"账户"设置窗口

8.4.2 添加 Microsoft 账户

Microsoft 账户是 Windows 10 系统特有的一种用户账户，它使用一个电子邮箱地址作为用户账户。添加 Microsoft 账户比较简单，参考 8.4.1 节中创建用户账户的方法，在"此人将如何登录？"对话框中输入 Microsoft 账户的电子邮箱地址，如输入"×××@163.com"，单击"下一步"按钮，弹出如图 8-39 所示的提示信息，此时已经把 Microsoft 账户添加到账户列表中了。

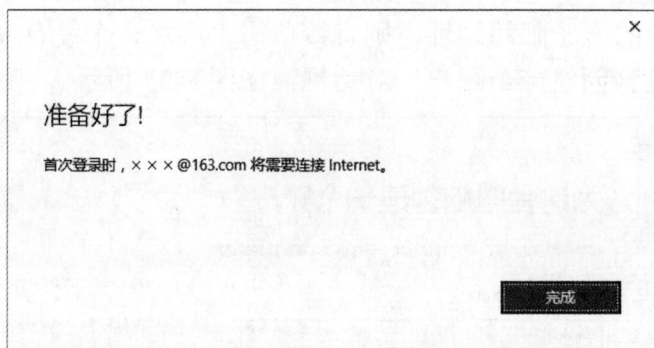

图 8-39　添加 Microsoft 账户的提示信息

Microsoft 账户具有如下特点。

使用 Microsoft 账户登录，可以访问 Outlook、OneDrive、Windows Phone 或 Xbox Live 等服务；在 Microsoft Store 上获得游戏、应用、音乐、电影等娱乐体验；无论是工作还是休闲，只需登录 Microsoft 账户便可以始终与他人保持联系；可以增强用户的安全性，具有高级隐私设置、活动云备份等功能。

8.4.3　更改用户账户类型

创建用户账户后，还可以更改用户账户的类型。例如，可以将某个标准账户更改为管理员账户，也可以将某个管理员账户更改为标准账户。因为不同类型的用户账户的权限不同。

1. 更改账户类型

更改用户账户类型的具体操作方法如下。

（1）打开"控制面板"窗口，单击"用户账户"选项，打开"用户账户"窗口，如图 8-40 所示。

（2）单击"更改账户类型"链接，打开"管理账户"窗口，如图 8-41 所示。

图 8-40　"用户账户"窗口

图 8-41　"管理账户"窗口

（3）选择要更改的用户账户，如用户账户 david，打开"更改账户"窗口，如图 8-42 所示。

（4）根据左侧窗格中的链接可以更改账户名称、密码、账户类型等。例如，将本地用户账户 david 更改为"管理员"账户类型，单击"更改账户类型"链接，打开"更改账户类型"窗口，如图 8-43 所示，可以将该账户设置为管理员账户，并单击"更改账户类型"按钮即可。

图 8-42　"更改账户"窗口

图 8-43　"更改账户类型"窗口

2．删除用户账户

为了保护计算机的安全，如果某个用户账户不再使用，则可以删除该用户账户。只有以管理员身份登录系统才能删除其他用户账户，具体操作方法如下。

（1）在打开的"用户账户"窗口中，单击"删除用户账户"选项，打开"管理账户"窗口，选择要删除的用户账户。

（2）在打开的"更改账户"窗口中，单击"删除账户"选项，打开如图 8-44 所示的"删除账户"窗口。

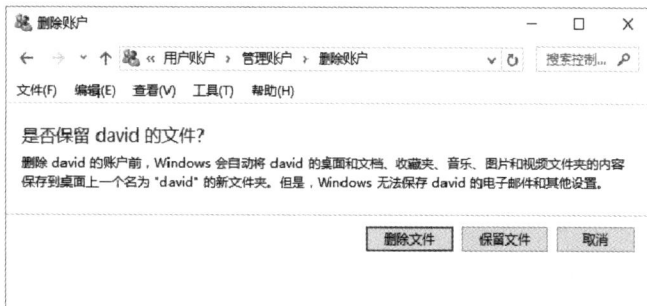

图 8-44　"删除账户"窗口

（3）单击"删除文件"按钮或"保留文件"按钮。删除文件是将该用户账户的所有文件全部删除；保留文件是先将该用户账户的桌面及用户文档中的内容保存起来再删除用户账户。例如，单击"删除文件"按钮，出现确认是否删除该用户账户的提示信息，此时单击"删除账户"按钮即可删除该用户账户。

试一试

（1）分别创建一个计算机管理员账户 Vanessa 和标准账户 Alice。

（2）更改用户账户 Alice 的密码。

（3）先使用管理员账户 Vanessa 登录计算机，再切换到用户账户 Alice。

（4）更改 Alice 的账户名称为 Henry，并更换一幅头像图片和密码。

（5）删除上述创建的两个用户账户。

讨论与交流

在计算机使用过程中，为什么有时需要创建多个用户账户？

_____

_____

知识拓展

用户账户类型

用户账户是用来记录用户的用户名和口令、隶属的组、可以访问的网络资源，以及用户的个人文件和设置的。每个用户都应在域控制器中有一个用户账户，这样才能访问服务器，使用网络上的资源。

1. 管理员账户

管理员账户是专门为可以对计算机进行系统更改、在计算机上安装程序和访问计算机上所有文件的用户而设置的。只有拥有计算机管理员账户的用户才拥有对计算机上其他用户账户的完全访问权。该用户可以创建和删除计算机上的用户账户，也可以为计算机上其他用户账户创建账户密码，还可以更改其他用户的账户名称、头像图片、密码和账户类型，但是无法将自己的账户类型更改为标准账户类型，除非有一个其他用户在该计算机上同样拥有计算机管理员账户。这样可以确保计算机上至少有一个用户拥有计算机管理员账户。

2. 标准账户

标准账户是为了防止用户执行对使用该计算机的其他用户造成影响的操作（如删除计算机工作所需要的文件）而创建的用户账户，可以帮助用户保护计算机的正常使用。当使用标准账户登录系统时，几乎可以执行管理员账户权限下的所有操作，但是如果要执行影响使用该计算机其他用户的操作（如安装软件或更改安全设置），则系统要求提供管理员账户。这里建议为每个用户都创建一个标准账户。

3. Guest 账户

Guest 账户是一种受限制的用户账户，禁止更改大多数计算机设置和删除重要文件。使用 Guest 账户的用户无法安装软件或硬件，也无法更改其账户名称或账户类型，但可以访问已经安装在计算机上的程序，也可以更改其头像图片，还可以创建、更改或删除其密码。

4. Microsoft 账户

Microsoft 账户又被称为微软账户，与其他用户账户不同，其他用户账户属于计算机本地账户，而 Microsoft 账户属于网络账户，使用它可以在不同位置的 Windows 10 系统设备上登录，便于在多台设备之间同步资料，从 Windows 系统的应用商店下载应用，该账户可以在 Microsoft 应用中自动获取在线内容，还可以在线同步设置，以便在不同的计算机上获得相同的感觉和体验。

另外，administrator 是计算机的超级管理员账户，也是权限最大的用户账户。本地账户可以是 administrator 账户，也可以是 administrator 账户赋予权限的任一用户账户，当本地账户的权限低于 administrator 账户时，一般使用的时候是没有什么区别的，但是涉及更改系统配置的操作需要 administrator 权限，或者是 administrator 账户赋予本地账户相应的权限。

任务 8.5　Windows 系统维护

问题与思考

- 你是否考虑过，当计算机系统出现问题时应该如何处理？
- 为什么要定期创建备份文件？你是如何进行文件备份的？

在计算机使用过程中，需要定时对系统进行维护，才能确保计算机的安全性和稳定性，保证计算机的正常运行，发挥计算机的最佳性能。Windows 系统维护的方法很多，在前面任务中也介绍了一些方法，本任务主要介绍对 Windows 系统的还原操作。

8.5.1　系统还原

Windows 10 系统的还原功能是指当计算机系统出现问题时，系统还原可以将计算机的系统文件及时还原到之前正常运行的某个时间状态，但它无法恢复已删除或已损坏的个人文件。

1. 创建系统的还原点

要进行系统还原，首先要创建系统的还原点，这样当系统出现故障时，就可以通过还原点将系统还原到之前的正常状态。如果启动了系统保护，则 Windows 10 系统可以在对系统进行改动时自动创建还原点。下面介绍手动创建还原点的具体操作方法。

（1）打开"控制面板"窗口，单击"查看方式"→"大图标"（或"小图标"）→"系统"选项，打开"系统"窗口，如图 8-45 所示。

（2）单击左侧窗格的"系统保护"选项，打开"系统属性"对话框，如图 8-46 所示。

（3）在"系统保护"选项卡中单击"创建"按钮，打开"系统保护"对话框，输入对还原点的描述。例如，在文本框中输入"还原点 1"，如图 8-47 所示。

（4）单击"创建"按钮，开始创建系统的还原点。创建结束后会弹出提示框并提示"已经成功创建还原点"。单击关闭按钮，返回"系统属性"对话框，完成还原点的创建。

2. 还原系统

在创建还原点后，可以在任何时候将系统还原到设置还原点时的状态。在还原系统时，仅对系统设置及安装程序有效，而不会影响磁盘中的文件。还原系统的具体操作方法如下。

（1）打开"控制面板"窗口，先单击"查看方式"→"大图标"（或"小图标"）→"系统"选项，打开"系统"窗口，再单击"系统保护"选项，打开"系统属性"对话框。

（2）单击"系统还原"按钮，打开"系统还原"对话框，如图 8-48 所示。

（3）选择还原方式，如选中"选择另一还原点"单选按钮，单击"下一步"按钮，可以看到在对话框的列表框中列出了可供选择的还原点，选择还原点如图 8-49 所示。

图 8-45　"系统"窗口

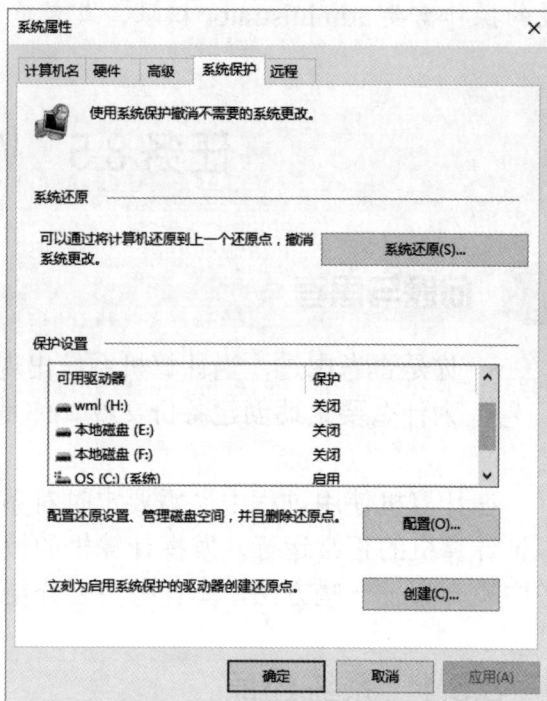

图 8-46　"系统属性"对话框

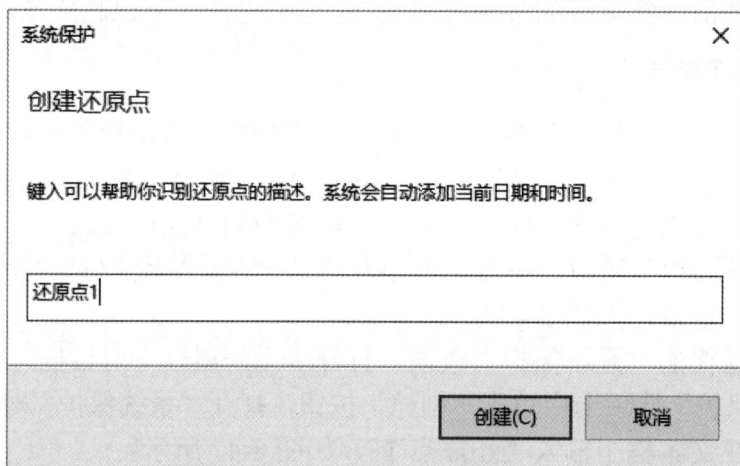

图 8-47　输入"还原点 1"

（4）选择一个还原点，单击"下一步"按钮，系统将询问是否根据所选择的还原点还原系统，确认后单击"完成"按钮，系统开始还原并重启计算机，开机后系统提示"系统还原已成功完成"。

在选择还原点时，应选择在出现问题前的日期和时间创建的还原点。系统在还原时虽然不会影响个人文件，但是可能会卸载在创建还原点之后安装的程序。

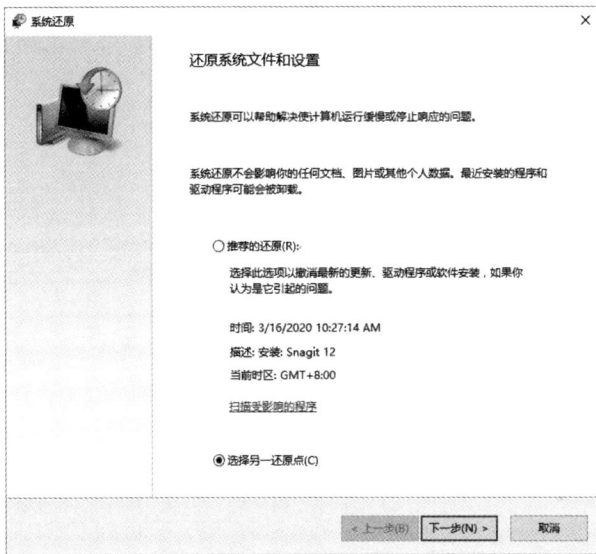

图 8-48　"系统还原"对话框

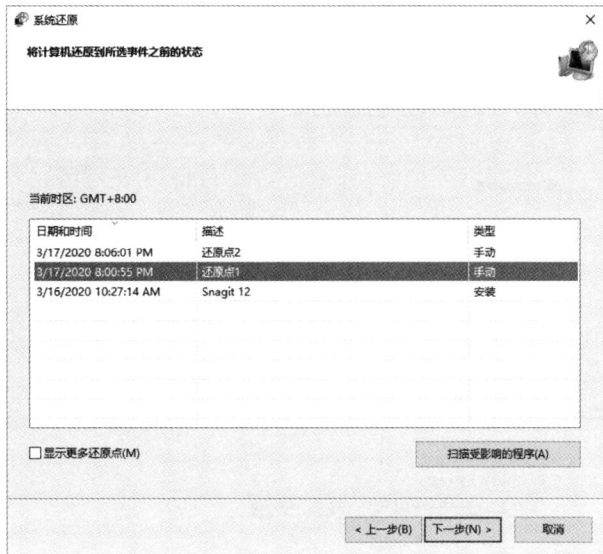

图 8-49　选择还原点

8.5.2　创建与恢复系统映像

使用还原点仅能还原部分系统文件，当系统文件被破坏得比较严重时，使用还原点有时无法恢复。如果创建过完整的系统映像，则可以解决这个问题。下面介绍创建系统映像的具体操作方法。

（1）打开"控制面板"窗口，单击"查看方式"→"大图标"（或"小图标"）→"备份和还原(Windows 7)"选项，打开"备份和还原(Windows 7)"窗口，如图 8-50 所示。

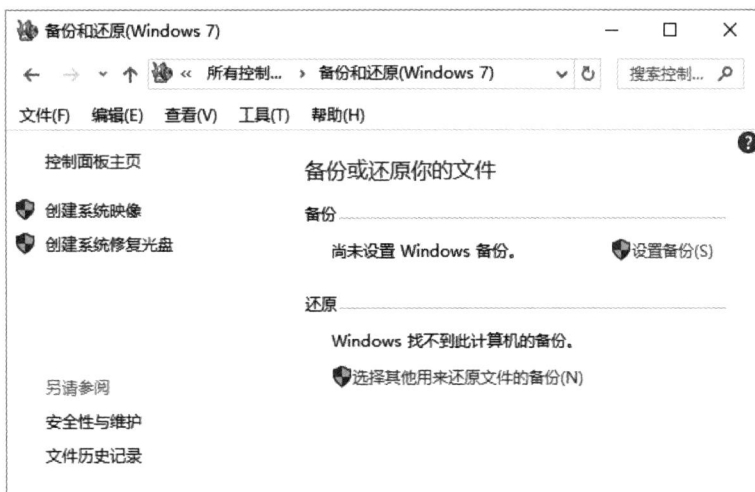

图 8-50　"备份和还原(Windows 7)"窗口

（2）单击左侧窗格的"创建系统映像"选项，打开"创建系统映像"对话框，选择备份文件存放的位置，如图 8-51 所示。如果备份文件和系统存放在同一个磁盘中，则当磁盘出现故障时容易丢失文件，因此建议将备份文件存放在移动硬盘或光盘上。

（3）确定备份存放位置后，单击"下一步"按钮，出现选择备份哪些驱动器的对话框，如图 8-52 所示。

（4）确认无误后单击"下一步"按钮，在出现的备份设置对话框中单击"开始备份"按钮，系统开始创建备份。

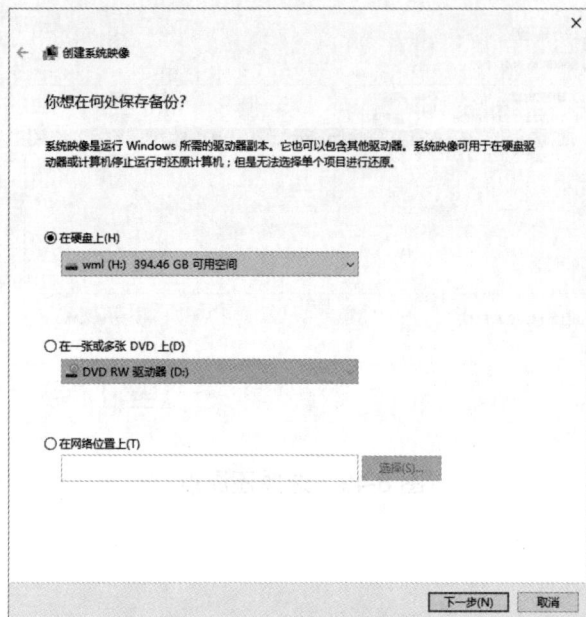

图 8-51　"创建系统映像"对话框　　　　图 8-52　选择备份哪些驱动器的对话框

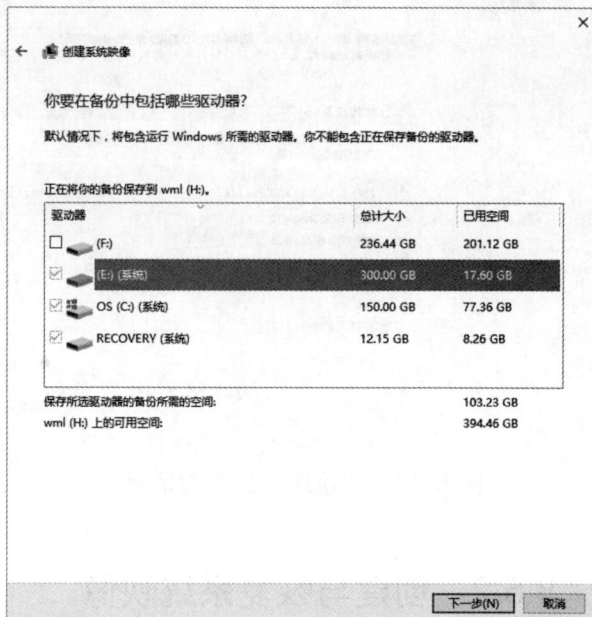

备份完成后，系统会提示是否要创建系统修复光盘，如果需要，则可立即创建系统修复光盘，直至系统备份结束。如果以后系统出现了问题，则可以通过之前创建的系统映像进行系统的恢复。下面介绍恢复系统映像的具体操作方法。

（1）右击"开始"按钮，在弹出的快捷菜单中单击"设置"命令，打开"Windows 设置"窗口，单击"更新和安全"选项，打开"更新和安全"设置窗口，如图 8-53 所示。

（2）单击左侧窗格的"恢复"选项，在右侧"高级启动"选区中单击"立即重新启动"按钮，系统重新启动后，出现高级启动界面，根据提示信息单击"高级选项"按钮，在弹出的窗口中单击"系统映像恢复"选项，这时系统会重新启动，进入系统映像恢复程序，并根据向导提示，选择一个系统映像，直至系统恢复完成，就可以重启计算机了。

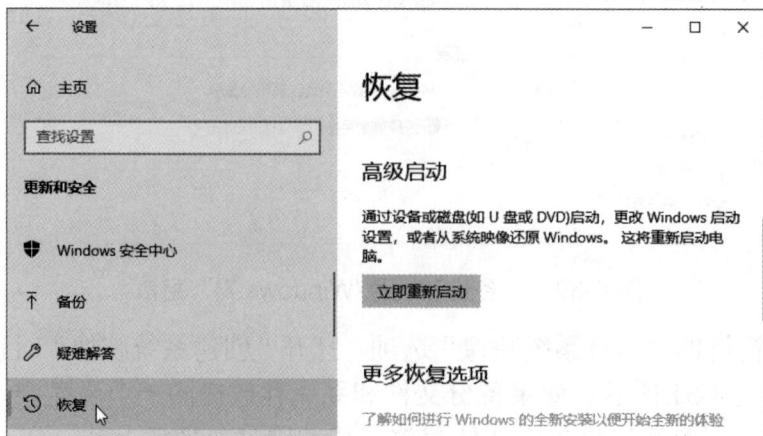

图 8-53　"更新和安全"设置窗口

提示

通过系统映像还原计算机时，将进行完整还原，不能选择个别项进行还原。在还原时，当前的所有程序、系统设置和文件都将被系统映像中的相应内容替换。

知识拓展

制作 U 盘启动盘并安装 Windows 系统

在计算机系统安装和维护过程中，通常使用系统安装盘进行系统的启动与安装，当前很多计算机，特别是笔记本电脑没有光驱，因此，在安装或修复系统时，特别是当系统损坏不能启动时，使用 U 盘启动计算机是非常不错的选择，这就需要先制作 U 盘启动盘。当前制作 U 盘启动盘的工具软件有很多，这里介绍一款常用的"大白菜 U 盘启动工具"软件，以供参考。

（1）百度搜索"大白菜 U 盘启动工具"，下载"大白菜 U 盘启动工具"软件，并安装到计算机中。

（2）准备好一个 U 盘，将 U 盘插入计算机的 USB 接口，运行"大白菜 U 盘启动工具"软件，打开如图 8-54 所示的大白菜 U 盘启动工具对话框。

图 8-54 大白菜 U 盘启动工具对话框

（3）软件自动检测到 U 盘，单击"开始制作"按钮，系统将提示清除 U 盘所有数据。如果 U 盘中有重要的数据，则需要提前将数据备份到计算机中，避免数据丢失。单击"确定"按钮后，开始制作 U 盘启动盘，U 盘启动盘制作过程如图 8-55 所示，整个过程大概需要 1～3 分钟。

正在写入 基础数据包 (60%)，请稍候 . . .

图 8-55　U 盘启动盘制作过程

（4）制作完成后，弹出提示框，至此，U 盘启动盘制作完成。

如果要在用户计算机中安装 Windows 10 系统，则需要将下载的 Windows 10 系统 GHO 镜像文件复制到 U 盘启动盘的 GHO 文件夹中，在使用 U 盘启动盘时将会自动安装 Windows 10 系统。

至此，用户计算机已经安装了 Windows 10 系统，用户可以继续对该计算机进行系统应用配置了。

8.5.3　文件备份与还原

数据文件无疑是计算机中重要的财富，应该被妥善保管。数据文件丢失或损坏的情况经常出现，如病毒感染、磁盘损坏等，这可能会造成计算机用户数据无法恢复。所以，对于重要的数据进行定期备份是十分必要的。

1. 备份文件

Windows 10 系统提供了针对文件和文件夹的备份功能，该功能支持计划任务和增量备份。

【任务 6】将 E 盘上 music、photo 等文件夹的内容进行备份，并保存到移动硬盘上。

任务分析：

在使用 Windows 系统对文件或文件夹的内容进行备份时，通常要把备份的文件或文件夹保存到不同的存储设备中，不要保存到同一个存储设备中，以免存储设备损坏或丢失，造成文件或文件夹丢失的现象。

任务实施：

（1）打开"控制面板"窗口，单击"查看方式"→"大图标"（或"小图标"）→"备份和还原(Windows 7)"选项，打开"备份和还原(Windows 7)"窗口，如图 8-56 所示。

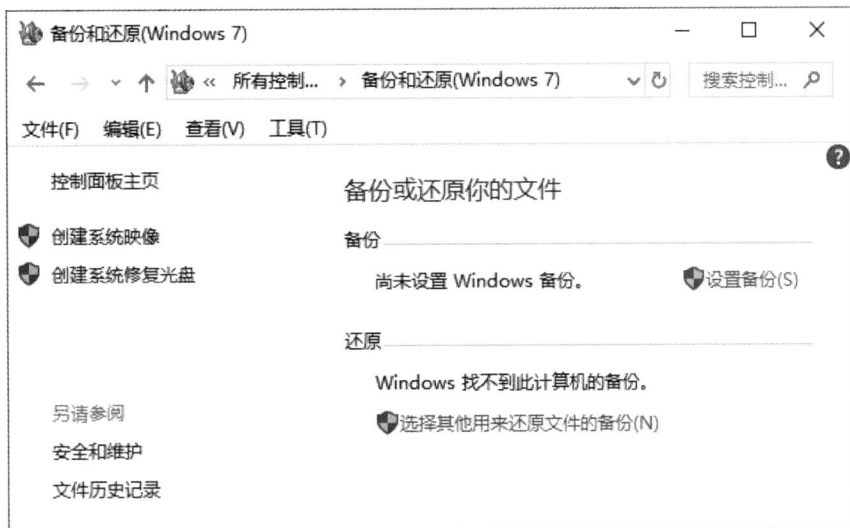

图 8-56　"备份和还原(Windows 7)"窗口

（2）单击"备份"选区的"设置备份"链接，打开"设置备份"对话框，如图 8-57 所示，在列表框中列出可以选择的备份文件存放位置，如 H 盘。

（3）单击"下一步"按钮，选中"让 Windows 选择(推荐)"单选按钮或"让我选择"单选按钮，如图 8-58 所示。

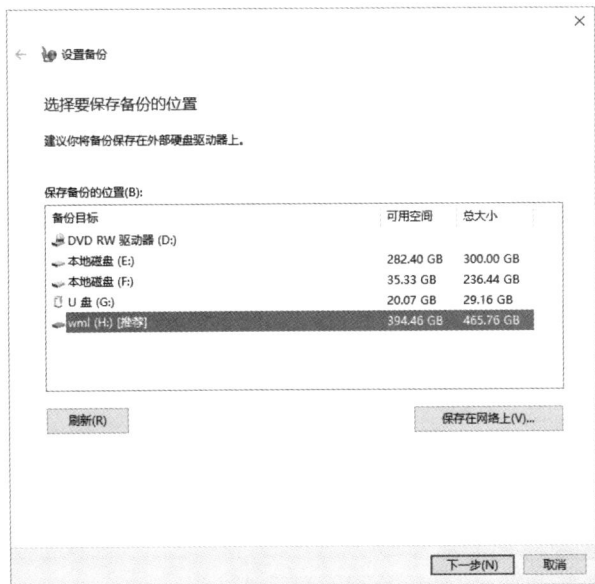

图 8-57　"设置备份"对话框

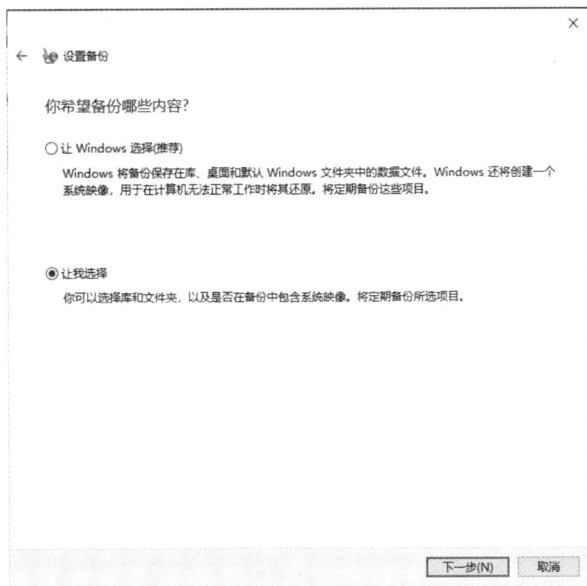

图 8-58　选择备份方式

（4）单击"下一步"按钮，打开选择备份内容的对话框，如图 8-59 所示。用户可以自行选择要备份的内容，如 E 盘的 music 文件夹和 photo 文件夹。

（5）单击"下一步"按钮，打开查看备份设置的对话框，如图 8-60 所示。该对话框中显示备份的位置、备份内容的摘要等信息。

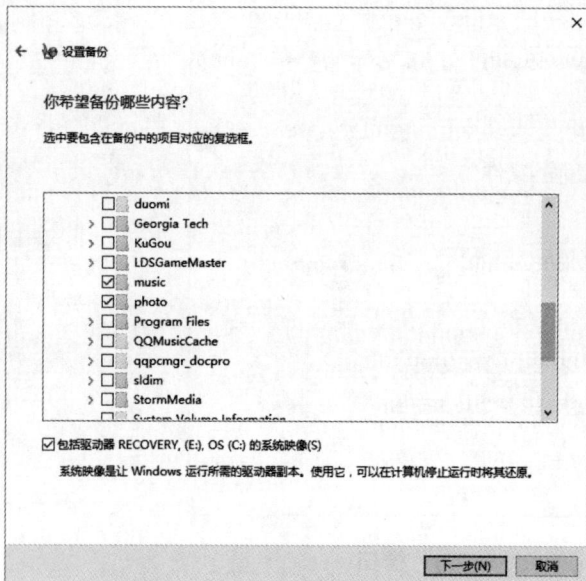

图 8-59 选择备份内容的对话框   图 8-60 查看备份设置的对话框

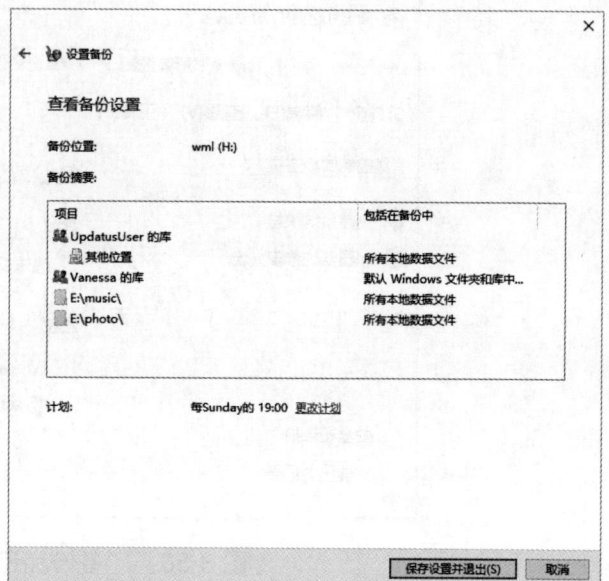

（6）单击"保存设置并退出"按钮，打开"备份和还原(Windows 7)"窗口，显示正在备份的进度，如图 8-61 所示。单击"查看详细信息"按钮，可以查看备份的详细信息。

（7）经过一段时间后备份完成，系统给出提示信息。单击关闭按钮，关闭对话框，此时备份操作完成。

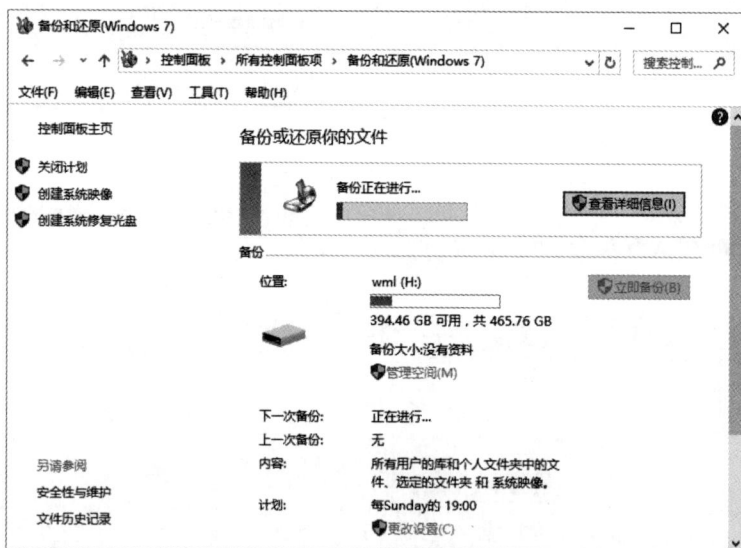

图 8-61 备份的进度

2．还原文件

当计算机出现故障、文件丢失或损坏的情况后，即可将备份的文件还原到计算机中，具体操作方法如下。

（1）打开"控制面板"窗口，单击"查看方式"→"大图标"（或"小图标"）→"备份和还原(Windows 7)"选项，打开"备份和还原(Windows 7)"窗口，如图 8-62 所示。

（2）单击"还原"选区的"还原我的文件"按钮，打开"还原文件"对话框，单击"浏览文件夹"按钮，在打开的"浏览文件夹或驱动器的备份"对话框中选择之前备份的文件夹，如图 8-63 所示。

（3）选择一个备份的文件夹。例如，选择 E 盘上的一个备份文件夹，单击"添加文件夹"按钮，将其添加到还原文件的列表中。

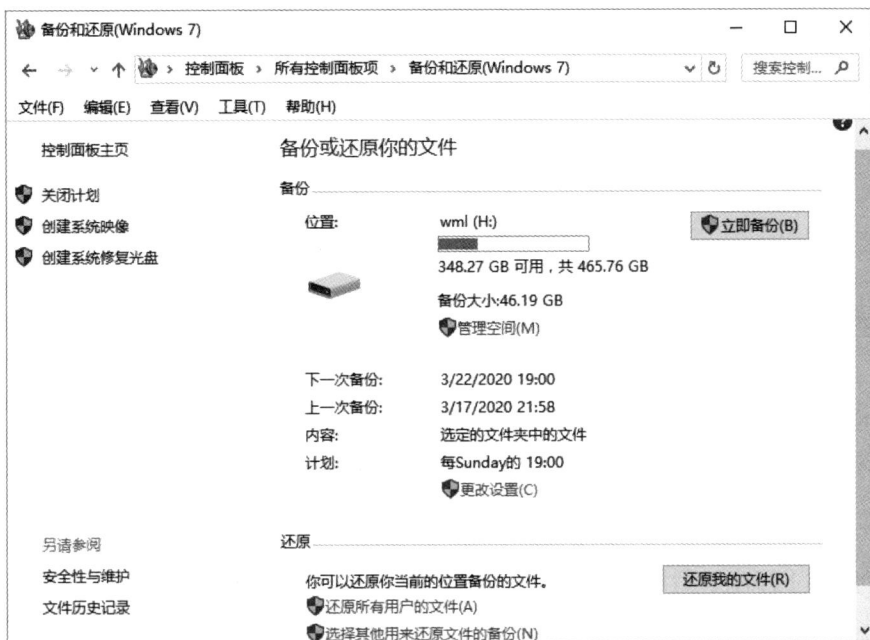

图 8-62　"备份和还原(Windows 7)"窗口

图 8-63　"浏览文件夹或驱动器的备份"对话框

（4）单击"下一步"按钮，从打开的对话框中选择还原文件的保存位置。例如，选中"在原始位置"单选按钮，如图 8-64 所示。

（5）单击"还原"按钮，系统开始还原文件，还原结束后提示完成还原的信息，单击"完成"按钮，完成还原操作。还原文件操作结束后，可以看到 E 盘中多了一个还原的文件夹。

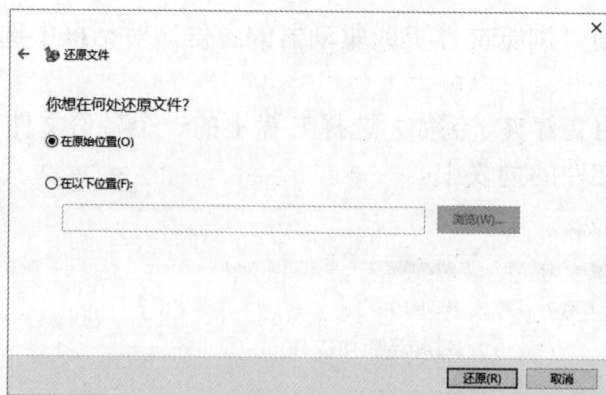

图 8-64　选择还原文件的保存位置

8.5.4　系统性能优化

为使 Windows 10 系统发挥更好的性能，可以通过设置启动程序、调整系统视觉效果、设置虚拟内存等来减少对系统资源的占用，让系统运行更加高效、稳定。

1．设置启动程序

在计算机使用过程中，由于安装了一些应用程序，这些应用程序会在系统启动时自动启动，因此会延长系统的启动时间，降低计算机的运行速度。用户可以通过禁止这些启动程序来提高计算机的运行速度。具体操作方法如下。

（1）右击任务栏的空白处，在弹出的快捷菜单中单击"任务管理器"命令，打开"任务管理器"窗口，切换到"启动"选项卡，如图 8-65 所示。

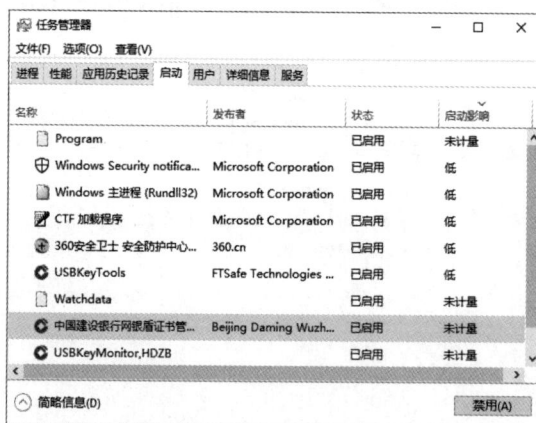

图 8-65　"启动"选项卡

（2）如果要禁止某个应用程序在系统启动时自动启动，则在"启动"选项卡中选中该应用程序，并单击"禁用"按钮，此时该项目的"状态"栏显示为"已禁用"。

这样可以很方便地取消不需要的启动项。在取消不需要的应用程序选项时，请勿取消系统的启动程序，以免影响系统的性能。

2．调整视觉效果

Windows 10 系统增强了很多系统性能和视觉效果，如果用户计算机配置低，则这些视觉效果可能影响系统的性能，这时可以关闭某些不实用的视觉效果。具体操作方法如下。

（1）打开"控制面板"窗口，单击"查看方式"→"大图标"（或"小图标"）→"系统"选项，打开"系统"窗口，如图 8-66 所示。

（2）在左侧窗格中单击"高级系统设置"选项，打开"系统属性"对话框，切换到"高级"选项卡，如图 8-67 所示。

（3）在"性能"选区中单击"设置"按钮，打开"性能选项"对话框，如图 8-68 所示。

（4）在"视觉效果"选项卡中可以选择系统推荐的选项，如选择调整为最佳外观或最佳性能，也可以在列表框中自定义视觉效果。

（5）单击"确定"按钮，完成视觉效果的设置。

图 8-66　"系统"窗口

图 8-67　"高级"选项卡（1）

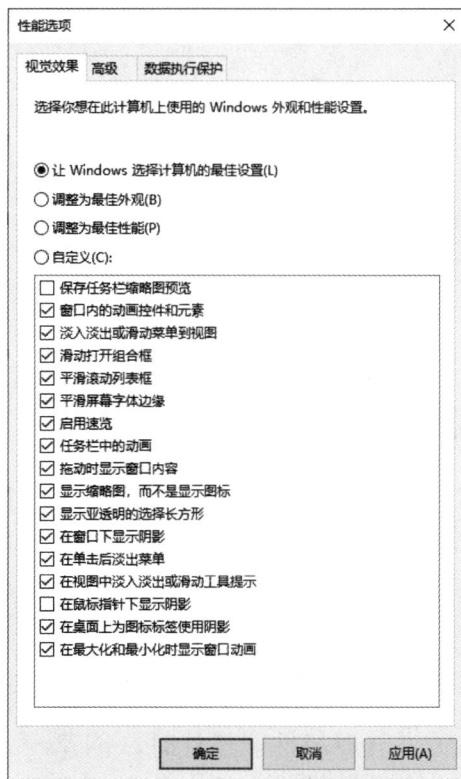

图 8-68　"性能选项"对话框

3. 设置虚拟内存

如果计算机内存无法满足系统的需要，则可以在硬盘中开辟出一部分空间当作内存使用，硬盘中的这部分空间就是虚拟内存。

（1）在如图 8-68 所示的"性能选项"对话框中，切换到"高级"选项卡，如图 8-69 所示。

（2）单击"虚拟内存"选区中的"更改"按钮，打开"虚拟内存"对话框，取消勾选"自动管理所有驱动器的分页文件大小"复选框，在"驱动器"列表框中选择一个非系统分区。例如，先选择 E 盘，再选中"自定义大小"单选按钮，输入虚拟内存的"初始大小"和"最大值"，如图 8-70 所示。

（3）先单击"设置"按钮，再单击"确定"按钮，重启计算机后虚拟内存生效。

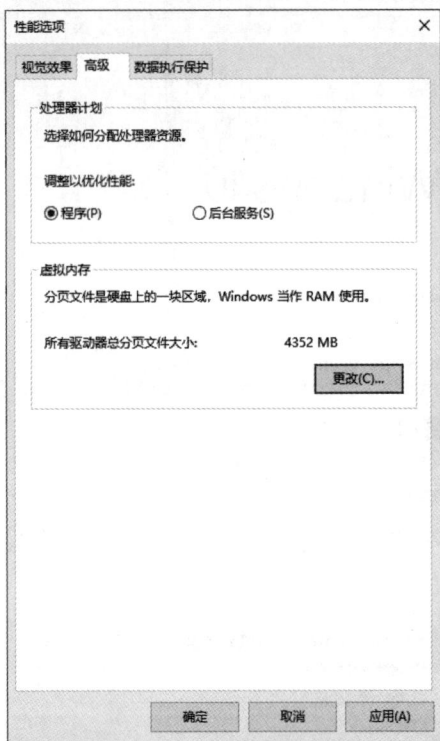

图 8-69　"高级"选项卡（2）　　　　　图 8-70　设置虚拟内存大小

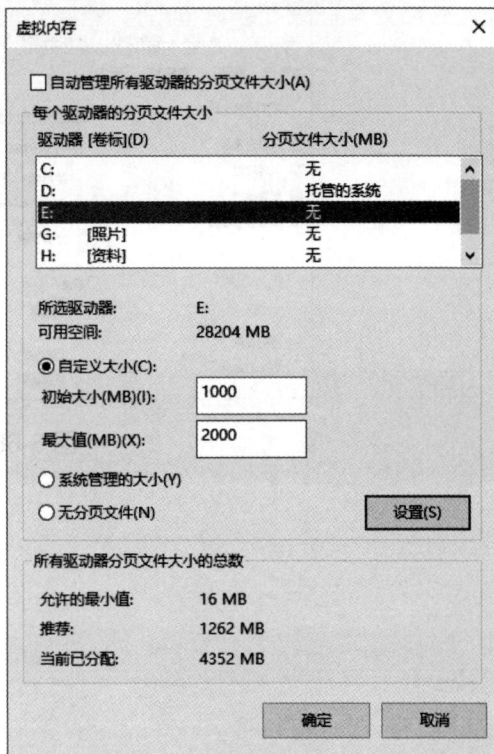

提示

　　虚拟内存应该设置在非系统分区中，如果设置在系统分区中，则会因频繁的读写操作影响系统性能。虚拟内存的大小也可以选择让系统来管理，Windows 10 系统自动根据实际来调整虚拟内存的大小。当然，增加物理内存是扩大内存的首选办法。

试一试

（1）在计算机性能最佳时，创建一个 Windows 10 系统的还原点。

（2）备份计算机中的文件夹。

（3）在上述备份的文件夹中，选择其中的一个备份文件夹还原到另一台计算机上，并查看还原的文件夹内容。

（4）尝试创建一个 Windows 10 系统映像。

（5）根据计算机配置情况，选择一个磁盘，设置大小合适的虚拟内存。

讨论与交流

（1）结合前面学习的内容，请你比较全面地梳理 Windows 系统维护的方法。

_____

_____

（2）列举用户文件备份的不同方法。

_____

_____

知识拓展

360 安全卫士简介

360 安全卫士是一款功能强、效果好、受用户欢迎的网络安全软件，其界面如图 8-71 所示。360 安全卫士拥有木马查杀、清理插件、修复漏洞、电脑体检、电脑救援、保护隐私、清理垃圾和清理痕迹等功能，并独创了"木马防火墙""360 密盘"等功能，依靠抢先侦测和云端鉴别，可以全面、智能地拦截各类木马，保护用户的账号、隐私等重要信息。360 安全卫士方便实用，用户口碑极佳，在中国网民中使用率比较高。

目前，奇虎 360 的产品涵盖多个领域，除了计算机软件，还有手机软件、视频直播、金融科技、个人服务、360 商城、安全理赔、安全教育、企业服务、游戏等。

图 8-71　360 安全卫士界面

总结评价

1. 自查学习成果，填写表 8-1。已达成的打 √ ，未达成的记录原因。如果你达成的学习成果未在表中列出，则请在"其他"栏中写出。

表 8-1 自查学习成果表

学 习 成 果	已 达 成	未达成原因
我能使用任务管理器对计算机性能进行管理和维护		
我能对计算机磁盘进行维护管理		
我能对文件进行备份、加密与解密		
我能创建系统的还原点和安装系统		
其他：		

2．对照本项目要求，回答以下问题。

（1）在学习本项目的过程中，你比较满意的是什么？

_____

_____

（2）在学习本项目的过程中，你在哪些方面存在不足？如何改进？

_____

_____

（3）联系实际，通过学习本项目能帮助你解决哪些实际问题？

_____

_____

习题 8

一、填空题

1．使用任务管理器可以监视_____，查看正在运行的应用程序的_____状态，并终止已停止响应的应用程序，确保计算机的正常运行。

2．如果要终止某个应用程序的运行，则在任务管理器的"进程"选项卡中选择要终止运行的应用程序，并单击_____按钮。

3．在任务管理器的"启动"选项卡中可以查看系统开机后各_____的运行状态。

4．通过_____可以查找并修复文件系统可能存在的错误，以及扫描并恢复磁盘的坏扇区，从而确保磁盘的正常运行，帮助解决计算机中可能存在的问题。

5．在计算机使用过程中会产生一些临时文件，这些文件会占用一定的磁盘空间并影响系统的运行速度，因此，在计算机使用一段时间后，就应当对磁盘进行_____。

6．由于反复写入和删除文件，磁盘中的空闲扇区会分散到整个磁盘中不连续的物理位置上，从而使文件不能存在连续的扇区内。这样，降低了磁盘的访问速度，因此需要定期对磁盘进行_____。

7．在对磁盘进行碎片整理之前，一般要先进行_____，根据结果决定是否进行碎片整理。

8．硬盘格式化可分为_____和_____，_____是指在 Windows 系统下对硬盘进行的格式化操作；_____是指在高级格式化前对硬盘进行分区和物理格式化。

9．在文件或文件夹的_____对话框中可以对文件或文件夹进行加密、解密。

10．Windows 10 系统中的用户账户类型分为管理员账户、_____、_____和 Guest 账户，其中_____账户是 Windows 10 系统特有的一种用户账户。

11．为了防止在计算机系统出现问题时无法使用，可以创建_____，必要时可以将计算机的系统文件及时还原到之前指定的时间状态。

12．还原系统仅对_____有效，而对_____的文件没有影响。

13．为了防止用户计算机上的磁盘文件损坏或丢失，造成数据无法恢复的情况，需要定期对数据进行备份，为此，Windows 系统为用户提供了_____功能。

14．Windows 10 系统性能优化可通过设置_____、_____、_____等来降低系统资源的占用，让系统运行得更高效和稳定。

15．如果计算机内存不能满足系统的需要，则可以在硬盘中开辟一部分空间当作内存使用，硬盘中的这部分空间被称为_____。

二、选择题

1．下列有关任务管理器的说法中，不正确的是（　　）。

A．使用任务管理器可以终止一个应用程序的运行

B．使用任务管理器可以查看启动项的运行状态

C．使用任务管理器可以了解 CPU 的使用情况

D．使用任务管理器可以监视计算机的资源使用与性能

2．在磁盘管理中，不能进行的操作是（　　）。

A．格式化磁盘　　　　　　　　B．安装应用程序

C．删除磁盘分区　　　　　　　D．更改驱动器号

3．在磁盘管理中对硬盘进行格式化，下列操作中不能进行的是（　　）。

A．启用文件的加密功能　　　　B．选择文件系统类型

C．快速格式化　　　　　　　　D．指定分配单位大小

4．下列关于文件或文件夹加密、解密的说法中，不正确的是（　　）。

A．只有 NTFS 文件系统格式的卷上的文件或文件夹才能被加密

B．如果加密一个压缩文件或文件夹，则该文件或文件夹将不会被解压缩

C．如果将加密的文件复制或移动到非 NTFS 文件系统格式的卷上，则该文件将会被解密

D．如果将非加密文件移动到加密文件夹中，则该文件将在新文件夹中被自动加密

5．Windows 系统的磁盘清理程序不能实现的功能是（　　）。

A．清空回收站　　　　　　　　B．删除 Windows 临时文件

C．删除 Internet 临时文件　　　D．恢复已删除的文件

6．当安装 Windows 10 系统时，系统磁盘分区必须为（　　）文件系统格式才能安装。

A．FAT　　　　B．FAT32　　　　C．exFAT　　　　D．NTFS

三、操作题

1．先运行一个应用程序，如 Word 文档，再使用 Windows 任务管理器终止该应用程序的运行。

2．打开磁盘管理工具窗口，查看计算机中磁盘分区的情况，如所有卷的文件系统类型、状态、容量、可用空间等。

3．对计算机进行磁盘碎片整理。

4．对计算机的某一个磁盘分区进行磁盘清理。

5．对计算机进行磁盘错误检查。

6．选择一个文件夹，对该文件夹及其子文件夹进行加密，观察加密后文件夹图标的变化。

7．分别创建一个计算机管理员账户 WZ 和标准账户 WY。

8．更改用户账户 WY 的密码。

9．使用用户账户 WZ 登录计算机，不要关闭计算机，使用切换用户功能切换到用户账户 WY。

10．删除上述创建的用户账户 WZ 和用户账户 WY。

11．选择两个文件夹进行备份，并将其还原到另一台计算机上，查看还原的文件夹内容。

12．对计算机中的启动程序进行优化设置。

反侵权盗版声明

电子工业出版社依法对本作品享有专有出版权。任何未经权利人书面许可，复制、销售或通过信息网络传播本作品的行为；歪曲、篡改、剽窃本作品的行为，均违反《中华人民共和国著作权法》，其行为人应承担相应的民事责任和行政责任，构成犯罪的，将被依法追究刑事责任。

为了维护市场秩序，保护权利人的合法权益，我社将依法查处和打击侵权盗版的单位和个人。欢迎社会各界人士积极举报侵权盗版行为，本社将奖励举报有功人员，并保证举报人的信息不被泄露。

举报电话：（010）88254396；（010）88258888

传　　真：（010）88254397

E - m a i l：dbqq@phei.com.cn

通信地址：北京市万寿路 173 信箱

　　　　　电子工业出版社总编办公室

邮　　编：100036